水平井体积压裂改造技术系列丛书

水平井分段压裂优化设计技术

吴　奇　丁云宏　编著

石油工业出版社

内 容 提 要

本书从低渗透油藏水平井分段压裂优化设计的基础机理入手，介绍了低渗透油藏水平井分段压裂水力裂缝优化、缝网与井网匹配、产能预测以及油藏工程和压裂工艺设计等技术，同时还介绍了水平井分段压裂优化设计实例。

本书适合从事油气田开发特别是低渗透油气田开发的技术人员、科研人员、管理人员及高等院校相关专业师生参考。

图书在版编目（CIP）数据

水平井分段压裂优化设计技术／吴奇，丁云宏编著．
北京：石油工业出版社，2013.4
（水平井体积压裂改造技术系列丛书）
ISBN 978-7-5021-9404-8

Ⅰ．水…
Ⅱ．①吴…②丁…
Ⅲ．水平井－油层水力压裂
Ⅳ．①TE243 ②TE357.1

中国版本图书馆CIP数据核字（2012）第303082号

出版发行：石油工业出版社
（北京安定门外安华里2区1号　100011）
网　址：http://petropub.com.cn
编辑部：（010）64523738　发行部：（010）64523620
经　　销：全国新华书店
印　　刷：北京中石油彩色印刷有限责任公司

2013年4月第1版　2013年4月第1次印刷
787×1092毫米　开本：1/16　印张：12.25
字数：288千字

定价：80.00元
（如出现印装质量问题，我社发行部负责调换）

《水平井体积压裂改造技术系列丛书》
编 委 会

《水平井分段压裂优化设计技术》
编 写 组

主　编： 吴　奇

副主编： 丁云宏　张守良　王振铎　王晓泉

成　员： 杨振周　郑　伟　郝明强　卢拥军　崔明月
胡永乐　王　欣　翁定为　李清忠　陈　作
鄢雪梅　叶勤友　庞　鹏　段瑶瑶

序

近年来，水平井及分段压裂改造技术的突破和大规模应用促进了北美页岩气快速发展，美国页岩气产量从 2006 年的 311 亿立方米跨越式增长到 2011 年的 1800 亿立方米，改变了全球天然气供需格局。北美页岩气成功开发的经验表明，水平井分段压裂已经成为非常规油气藏实现有效开发的关键技术，正在引领全球油气资源勘探开发的重大变革。

中国石油近几年新增储量 70% 以上属于低渗透储层，动用难度大，开发效益差。资源劣质化对效益开发油气田的工程技术提出了更高的要求，因此必须从战略的高度引起重视，积极推进水平井体积压裂改造理念，发展水平井分段改造技术。中国石油天然气股份有限公司于 2006 年专门设立了“水平井低渗透改造重大攻关项目”，中国石油勘探与生产公司精心组织“两院三公司”联合攻关和现场规模试验，研发了水平井双封单卡、封隔器滑套、水力喷砂、裸眼封隔器分段压裂四套主体技术以及化学暂堵胶塞分段压裂、转向酸化酸压、裂缝监测、修井四套配套技术和一套压裂裂缝与井网优化设计方法，形成了中国石油水平井改造配套技术体系。已获得授权专利 46 项，攻关成果获得国家科技进步一等奖。截止到 2012 年底，攻关成果在中国石油现场应用已超过 1600 口井，压裂后水平井单井稳定产量是直井的 3 倍以上，有力地推动了水平井在低渗透油气田的工业化应用，已成为中国石油水平井规模应用的增产利器。

为了进一步推动水平井分段压裂技术在低渗透油气藏勘探开发中的规模应用，使“体积压裂”新理念融入到低渗透油气田勘探开发实践中，努力提高单井产量，促进低效难采储量的有效动用，中国石油勘探与生产公司组织参与攻关的技术人员，在 2011 年《水平井压裂酸化改造技术》培训教材的基础上，编写了《水平井体积压裂改造技术系列丛书》。丛书重点突出水平井分段改造的技术原理、工艺设计与现场应用，具有很强的实用性和指导性，是从事油气田开发工程技术人员不可多得的参考书。

周吉平

2013.元.30

前　　言

针对中国石油新增探明储量中大部分为低渗透储量、动用难度大、开发效益差的勘探开发现状，中国石油天然气集团公司提出了“转变发展方式”的战略，大力推动水平井的规模应用。为了攻克水平井在低渗透储层应用中的瓶颈问题，中国石油天然气股份有限公司于2006年设立了“水平井低渗透改造重大攻关项目”，组织中国石油勘探开发研究院、中国石油勘探开发研究院廊坊分院、大庆油田有限责任公司、长庆油田分公司、吉林油田分公司进行联合攻关，在水平井分段压裂酸化理论、分段压裂工艺、配套工具技术等方面开展了较为系统的攻关研究。通过技术攻关和工业化试验，取得了水平井分段改造主体工艺技术、配套技术和优化设计方法等一系列成果，获得国家授权专利46项，形成了低渗透油气藏水平井分段改造配套技术体系，现场应用超过1600口井，获得显著经济效益和社会效益，实现了水平井在低渗透油气田的工业化应用。

2011年，在系统总结项目攻关成果基础上，中国石油勘探与生产公司组织项目攻关人员编写了《水平井压裂酸化改造技术》培训教材，推广了以水平井分段压裂为重点的“体积压裂”新理念。为了进一步推动水平井分段压裂技术在低渗透油气藏勘探开发中的规模应用，在2011年培训教材的基础上，中国石油勘探与生产公司组织编写了《水平井体积压裂改造技术系列丛书》。丛书共6册，包括总册《水平井体积压裂改造技术》和《水平井分段压裂优化设计技术》、《水平井双封单卡分段压裂技术》、《水平井水力喷砂分段压裂技术》、《水平井封隔器滑套分段压裂技术》、《水平井分段改造配套技术》5个分册。

《水平井分段压裂优化设计技术》主要介绍了弹性开采和注水开采条件下水力裂缝优化方法以及水平井分段压裂方案设计等内容。其中，第一章由郑伟、郝明强编写，第二章由王振铎、郝明强、郑伟、翁定为、陈作编写，第三章由杨振周、郑伟、崔明月、王欣、鄢雪梅编写，第四章由郝明强、杨振周、卢拥军、胡永乐、郑伟、段瑶瑶编写，第五章由王振铎、郑伟、郝明强、李清忠、叶勤友、庞鹏编写。全书由吴奇、丁云宏、王振铎、杨振周、郑伟统稿。

本书由中国石油勘探与生产公司采油采气工艺处具体组织编写。在“体积压裂”理念的确立和实践中，中国石油天然气股份有限公司副总裁赵政璋多次给予指导并亲自推动，有力地促进了“体积压裂”理念和技术的快速发展。在编写过程中，得到了胡文瑞院士和单文文、蒋阗、李文阳、王家宏、魏顶民、张士诚、李根生等专家的指导，石油工业出版社对丛书进行了详细的审查与修改，对本书裨益很大，谨向他们表示衷心的感谢。鉴于编者水平有限，加之时间仓促，书中难免有差错与不足，敬请读者提出宝贵意见。

本书编写组

2012 年 7 月

目　　录

第一章　绪　　论

实施水平井分段压裂，需要明确如何合理布置水力裂缝，确定压裂段数、裂缝长度、施工规模等裂缝和施工参数，尤其在注水开发条件下如何实现水力裂缝与井网的匹配，达到提高单井产量同时延缓油井见水的目的，这都涉及水平井分段压裂优化设计技术。由于水平井多段水力裂缝的存在，以往用于直井压裂的优化设计技术已不适用于水平井。此外，国内低渗透油藏多采用注水补充能量开发，需要考虑水平井井网与缝网的匹配，而国外主要采用衰竭式开采方式，无相关经验可以借鉴，需要自主研发水平井分段压裂的优化设计技术，以指导低渗透油藏水平井开发的实践。

2006 年，中国石油设立“水平井低渗透改造重大攻关项目”，组织水平井分段压裂工艺、工具和优化技术攻关，通过 4 年多的研究，在水平井分段压裂优化设计方面取得了以下突破：(1) 2007 年 12 月，应用油藏数值模拟方法，首次建立了水平井一次采油期不同组合条件下的水平井分段压裂优化图版；(2) 2008 年 6 月，实现了基于遗传算法的水平井井网智能优化设计，与攻关前多采用的常规油藏数值模拟方法或者正交优化设计方法相比，该设计方法大幅度提高了设计精度和运算速度，减少了人工工作量；(3) 2008 年 11 月，形成了水平井注采井网条件下的分段压裂井组整体优化方法，从过去的等缝长压裂设计转变为不等缝长、不等间距压裂设计，克服了等缝长压裂设计容易使距离注水井较近的裂缝发生水窜而导致水平井过早水淹的弊端，提高了注水波及系数和采出程度，延长了无水采油期；(4) 2009 年 8 月，建立了考虑启动压力梯度、压敏效应的压裂水平井单井和不同井网条件下的产能预测模型，实现水平井单井和井网产能预测从攻关前多基于线性达西定律到考虑反映低渗透油藏渗流特征的启动压力梯度和压敏效应影响的转变，提高了产能预测的精度；(5) 2010 年 8 月，在已建立的井网智能优化设计方法和产能预测模型基础上，完成“压裂水平井优化设计软件 V2.0”的开发，并于 2011 年获得国家版权局颁发的计算机软件著作权登记证书，应用该软件可实现水平井压裂井网的快速优化和产能预测。

本书从低渗透油藏水平井分段压裂优化设计的基础机理入手，结合室内物理模拟实验，通过油藏工程方法和数值模拟手段，介绍了低渗透油藏水平井开发的压裂参数设计、井网优化、产能预测以及油藏工程和压裂工艺的设计等核心技术。第二章为水平井分段压裂优化设计基础，介绍了低渗透储层水平井单相流体渗流规律、注采井间压力剖面分布规律和井网条件下水驱油规律以及考虑启动压力梯度和压敏效应的广义达西定律；此外，介绍了地应力场对水平井压裂的影响以及压裂水平井的流态特征。第三章为弹性开采条件下水平井水力裂缝优化，探讨了水平井分段压裂水力裂缝优化问题，并从模型建立和应用实例两个方面分别介绍了水力裂缝产能优化和经济优化方法。第四章为注水开采条件下水平井水力裂缝优化设计，首先阐明了基于遗传算法的水平井井网优化设计原理及应用方法，重点介绍了不同储层类型与水平井井网的适应性，在此基础上提出了井网与缝网的匹配关系，最后介绍了不同井网、不同裂缝参数条件下水平井稳态产能预测方法和不稳态产能预测方法。第五章为水平井分段压裂优化设计，主要介绍了低渗透油藏水平井开发油藏工程设计和压裂工艺设计方法及应用实例。

第二章　水平井分段压裂优化设计基础

水平井分段压裂优化设计的理论基础涉及低渗透油藏水平井的渗流机理、流动形态特征、地应力分布规律等。本章介绍了低渗透储层水平井单相流体渗流规律，注采井间压力剖面分布规律和井网条件下水驱油规律，考虑启动压力梯度和压敏效应的广义达西定律，以及地应力场对水平井压裂的影响、压裂水平井的流态特征等。

第一节　低渗透油藏水平井开采渗流机理

低渗透油藏由于孔喉半径微细、连通性差、比表面大等独特的微观孔隙结构特征，以及由此所导致的毛细管压力大、原油边界层厚度大等结果，使得油水在多孔介质中的流动明显异于常规中高渗透油藏的渗流特征，即存在启动压力梯度而偏离达西定律，这早在A.E. 薛定谔的经典著作中就有过归纳，这一点现在也逐渐得到众多学者的认可。矿场工程师也逐渐认识到启动压力梯度的大小是影响低渗透油藏开发特征的直接原因，如自然产能低，生产压差大，衰竭开采压力下降和产量递减快，注水井吸水能力低、注入压力高，油井见水后采液指数下降幅度大、稳产难度高等。

利用水平井开发低渗透油藏，通过井型的改变从而改变了渗流方式，是否也能在一定程度上缓解这一因素的影响，有助于建立起有效的压力系统，目前尚无定论。以往关于水平井室内物理模拟实验的研究大都是根据水电相似原理，利用欧姆定律与达西定律的相似性进行电模拟实验，由于所得到的实验结果不能体现非达西渗流特征而存在较大误差。

本节利用不同渗透率级别的低渗透砂岩露头，建立了水平井物理模拟实验模型，研究了低渗透岩心水平井渗流过程中的单相流体渗流规律、注采井间压力剖面分布规律和井网条件下水驱油规律，建立了考虑启动压力梯度和压敏效应的广义达西定律。

一、低渗透油藏水平井开采物理模拟实验模型

1. 实验步骤

(1) 设计实验流程，建立物理模型；

(2) 进行小岩心的压汞实验和渗透率测试，分析实验岩心的微观结构及各向异性特征；

(3) 测试不同渗透率级别岩心的渗流曲线，研究拟启动压力梯度特征；

(4) 测试分析不同注采方式下沿程压力剖面的变化规律；

(5) 根据实验结论，总结渗流规律。

物理模拟实验基本思路框架如图 2-1-1 所示。

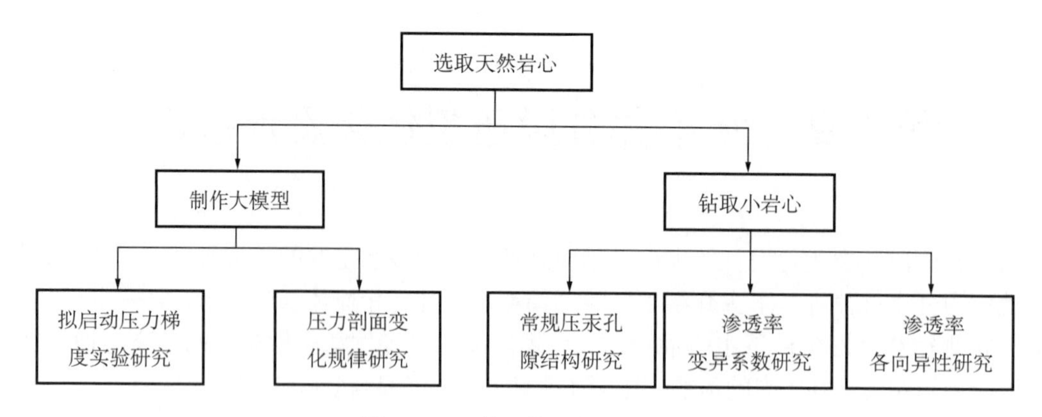

图 2–1–1　物理模拟实验基本思路

2. 实验岩心的物性特征

1）孔隙度、渗透率性质

采用在四川地区所取得的 4 块天然砂岩露头作为实验岩心，其孔隙度、渗透率性质见表 2–1–1。

表 2–1–1　低渗透砂岩实验岩心基础数据

岩心号	孔隙度 %	气测渗透率 mD	水测渗透率 mD
A	14.93	1.36	0.35
B	13.12	0.50	0.10
C	14.78	1.98	1.28
D	16.80	13.48	9.95

2）微观孔隙结构

选取 C 号岩心，在其露头岩心上分别钻取 5 块垂直于储层方向和平行于储层方向的小岩心，分两组进行常规压汞测试，研究实验岩心的孔隙结构特征。测试结果如图 2–1–2 和图 2–1–3 所示。

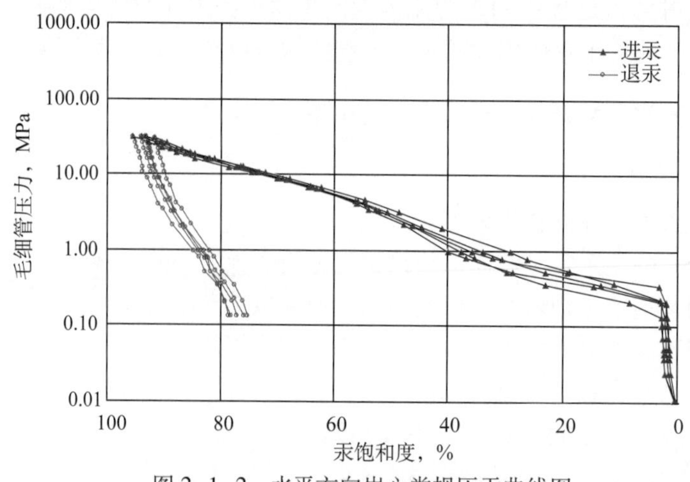

图 2–1–2　水平方向岩心常规压汞曲线图

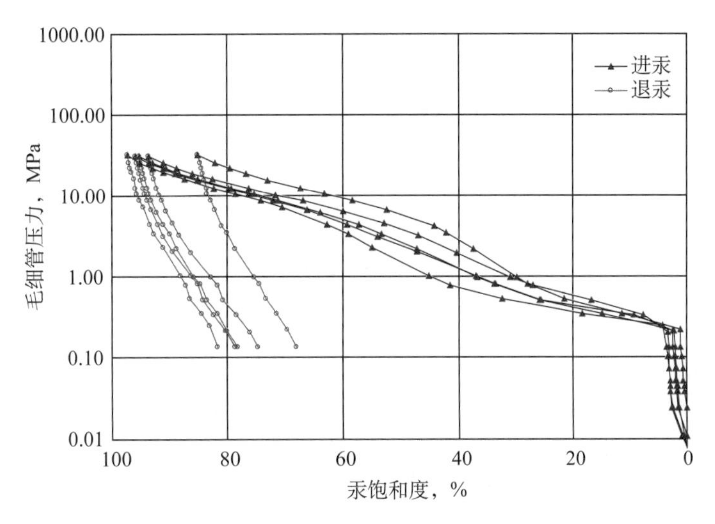

图 2−1−3　垂直方向岩心常规压汞曲线图

可以看出，岩心的压汞曲线总体上比较相似，表明所选取的露头模型具有较好的平面和纵向均质性。另外，通过图 2−1−2 和图 2−1−3 的对比，反映垂直方向的均质程度比水平方向稍差。

3）渗透率变异系数及各向异性

为了进一步证实常规压汞的实验结果，分别测试了 10 块平行于储层方向和垂直于储层方向的岩心的渗透率，结果见表 2−1−2。

表 2−1−2　岩心渗透率测试结果

平行储层岩心		垂直储层岩心	
岩心号	渗透率，mD	岩心号	渗透率，mD
H−1	1.3974	V−1	0.0174
H−2	0.9026	V−2	0.0875
H−3	0.8790	V−3	0.0298
H−4	0.7091	V−4	0.1023
H−5	1.4644	V−5	0.0850
H−6	0.7641	V−6	0.3316
H−7	0.8015	V−7	0.0527
H−8	0.7013	V−8	0.0525
H−9	1.0596	V−9	0.0744
H−10	0.6600	V−10	0.0329

根据渗透率变异系数计算公式，有：

$$V_{\mathrm{k}} = \sqrt{E\left(K^{2}\right) - E^{2}\left(K\right)} \Big/ E\left(K\right) \tag{2-1-1}$$

式中

$$E(K)=\sum_{1}^{n}h_iK_i\bigg/\sum_{1}^{n}h_i$$

为渗透率平均值。

$$E(K^2)=\sum_{1}^{n}h_iK_i^2\bigg/\sum_{1}^{n}h_i$$

为渗透率平方的平均值。

得到水平方向岩心渗透率变异系数为 0.2917，均质性较好；垂直方向岩心渗透率变异系数为 0.991，均质性相对较差。另外，K_h（平面渗透率）/K_v（纵向渗透率）=10.78 表明，平面渗透率与纵向渗透率存在较大差异。

3. 水平井物理模拟实验模型

设计实验模型的长度为 30cm、宽度为 25cm、厚度为 5cm。传感器分三排等距离分布，加上入口水平井和出口水平井，总共可以测试五排的压力数据。水平井模型的长度为 30cm、宽度为 1.2cm、高度为 0.5cm，其示意图如图 2-1-4 所示。

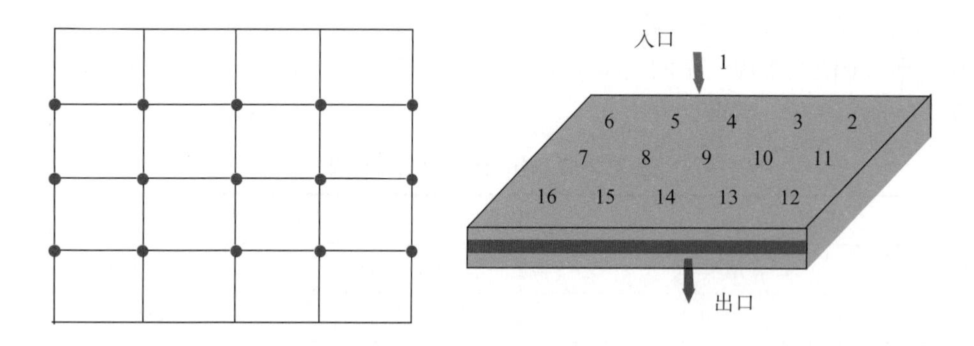

图 2-1-4　实验模型及传感器位置示意图

入口采用 ISCO 泵进行定流量驱替（水平井注水），出口根据实验目的选用不同的计量方式。

二、水平井单相流体渗流规律

1856 年，法国水文工程师亨利达西经过大量的水文实验研究，总结提出了著名的达西定律，即流体在多孔介质中渗流时，沿程的能量损失与渗流速度存在线性关系。之后，石油工程师将其扩展应用到油气地下多相渗流之中，奠定了油田开发定量计算的基础。

但人们很快意识到该定律并不是普遍适用的定律，只有在一定渗流速度范围内才能适用，并从 20 世纪 20 年代就开始了对各种非达西渗流的研究。1969 年，Kutilek 概括了 12 种非达西型的渗流曲线。低渗透油藏渗流发生在低速流动阶段，室内微观渗流实验和矿场生产实践都证实，低渗透油藏渗流存在明显的启动压力梯度，属于其中非线性渗流的一种，并且随着油藏渗透率的降低，非线性程度进一步加剧。

1. 启动压力梯度的概念及测试原理

在低渗透油藏中，单相流体一维流动时，只有在压力梯度大于启动压力梯度之后，才能发生渗流，而且压力梯度与流量之间的关系不是简单的线性关系，其渗流曲线一般有如图 2–1–5 所示的特征。

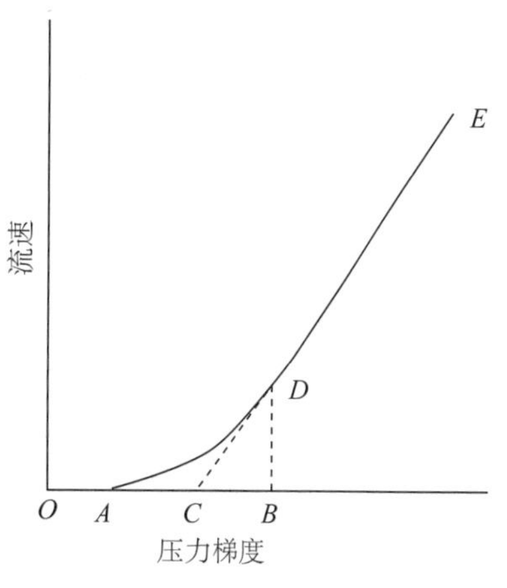

图 2–1–5　低渗透多孔介质单相渗流动态特征曲线

图中 *A*，*B*，*C*，*D* 和 *E* 5 点分别表示：*A* 点是最大半径毛细管对应的启动压力梯度，在压力梯度低于这一界限时，流体不能克服流动的阻力，不发生流动；*C* 点对应的是平均半径毛细管的启动压力梯度；*B* 点是最小半径的毛细管对应的启动压力梯度；*A* 和 *C* 两点对应的压力梯度分别被称为真实启动压力梯度和拟启动压力梯度；*D* 点对应的是渗流由非线性渗流到拟线性渗流的过渡点，只有当压力梯度继续增大到该数值后，压力梯度与流速之间的关系才呈线性关系，直线 *DE* 对应的渗流过程称为拟线性渗流，曲线 *AD* 对应的渗流过程称为非线性渗流；原点与 *A* 点可能一致，也可能不一致。渗流曲线中从 *A* 点到 *D* 点的过程是流体在多孔介质中非线性流动的过程。从测量和实用的角度看，拟启动压力的测量简单方便，且基本能够描述清楚低渗透储层的特征。因此，低渗透储层启动压力梯度测试的研究一般多集中在 *C* 点对应的拟启动压力梯度。

应该明确，启动压力梯度是储层微观孔隙结构、巨大的比表面引起的液固作用及流体黏滞性的综合体现。即便是中高渗透油藏理论上也是存在的，只是其影响微弱到可以忽略或者目前仪器尚难以检测得到而已，这如同普通物理学中摩擦力什么条件可以忽略，而什么条件又必须考虑一样。对于低渗透油藏，启动压力梯度是表征储层渗流能力和非线性程度的实用参数。

2. 水平井渗流曲线特征

水平井与直井相比，流动方式从径向渗流转为线性渗流，减小了渗流阻力，提高了能量利用率。但是，在水平井开采条件下是否仍然是非线性渗流，或者其非线性程度有所减轻，尚未得到实验和理论证实。本节采用不同渗透率级别的 4 块天然露头进行渗流曲线测试，结果如图 2–1–6 至图 2–1–9 所示。

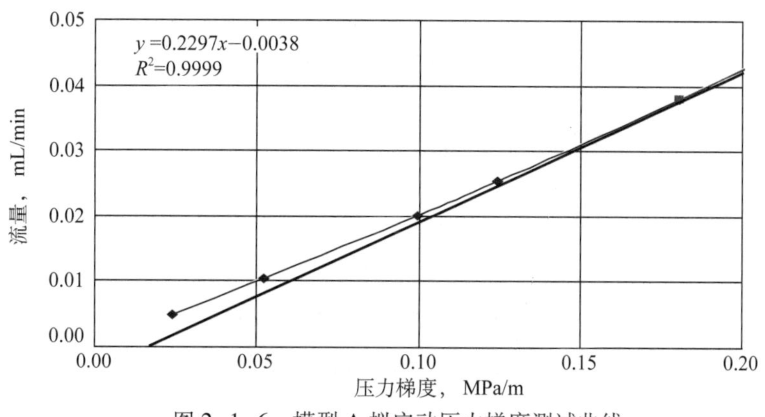

图 2–1–6　模型 A 拟启动压力梯度测试曲线

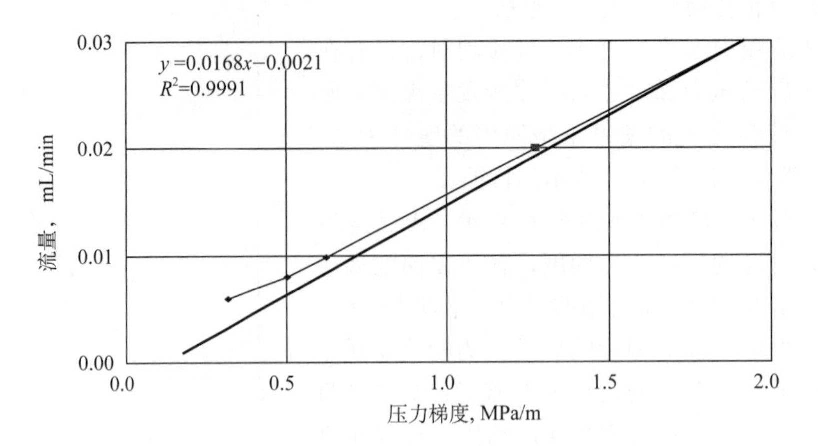

图 2−1−7　模型 B 拟启动压力梯度测试曲线

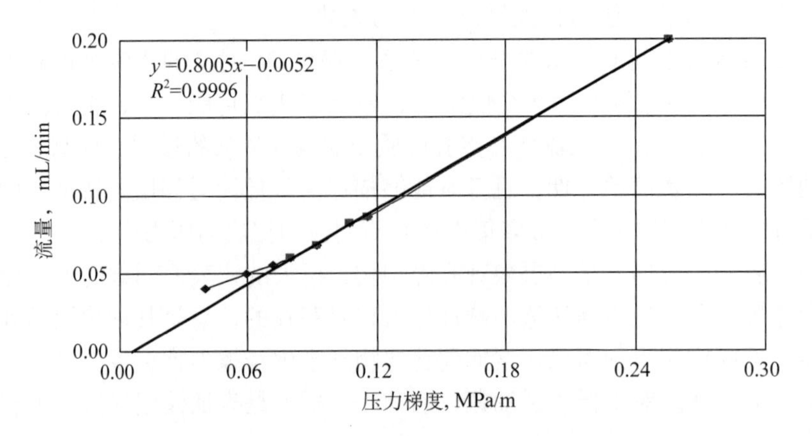

图 2−1−8　模型 C 拟启动压力梯度测试曲线

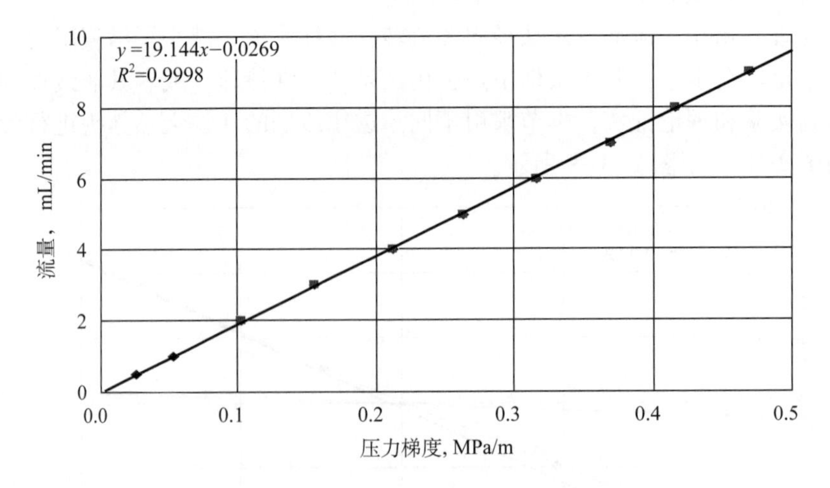

图 2−1−9　模型 D 拟启动压力梯度测试曲线

拟启动压力梯度与渗透率的关系见表 2−1−3 和图 2−1−10。

表 2-1-3　岩心拟启动压力梯度测试参数及结果

岩心号	孔隙度 %	气测渗透率 mD	拟启动压力梯度 MPa/m
A	14.93	1.36	0.0170
B	13.12	0.50	0.1250
C	14.78	1.98	0.0065
D	16.80	13.48	0.0014

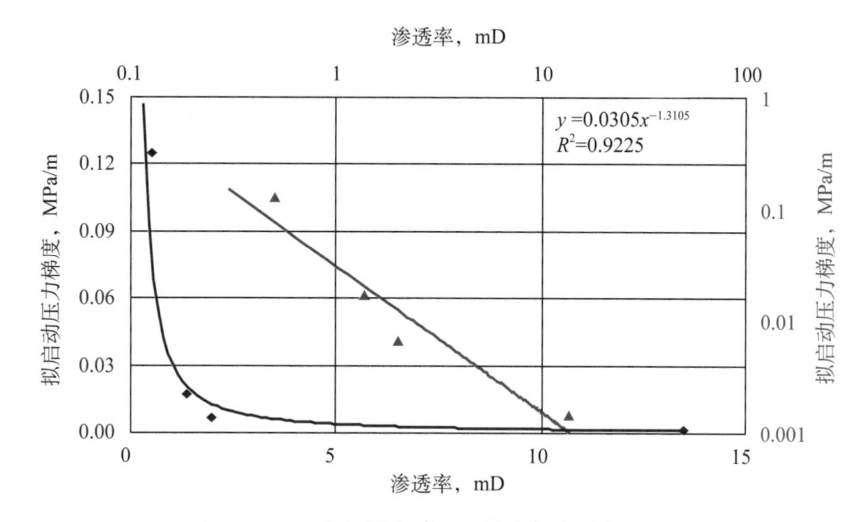

图 2-1-10　岩心拟启动压力梯度与渗透率的关系

实验结果表明，水平井生产条件下的渗流曲线仍然是非线性渗流规律，存在拟启动压力梯度。拟启动压力梯度的大小与储层渗透率呈幂律关系，储层渗透率越低，拟启动压力梯度越大，尤其是渗透率小于 1mD 时，拟启动压力梯度剧增，即此时需要考虑拟启动压力梯度的影响。当储层渗透率大于 10mD 时，拟启动压力梯度很小，这时可以忽略其影响。当然，由于拟启动压力梯度不只是渗透率的单值函数，不同的储层考虑拟启动压力梯度与否的渗透率界限值会存在差异。

从图 2-1-11 可以看出，岩心中的渗流通道由多个级别的孔喉形成，不同大小的孔喉随着压力梯度的增加而逐步参与流动，宏观上表现为渗透率随着压力梯度的增加而增加；当压力梯度达到一定值之后，能够参与流动的喉道基本都动了起来，此时渗透率为一常数，达到拟线性流动段。因此，在非线性渗流段，储层渗透率是随压力梯度变化的参数。可以说，低渗透油藏这种复杂的微观孔隙结构正是其发生非线性渗流的本质所在，也是决定非线性程度的主要因素。

三、水平井注采井间压力剖面分布规律

有效的补充能量是低渗透油藏开发的关键。尤其水平井产量比普通直井高，对能量补充的要求更为迫切。因此，研究低渗透油藏水平井开发过程中的压力剖面变化规律和特征至关重要。

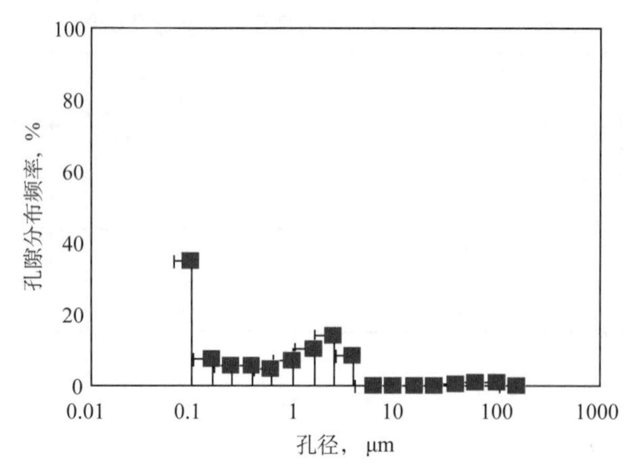

图 2-1-11　岩心 A 非线性流动与孔隙结构的关系

1. 封闭边界条件压力变化特征

利用模型 C 进行了封闭边界条件下水平井衰竭式开采压力变化特征实验研究。实验初期，首先提升模型压力，待模型内各点处压力稳定后，进行水平井开采模拟，精确计量压力变化和流量变化，结果如图 2-1-12 和图 2-1-13 所示。

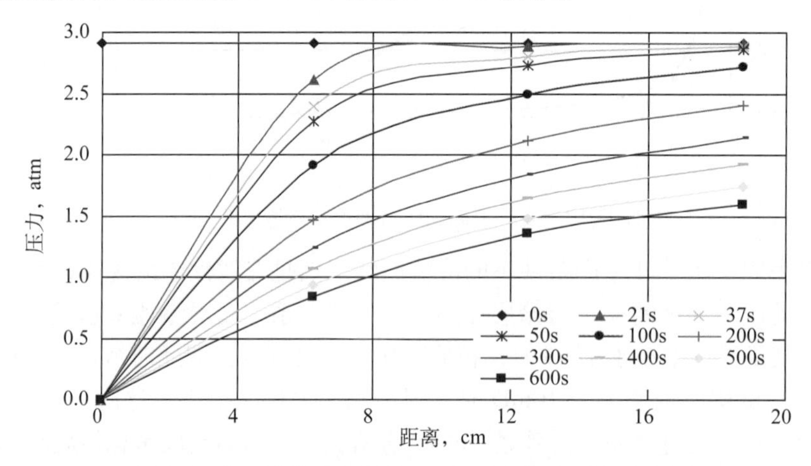

图 2-1-12　模型 C 衰竭开采不同时刻压力随距离变化图

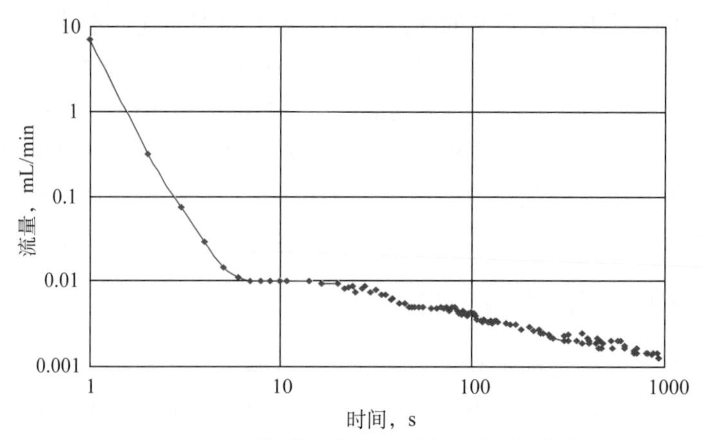

图 2-1-13　模型 C 衰竭开采流量随时间变化图

实验表明，生产较短时间，压力就立即下降，产量也相应迅速下降到很低的水平；生产中后期压力和流量下降的幅度逐渐变缓，并且在低产量阶段可以维持很长一段时间。这与生产实际相吻合。

2. 注采欠平衡时压力变化特征

利用模型 A 模拟了注采欠平衡时水平井生产的压力变化特征。实验初期，首先提升模型压力，待模型内各点处压力稳定后，同时进行水平井注采模拟，注入流量为 0.2mL/min，生产流量为 0.3mL/min，精确计量压力变化和流量变化。图 2-1-14 和图 2-1-15 是初始时刻以及 5s、10s、100s、500s 和 1000s 等 6 个时刻的压力剖面和不同时刻压力曲线的变化情况，可以清楚地看到压力剖面逐渐变陡的下降过程，生产井端压力下降更快、更明显，表明水平井生产注采欠平衡的情况下，难以保持地层压力，导致模型整体压力水平不断下降，生产井井底压力快速衰竭。

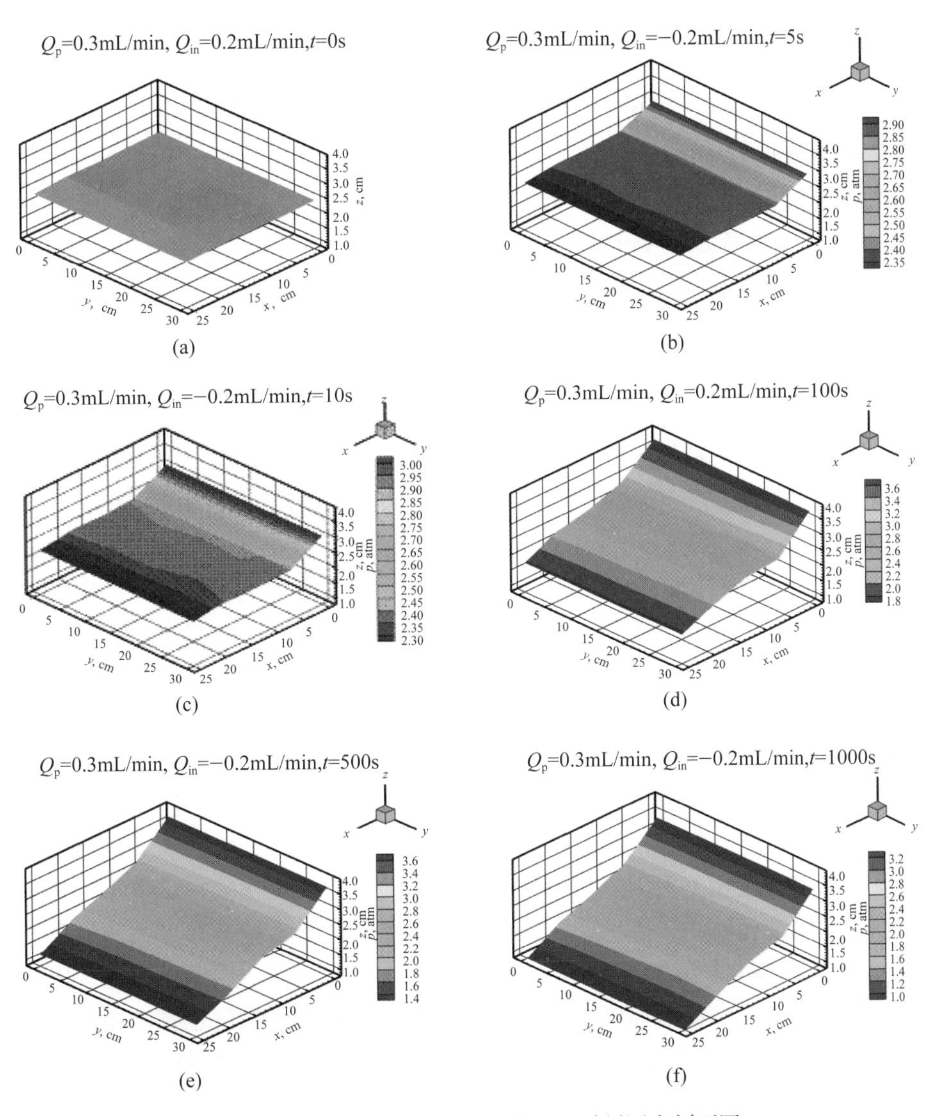

图 2-1-14　模型 A 注采欠平衡不同时刻压力剖面图

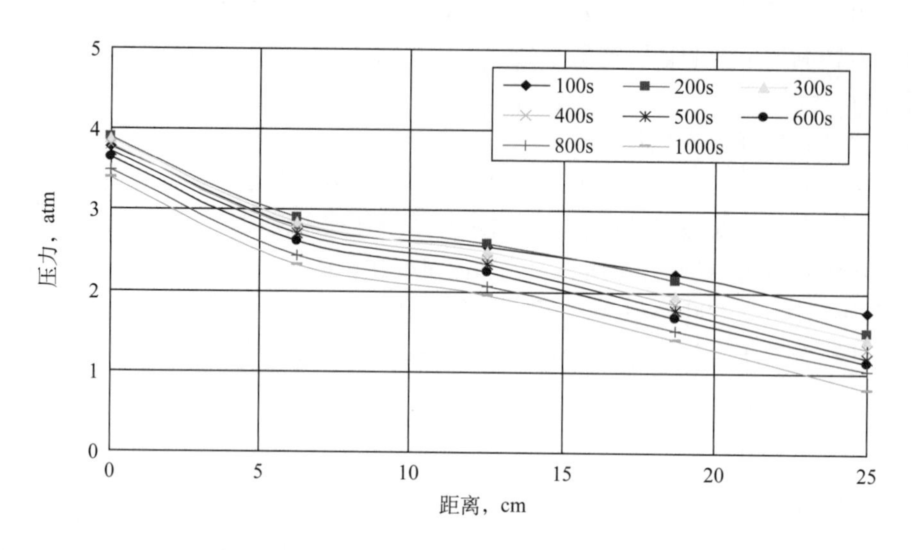

图 2-1-15　模型 A 注采欠平衡不同时刻压力曲线图

3. 注采平衡时压力变化特征

利用模型 A、模型 C、模型 D 分别进行了注采平衡情况下的压力变化特征测试。

1）模型 A 注采平衡压力变化特征

模型 A 注采平衡情况下压力变化特征如图 2-1-16 所示。

2）模型 C 注采平衡压力变化特征

模型 C 注采平衡情况下不同时刻压力剖面如图 2-1-17 所示，不同流量、不同时刻压力曲线如图 2-1-18 所示。

3）模型 D 注采平衡压力变化特征

模型 D 注采平衡情况下不同流量、不同时刻压力曲线如图 2-1-19 所示。

4）压力剖面特征分析

从压力剖面图可以看出，虽然是注采平衡条件，但是压力剖面稳定后的平衡点并不位于两口井的中点，而是偏向于生产井一侧，并且随着岩心渗透率的增大，平衡点向中间位置靠近，如模型 D 的平衡点基本位于两水平井中点处。同时，注入端压力增幅要大于采出端压力降幅，同样，随着岩心渗透率的增大，二者趋向一致。

根据基于达西定律的平面线性渗流理论，如果两口水平井等产量，那么其压力传播速度和大小应该相同，稳定后的平衡点也应该位于两口水平井的等距离处。

但按上节的结果进行分析，由于注入端压力比采出端高，在岩心渗透率很低的情况下，其两端的渗透率也相应相差很大，使得注入端的启动压力梯度比采出端要小，加之本身水相启动压力梯度比油相就小，因此，注入端压力传播快，压力抬升幅度大。如果岩心渗透率很高，两端的渗透率就不会因两端压力差异而存在很大偏差，启动压力梯度影响也极其微弱，这时注采两端压力传播速度基本一致，压力上升和下降幅度也基本相同。所以，压力剖面变化特征从另一个方面佐证了低渗透油藏水平井渗流的非达西特征。

另外，从压力剖面分布还可以看出，油藏渗透率越低时，近井地带压力剖面越陡，压

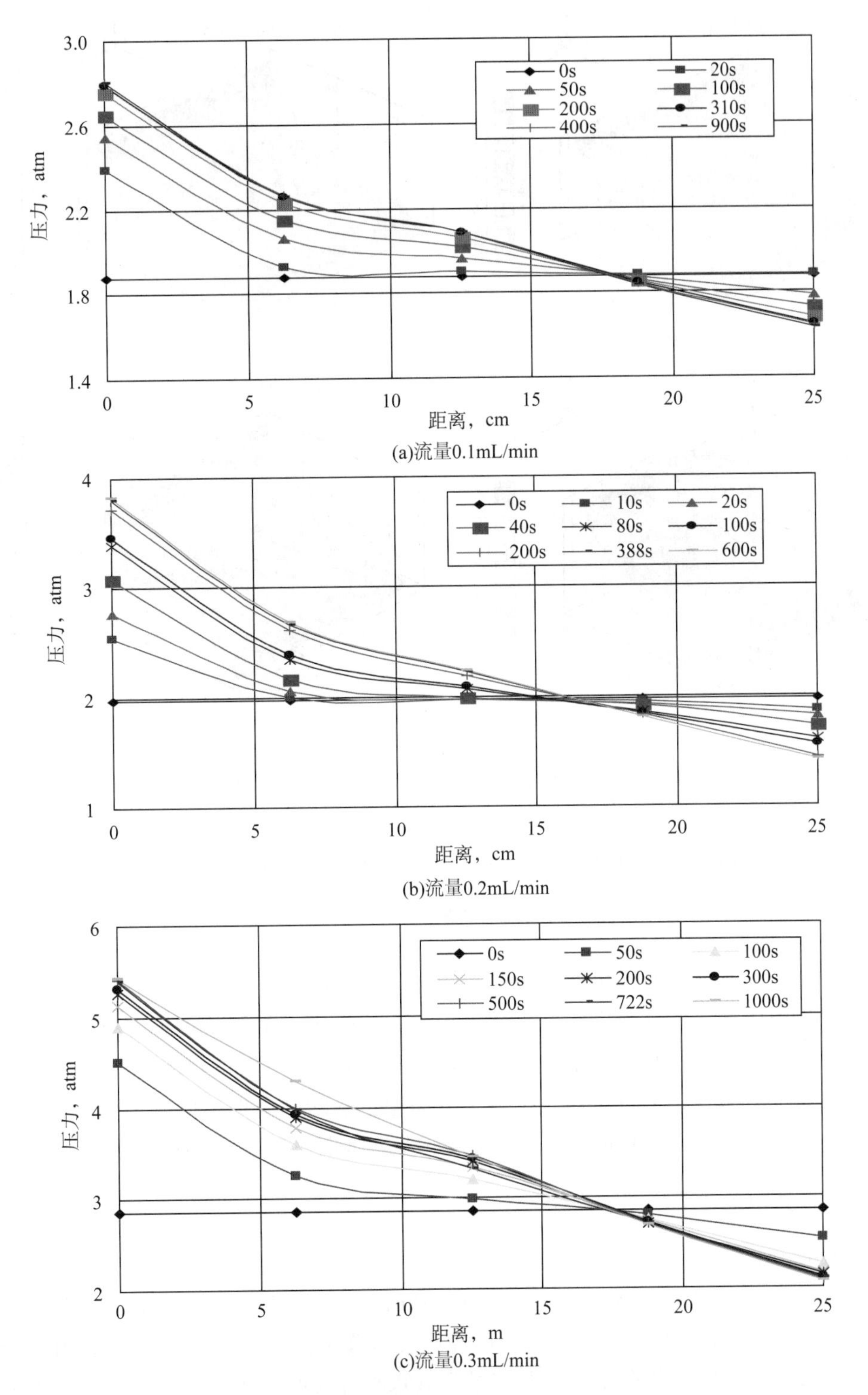

(a)流量0.1mL/min

(b)流量0.2mL/min

(c)流量0.3mL/min

图 2-1-16　模型 A 注采平衡时不同流量、不同时刻压力曲线图

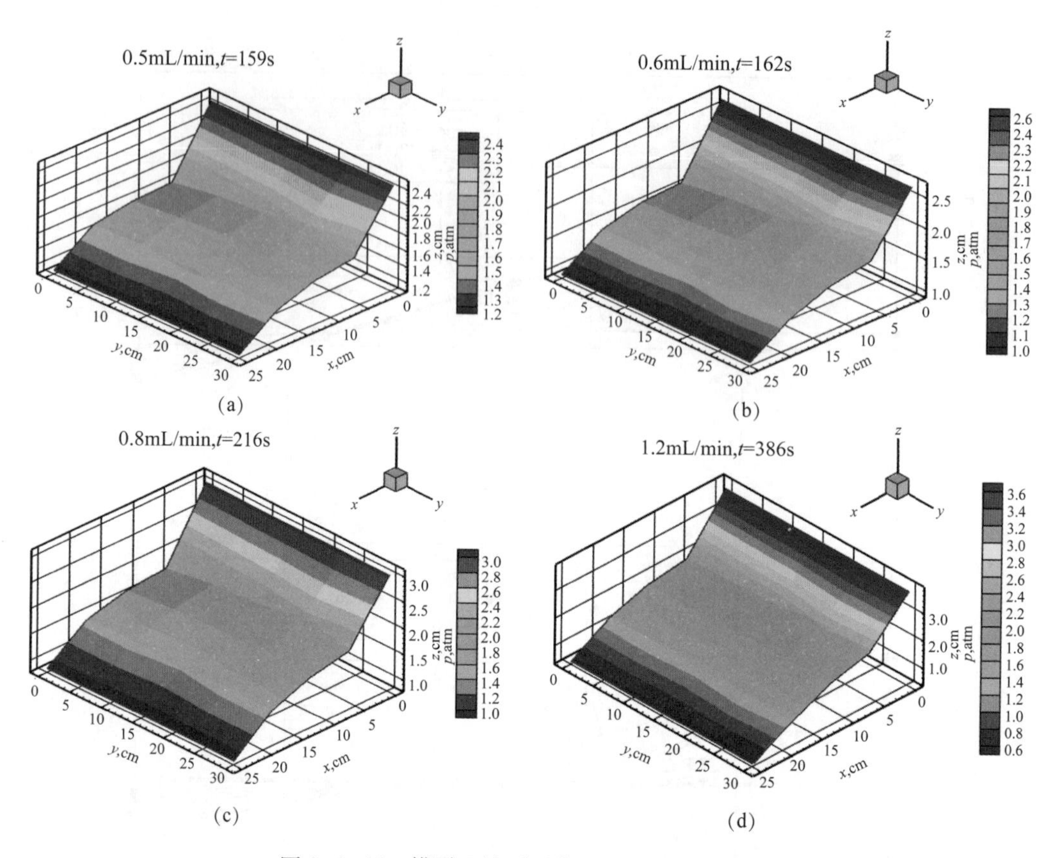

图 2-1-17　模型 C 注采平衡不同时刻压力剖面图

力变化越显著，中间压力变化越缓，压力剖面呈明显的曲线型，这明显有悖于达西线性渗流理论；但如果油藏渗透率很高（模型 D），压力剖面呈近似直线型。这说明，在渗透率很低的情况下，油藏渗透率具有很强的压力敏感性。从机理上来说，启动压力梯度和压敏效应的存在有着密切的相互关系。

需要提出的是，水平井发生线性渗流，避免了直井因径向流动的压力漏斗所产生的渗流阻力，因此相比直井流动阻力小，更利于形成有效的压力系统，对于难动用的低渗透油藏更适合水平井开发；水平井开采条件下，实验测试的流度为 0.45mD/（mPa · s）岩心亦能建立起有效的压力梯度；渗透率越低，压力剖面稳定后的平衡点越偏向生产井一侧，而且近井地带压力剖面越陡峭、中间分布越平缓，亦即憋压现象越明显，越需要造缝引效。

四、注采井网条件下水驱油规律

1. 物理模型

按井距 500m、排距 180m、水平段长度 300m，制作了 4 个物理模型，其中一个为哑铃形裂缝分布水平井井网模型（水平井段两端压裂裂缝长、中间压裂裂缝短），另三个为不同缝长组合的纺锤形裂缝分布水平井井网模型（水平井段两端压裂裂缝短、中间压裂裂缝长）。模型外观如图 2-1-20 所示，缝长参数见表 2-1-4。

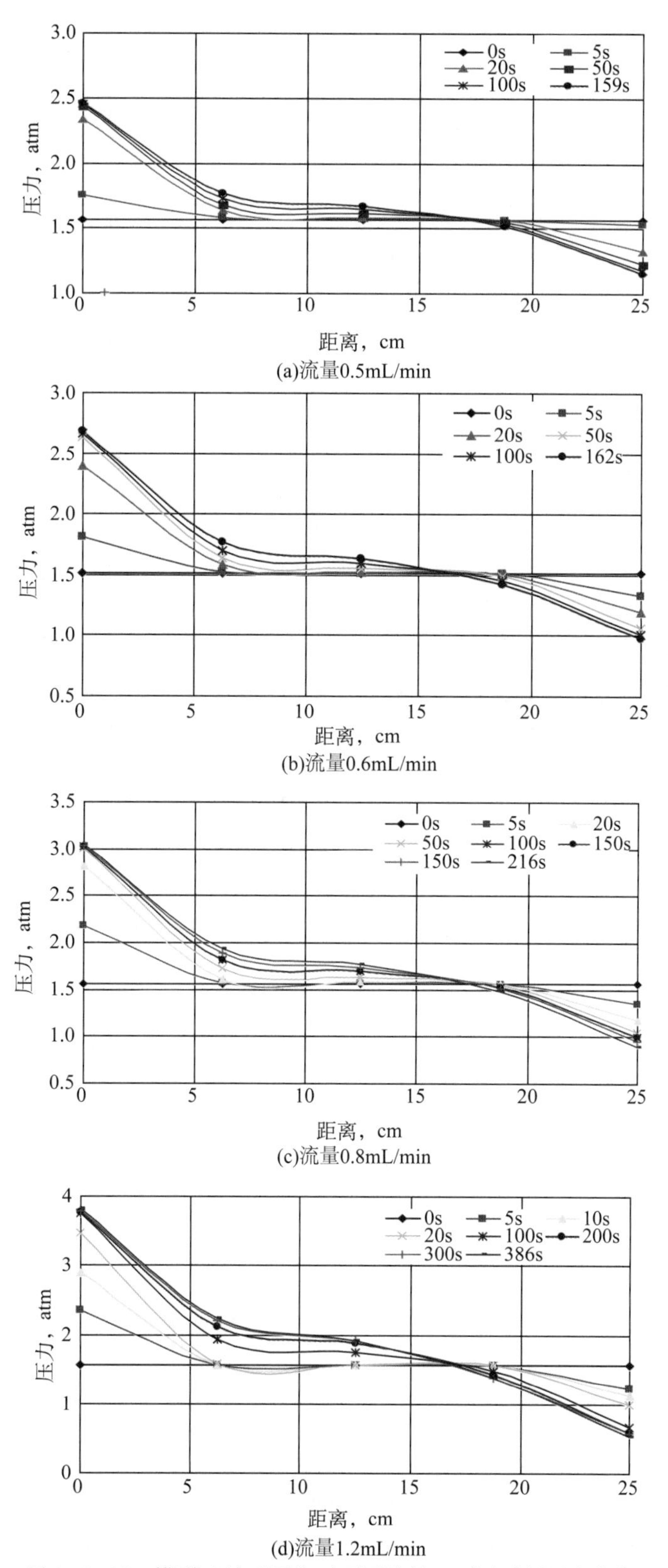

(a)流量0.5mL/min

(b)流量0.6mL/min

(c)流量0.8mL/min

(d)流量1.2mL/min

图 2−1−18　模型 C 注采平衡时不同流量、不同时刻压力曲线图

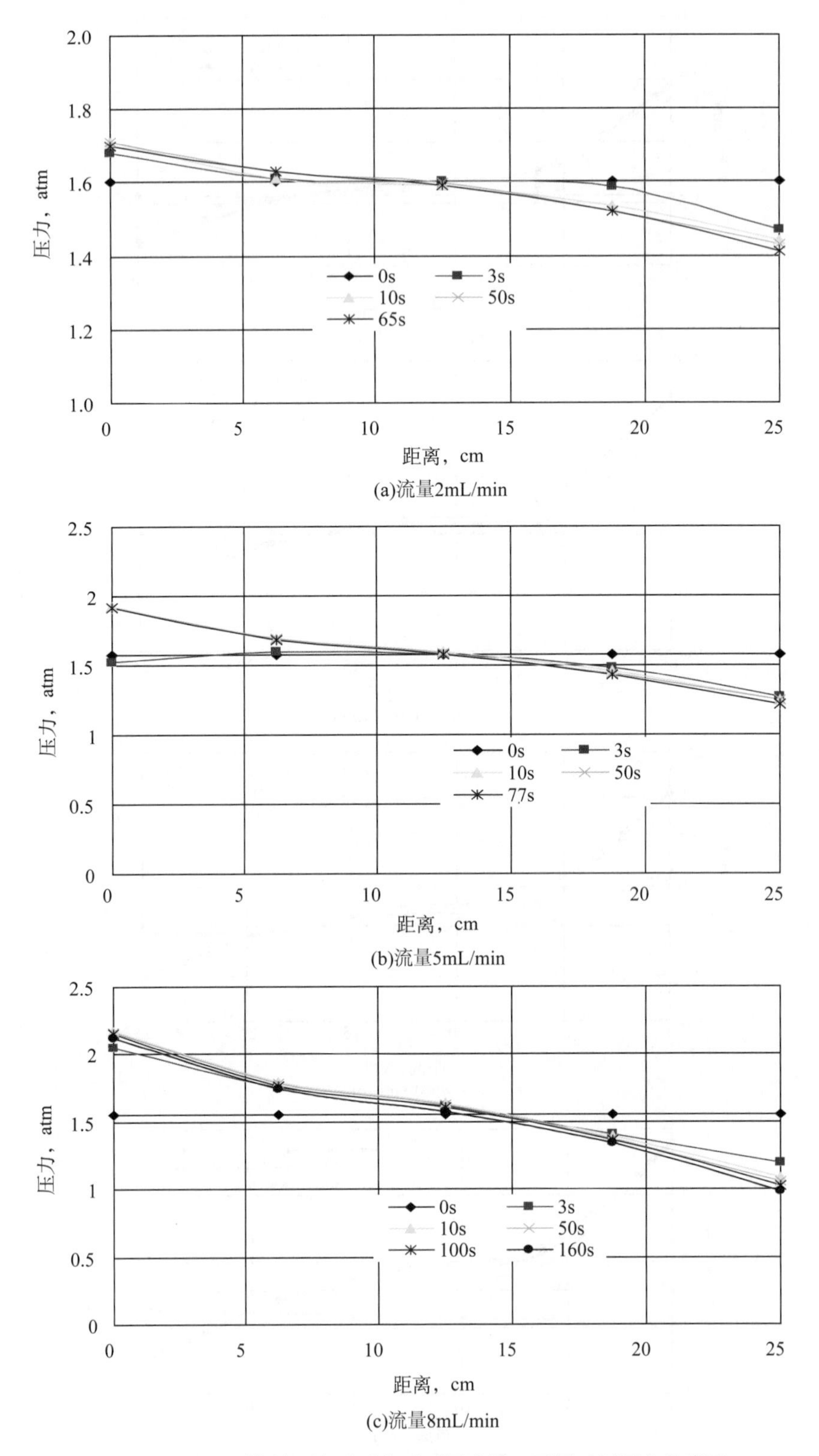

(a)流量2mL/min

(b)流量5mL/min

(c)流量8mL/min

图 2−1−19　模型 D 注采平衡时不同流量、不同时刻压力曲线图

图 2-1-20　纺锤形压裂水平井井网模型

表 2-1-4　压裂水平井井网模型的水力裂缝参数

模型编号	中间裂缝长度 cm	两端裂缝长度 cm
哑铃 1#	4.9	7.3
纺锤 1#	7.3	4.9
纺锤 2#	7.3	2.5
纺锤 3#	4.9	2.5

2. 开发效果分析

1）含水率分析

从图 2-1-21 可以看出，哑铃 1# 模型生产井见水最早，纺锤 1# 模型其次，纺锤 2# 和纺锤 3# 模型见水最晚，而且二者见水时对应的注入孔隙体积倍数相差极小。哑铃 1# 的含水率变化曲线形态为先迅速上升，当含水率达到 70% 后，含水率上升速度趋于平缓。哑铃形先见水的为两端长裂缝，形成低阻通道，注入水多沿长裂缝进入生产井，含水率很快上升到较高水平，从而降低了中间短裂缝区域的波及效率，当中间短裂缝再见水时，含水上升率变化就不如纺锤形裂缝分布井变化那么明显。而三个纺锤形裂缝分布模型的含水率变化曲线均存在一个“台阶”，形成这个台阶的原因是由于注入水先波及两端的短裂缝，然后再波及中间长裂缝而产生的含水率突然变化所致。数值模拟含水率曲线形态对比如图 2-1-22 所示。

见水时间的早晚取决于注水井与水力裂缝的距离，以及与注水井距离最近射孔位置之间的距离，如图 2-1-23 所示。

如果在油井见水前，裂缝的导流能力仍然存在的话（裂缝渗透率仍远大于基质），那么决定见水时间的就应为 C_1、C_2 和 C_3 三个距离中最小的。4 个模型的 C_1、C_2 和 C_3 值见表 2-1-5，可以看出，哑铃 1# 模型的 C_2 为 9.85cm，为 4 个模型中 C_1、C_2 和 C_3 中的最小值，因此，哑铃 1# 模型见水最早；纺锤 1# 模型的 C_2 为 10.82cm，见水时间次之；而纺锤 2# 和纺锤 3# 模型的 C_1 为 11.4cm，因此，纺锤 2# 和纺锤 3# 模型见水时间最晚。

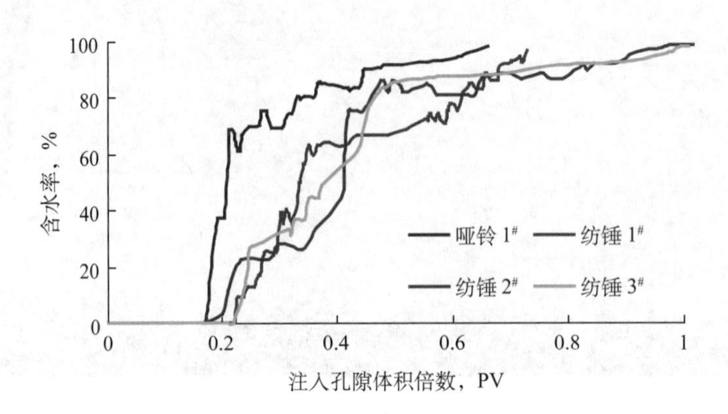

图 2-1-21　含水率与注入体积倍数的变化关系

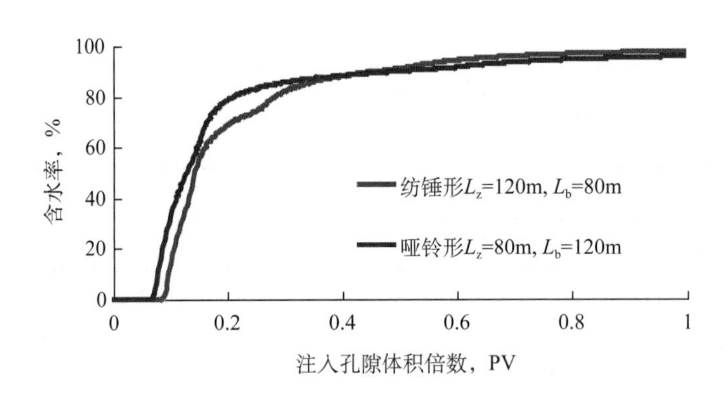

图 2-1-22　数值模拟含水率曲线形态对比图

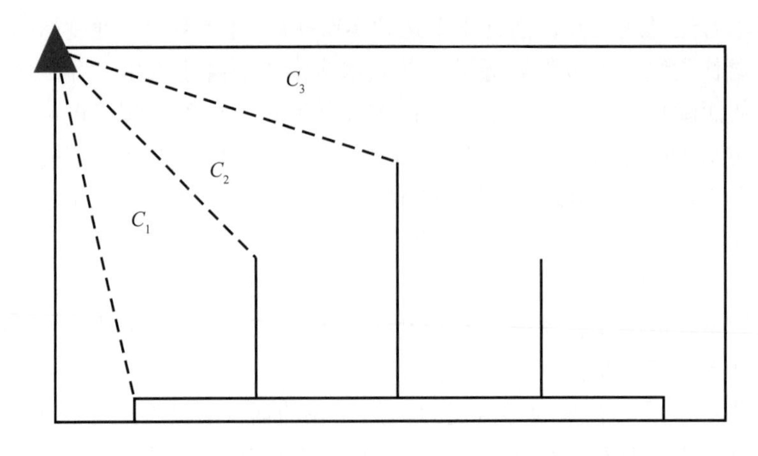

图 2-1-23　影响见水时间的三个距离示意图

表 2–1–5　不同模型 C_1、C_2 和 C_3 数值

模型编号	C_1，cm	C_2，cm	C_3，cm
哑铃 1#	11.40	9.85	16.16
纺锤 1#	11.40	10.82	15.52
纺锤 2#	11.40	12.38	15.52
纺锤 3#	11.40	12.38	16.16

2）无水采油阶段的采出程度

从表 2–1–6 中可以看出，纺锤 2# 模型的无水采出程度最高，达到 20.63%；纺锤 1# 模型次之，达到 20.18%；纺锤 3# 模型为 18.70%；最低的是哑铃 1# 模型，为 17.80%。可见中间裂缝长的模型，其无水采出程度高，反之则低。

通过含水率分析可知，纺锤 2# 模型与纺锤 3# 模型的见水时间相接近，但无水采出程度却相差很大，而两个模型最本质的差别就是中间裂缝的长度。由此可知，纺锤形模型的两端裂缝对见水早晚有着一定影响，但对于无水采油阶段的采出程度而言，中间裂缝长度影响较大。

表 2–1–6　无水采出程度统计

模型编号	中间裂缝长度 cm	两端裂缝长度 cm	无水采出程度 %
哑铃 1#	4.9	7.3	17.80
纺锤 1#	7.3	4.9	20.18
纺锤 2#	7.3	2.5	20.63
纺锤 3#	4.9	2.5	18.70

3）采出程度比较

从图 2–1–24 可见，生产初期（注入孔隙体积小于 0.2PV），哑铃 1# 的采出程度最高，因为在生产初期，生产井近井地带的能量尚未得到及时补充，弹性驱动仍然处于主导地位。因此，在生产初期，哑铃形裂缝分布水平井的产量最高，因为裂缝长度越长，弹性驱动方式下，生产井定压生产时，初期的产量高。当注入孔隙体积大于 0.22PV 后，各模型的压裂水平生产井均已见水，加之哑铃形两端裂缝较长，见水后产油量递减很快，因此，最终的采出程度较低。含水率达到 98% 时模型的采出程度数据见表 2–1–7。

五、低渗透油藏水平井渗流运动方程

通过以上实验研究，低渗透油藏水平井渗流规律并不遵循达西定律，而应该考虑启动压力梯度和压力敏感性的影响。这一非达西效应的影响随着渗透率的降低而增大，当油藏渗透率较低时，其影响作用显著，必须考虑该因素的影响。

因此，其渗流运动方程可以用下面的广义公式进行表示：

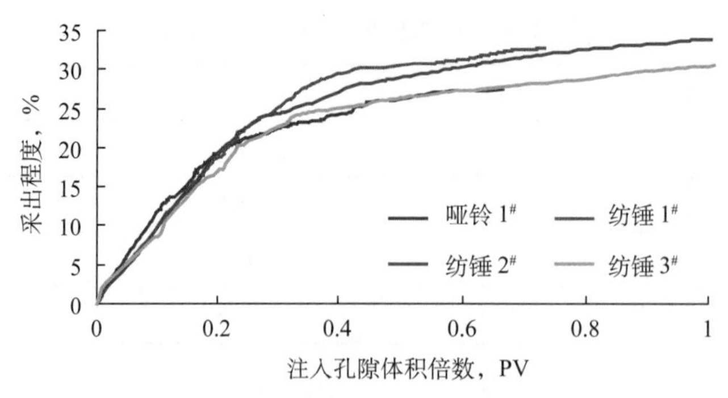

图 2-1-24　采出程度与注入孔隙体积倍数的变化关系

表 2-1-7　含水率达到 98% 时模型的采出程度数据表

模型编号	中间裂缝长度 cm	两端裂缝长度 cm	f_w=98% 对应的采出程度 %
哑铃 1#	4.9	7.3	27.45
纺锤 1#	7.3	4.9	33.98
纺锤 2#	7.3	2.5	33.67
纺锤 3#	4.9	2.5	31.50

$$v=-\frac{K(p)}{\mu}\nabla p\left[1-\frac{G(p)}{|\nabla p|}\right] \tag{2-1-2}$$

式中　v——渗流速度，cm/s；

$K(p)$——油藏渗透率，D；

μ——流体黏度，mPa · s；

∇p——压力梯度，10^{-1}MPa/cm；

$G(p)$——启动压力梯度，MPa/cm。

其中，$G(p)$ 随着∇p的变化而在真实启动压力梯度（A）与拟启动压力梯度（C）之间变化：当$\nabla p\leqslant A$时，$G(p)=A$，对应渗流曲线上的不流动段；当$A<\nabla p<B$（最大启动压力梯度）时，$G(p)$ 是压力梯度的函数，对应渗流曲线上的弯曲流动段；当$\nabla p\geqslant B$时，$G(p)=C$，对应渗流曲线上的拟线性流动段。

这样，随着∇p的增加，流度和 $G(p)$ 均增加，但 $G(p)/|\nabla p|$值减小，总体表现为渗流速度加快，这是实验中弯曲流动段的本质特征，当达到拟线性流动段时，流度和 $G(p)$ 为常数。这与测试得到的渗流曲线相一致。

第二节　地应力场对水平井压裂影响

一、井筒周围地应力分布与岩石破坏准则

1. 水平井筒周围地应力分布

地层未受扰动时，地应力呈现平衡状态。钻水平井眼后，由于人工井眼的存在，井眼

附近地应力重新分布，井壁产生应力集中。如图 2–2–1 所示，设水平井筒与最小水平主应力之间的夹角为 θ，最小水平主应力、最大水平主应力和垂向应力分别为 σ_h、σ_H 和 σ_v。则对于水平井而言，其径向应力 σ_r、切向应力 σ_θ 及垂向应力 σ_z 分别为：

$$\sigma_r=p_i \tag{2–2–1}$$

$$\sigma_\theta=s_{11}+s_{22}-2(s_{11}-s_{22})\cos(2\theta)-4s_{12}\sin(2\theta)-p_i \tag{2–2–2}$$

$$\sigma_z=s_{33}-2v[(s_{11}-s_{22})\cos(2\theta)+2s_{12}\sin(2\theta)]+p_i \tag{2–2–3}$$

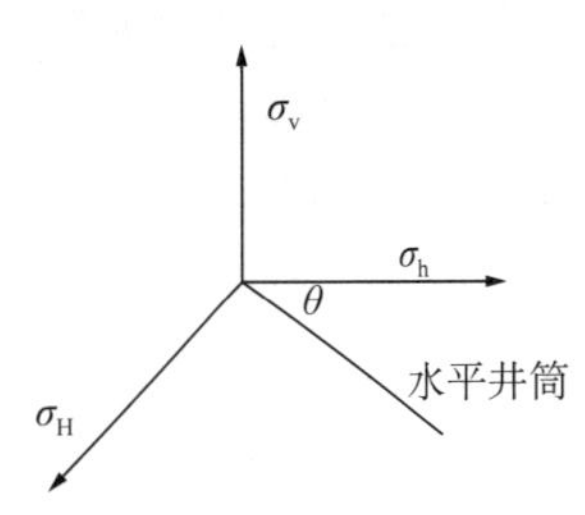

图 2–2–1 水平井在地应力场中的方位

式中 s_{11}，s_{22}，s_{33}——三个法向主地应力；

s_{12}，s_{13}，s_{23}——三个剪切地应力；

v——泊松比。

由式（2–2–1）至式（2–2–3）知道，当 θ 为零即水平井方向平行于最小水平主应力时，有：

当 $\sigma_H>\sigma_v$ 时，

$$\sigma_r=p_i \tag{2–2–4}$$

$$\sigma_\theta=3\sigma_v-\sigma_H-p_i \tag{2–2–5}$$

$$\sigma_z=\sigma_h-2v(\sigma_H-\sigma_v) \tag{2–2–6}$$

当 $\sigma_H<\sigma_v$ 时，

$$\sigma_r=p_i \tag{2–2–7}$$

$$\sigma_\theta=3\sigma_H-\sigma_v-p_i \tag{2–2–8}$$

$$\sigma_z=\sigma_h-2v(\sigma_v-\sigma_H) \tag{2–2–9}$$

此时，井筒周围三个方向上的应力不受剪应力作用，沿该方向钻进水平井眼最稳定。当 θ 不为零时，剪应力会影响井壁的稳定性。压裂时，剪应力的存在会影响裂缝的扩展。由于受剪应力的作用，岩石发生拉张破坏和剪切破坏，裂缝呈现“阶梯状”扩展，从而导致一些施工上的问题。

2. 岩石破坏准则

对于直井和纵向压裂水平井来说，由于其产生的水力裂缝都是轴向的，因而通常应用 Hubert–Willis 破坏准则来预测破裂压力。该准则下当切向压力小于零的情况下岩石即发生拉张破坏。因而，对于纵向压裂水平井而言，由式（2–2–5）和式（2–2–8）可以得到破裂压力 p_b：

$$p_b=3\sigma_v-\sigma_H \tag{2–2–10}$$

或

$$p_b=3\sigma_H-\sigma_v \tag{2–2–11}$$

上面两式需要根据垂向应力与最大水平主应力之间的相对大小而选用。对于产生横向裂缝所需要的破裂压力，应用 Hubert–Willis 破坏准则所预测的结果比实验所得到的结果要低得多，这主要是因为该破坏准则的假设条件是岩石在拉张破坏下产生轴向裂缝，因而它不适应于产生横向裂缝的情况。Hoek–Brown 准则可以比较好地预测产生横向裂缝条件下压裂水平井的破裂压力。在该剪切破坏准则下，破裂压力用下式表示：

$$p_{b}=\frac{3}{2}\sigma_{l}-\sigma_{L}+\frac{1}{2}\sigma_{c} \tag{2-2-12}$$

式中 σ_L——σ_v 和 σ_H 中的最大值；

σ_l——σ_v 和 σ_H 中的最小值；

σ_c——岩石抗张强度。

比较分别由 Hubert–Willis 准则和 Hoek–Brown 准则所得结果与实验所得结果，可以发现，Hoek–Brown 准则所得结果与实验结果比较相符，而由 Hubert–Willis 准则得到的结果比实验结果要低得多，因而 Hoek–Brown 破坏准则可以用来预测产生横向裂缝的压裂水平井的破裂压力；另外，从二者所得破裂压力的相对值可以看出，在相同的地应力场条件下产生轴向裂缝要比产生横向裂缝容易，而这也是之所以产生复杂裂缝形态如“T”形缝的原因。

二、地应力方向与水力裂缝形态

水平井压裂所产生的裂缝形态跟水平井筒在地应力场中的方位有关，一般来讲，当水平井筒方向与最小水平主应力方向平行时即产生横向裂缝，当水平井筒方向垂直于最小水平主应力方向时，产生的裂缝会沿井筒方向延伸，即纵向裂缝。在裸眼井中，如果储层物性比较好，均质性比较强，则可以沿整个水平井段压开一条纵向裂缝。

在同样的地应力场条件下，由于低的破裂压力而使纵向裂缝比横向裂缝更容易产生，因而，即使在水平井筒方向平行于最小水平主应力的情况下，除产生横向裂缝外，仍然有沿井筒产生纵向裂缝的趋势，而这与射孔段的长度有关。El–Rabaa 通过实验认为，要防止产生纵向裂缝，射孔段长度不应超过 4 倍井径；此外还指出，只要射孔段长度小于 2 倍井径，则每段将产生单一横向裂缝；而如果射孔段长度在 2 倍与 4 倍井径之间，则会在同一射孔段产生多裂缝。因此，要产生横向裂缝，除了水平井筒方向需平行于最小水平主应力外，还要有合适的射孔段长度。

除了上述两种理想情况外，当水平井筒方向与最小水平主应力之间的夹角不为零或 90° 时，则会产生复杂的裂缝形态，称之为非平面裂缝。压裂所产生的非平面裂缝有三种：平行多裂缝、转向裂缝以及“T”形裂缝（图 2–2–2）。

1. 平行多裂缝

第一种非平面裂缝为平行多裂缝。当水平井筒方向与最小水平主应力之间的夹角为 0° 或 90° 之外的值或者射孔段较长时，就会产生多裂缝。在产生多裂缝的射孔段中，每一个射孔孔眼都作为一条裂缝的起裂源，早期这些裂缝同时向前延伸，随着与井筒距离的增加，继续扩展的裂缝条数减少，直到最后，这些多裂缝会成为垂直于最小水平主应力扩展的一条裂缝。多裂缝的产生导致裂缝宽度大大减小，从而导致高的摩阻压力、高裂缝延伸压力、高液体滤失速率及高砂堵风险。

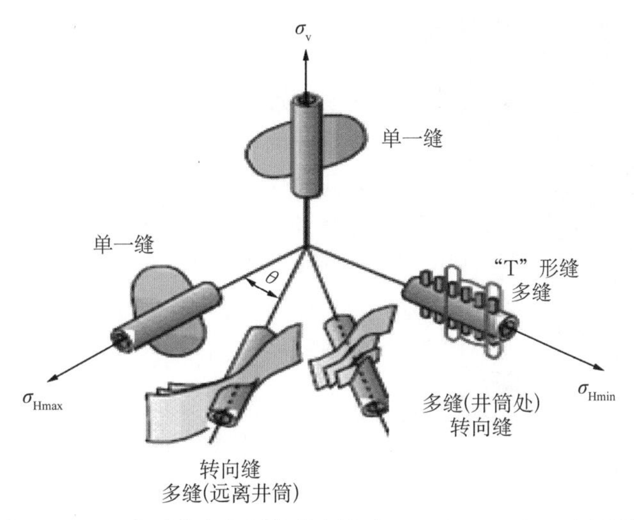

图 2-2-2 水平井水力裂缝形态图（H.H. Abass，SPE 86992）

2. 转向裂缝

因为裂缝总是沿着最小阻力面前进，因而当水平井筒方向偏离最大水平主应力时，裂缝将先沿井筒启裂，之后将逐渐转向到垂直于最小水平主应力方向。图 2-2-3 所示为一转向裂缝示意图。关于裂缝转向的机理，不同的研究者得出了不同的结论，争论的问题集中在两个方面：第一，对于转向裂缝而言，裂缝在井筒启裂是剪切破坏和拉张破坏共同作用的结果，还是只有拉张破坏而产生的结果；第二，转向裂缝中所观察到的转向过程中的转向面是单一裂缝还是启裂多裂缝系统。Daneshy 通过实验观察认为转向面需经历一定的步骤，这是张应力和剪切应力破坏共同作用的结果。Baumgartner 等认为裂缝启裂和转向仅仅是张应力破坏的结果。Hallam 和 Last 认为 Daneshy、El-Rabba 和 Abass 等观察到的不同阶段的转向面是启裂的多裂缝系统。

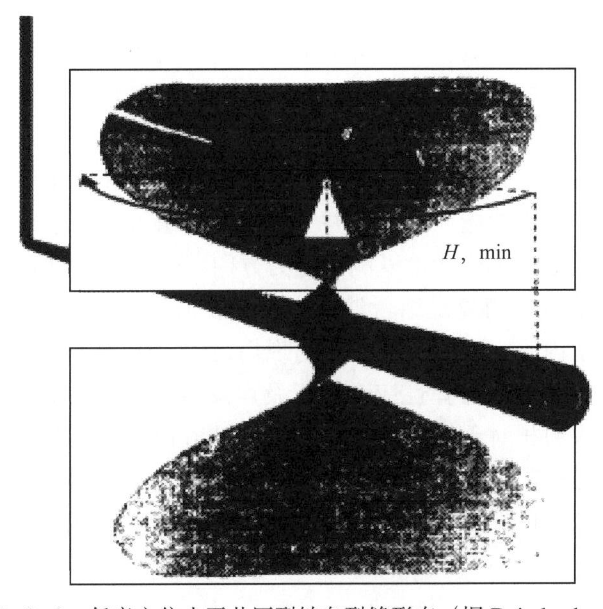

图 2-2-3 任意方位水平井压裂转向裂缝形态（据 Deimbacher 等）

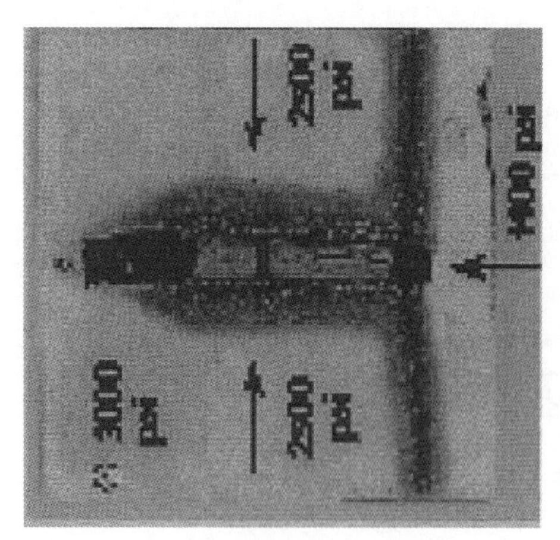

图 2–2–4　实验得到的“T”形裂缝形态
（据 Abass 等）

3.“T”形裂缝

钻井过程使就地应力状态发生了改变，在近井地带形成了新的应力场。该应力场致使裂缝有沿着井筒不同方向启裂的趋势。当井为裸眼井或射孔段比较长的时候，除了产生横向裂缝外，沿着井筒还会产生纵向裂缝，也就形成了复杂的“T”形裂缝。图 2–2–4 所示为一从实验中得到的“T”形裂缝的裂缝形态。该纵向裂缝在小于一倍井径距离内扩展，然后消失，而大部分的能量都用来扩展横向裂缝。然而这类裂缝转向过程相当复杂，这就会带来与多裂缝相同的问题。因此，为了避免产生“T”形缝，我们需要优化射孔长度以及对研究区块的地应力分布有清晰的认识。

平行多裂缝、转向裂缝和“T”形裂缝，虽然裂缝形态各异，但都给水平井压裂的施工带来很多不利的因素。多裂缝的存在，使得包括主裂缝在内的裂缝系统的缝宽要比单一裂缝的缝宽窄。窄的裂缝宽度会导致高摩阻、高裂缝延伸压力以及高的砂堵风险。此外，多裂缝的存在增大了裂缝面积，从而增大了滤失量，降低了液体效率，也可能导致砂堵。转向裂缝在转向时岩石发生剪切破坏和拉张破坏，裂缝面粗糙，有效裂缝宽度变窄，致使高摩阻和高的裂缝延伸压力，转向半径较小时，由于裂缝宽度窄甚至可能发生砂堵。

三、地应力测量技术

地应力测量技术从原理上可分为直接测量和间接测量两大类。前者通过测量岩石的破裂直接确定地应力。后者通过测量岩石的变形和物性变化来反演地应力。例如，根据岩石受力时的变形特征、弹性波速度变化、电阻变化、声传播特性和矿物颗粒的显微构造变化，确定介质的受力状态。地应力测量从内容上可分为绝对值测量和相对值测量，前者测量岩石所承受地应力的实际数值及方向，后者是测量固定点地应力状态随时间的变化。

到目前为止，油田地应力的研究方法一般可以分为四大类。一是矿场应力测量，如水力压裂应力测量、电法测井应力测量可以确定地应力大小；井壁崩落应力方向测量、地面电位法应力方向测量、水力裂缝测斜仪、井下微地震波法可以确定地应力方向，尤其是水力裂缝测斜仪、井下微地震波法既可以测地应力方向，同时还可以测定水力裂缝的几何尺寸。大部分水力压裂地应力测量是结合油层水力压裂增产措施来进行的。二是岩心测量。由于岩心测量可以在室内测定，不需要大量的现场设备和人员，也有广泛的应用，如差应变分析、波速各向异性测定、滞弹性应变分析及声发射（Kaiser 效应）测定等。但岩心地应力测量只能给出地应力相对于岩心的方位，如何给出岩心在地下原位的方法，则是该方法的一个技术关键。另外，岩心测量时，很难完全模拟井下条件。三是地应力计算，如地应力场有限元数值模拟、地应力剖面解释、钻进参数反演和长源距声波测井自适应方法计算等。

第三节　水平井及压裂水平井流态

一、水平井的流态

一般来说，根据油井和油藏几何形态的差异，水平井可以有 4 种明显不同的流态，即垂直平面上的早期径向流（图 2–3–1）、早期线性流（图 2–3–2）、水平面上的后期拟径向流（图 2–3–3）和后期线性流（图 2–3–4）。油井最初投入生产时，在垂直于水平井筒的垂直面内会出现径向流。在该流动阶段，油井表现出来的特性就好像是在厚度为水平段长度的一个横向无限大油藏中的一口垂直井。当油井所产生的压力扰动传播到顶部或底部边界时，或者当通过油井末端的流动影响到压力响应时，早期径向流阶段即告结束。如果水平井的长度与油层厚度相比足够长的话，那么一旦压力瞬时达到顶部或底部边界，就会产生线性流动阶段。如果井长与油藏大小相比较短的话，那么在晚期将会产生拟径向流。当压力瞬时达到其中一个外边界时，拟径向流动就会结束。如果顶部或底部边界保持一个恒定的压力，拟径向流则不会发生，而在后期出现稳态流。对于有限宽度的油藏来说，当压力瞬时达到侧边界以及该方向上的流动变为拟稳态时，后期线性流阶段即会发生。

二、压裂水平井的流态

对于有界储层压裂水平井而言，可以有以下几种流态，即线性流（图 2–3–5）、早期径向流（图 2–3–6）、双径向流（图 2–3–7）和拟径向流（图 2–3–8）。在早期线性流阶段，流体直接由地层线性地流入裂缝。该阶段裂缝独立存在，裂缝之间互不干扰。线性流动阶

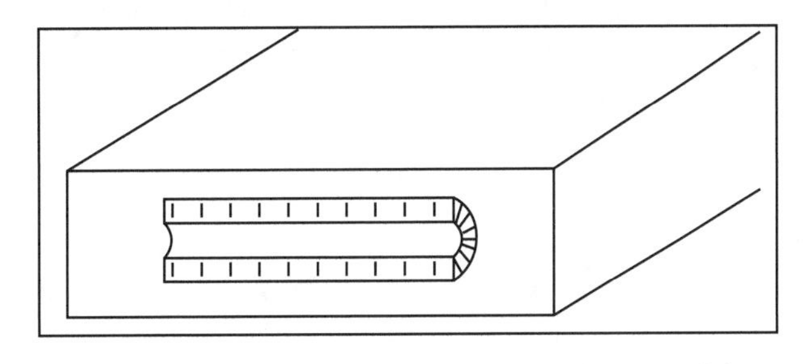

图 2–3–1　垂直平面上的早期径向流（据 Joshi 等）

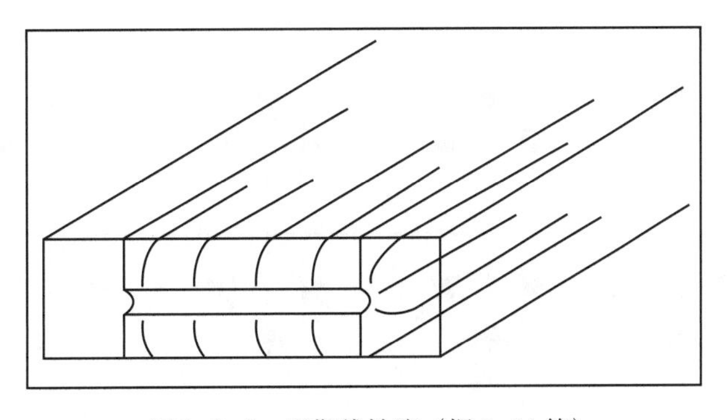

图 2–3–2　早期线性流（据 Joshi 等）

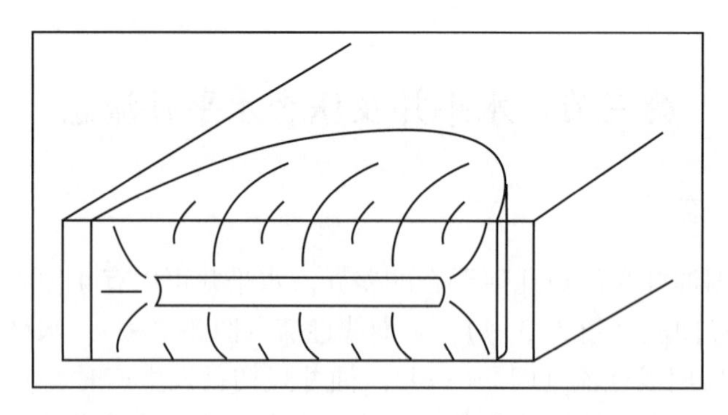

图 2-3-3　水平面上的后期拟径向流（据 Joshi 等）

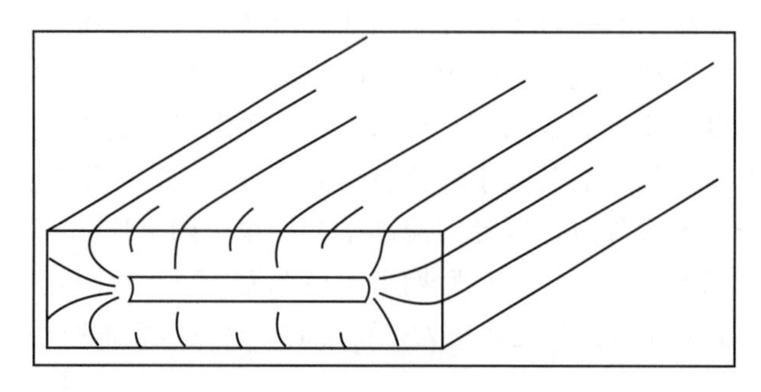

图 2-3-4　后期线性流（据 Joshi 等）

段之后，当有流体流入裂缝端部但裂缝之间仍然没有干扰时，在每条裂缝周围就会发生早期径向流动。这一阶段主要依赖于缝长和裂缝间距。当相邻裂缝间距远大于缝长时，该阶段就不会因为裂缝间干扰的过早到来而不存在。双线性流阶段，裂缝之间产生干扰，流体呈椭圆状向井筒流动。最后，如果油藏足够大而流体流动没有到达边界时，就会出现拟径向流阶段。该阶段流体径向地流向整个的裂缝—井眼系统，流型类似于垂直压裂井的长期流动形态。此时，流经最外层裂缝的流动占主导地位。

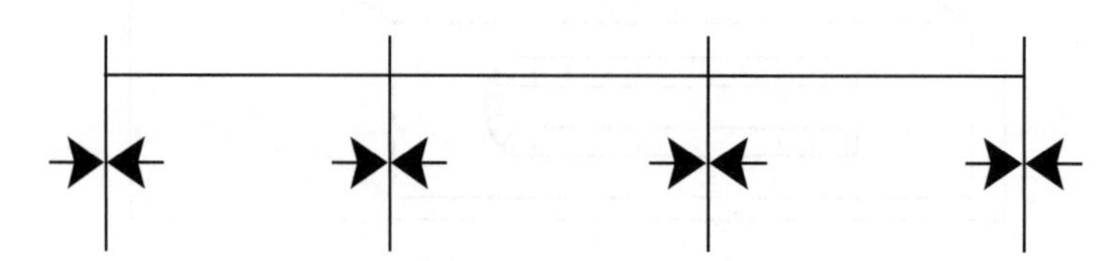

图 2-3-5　线性流（据 Zerzar 等）

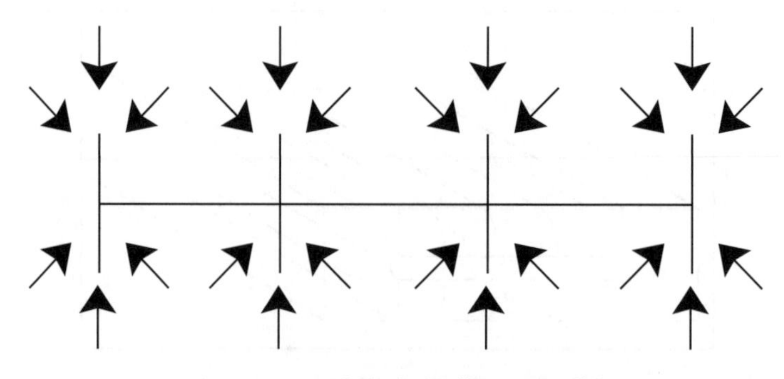

图 2-3-6　早期径向流（据 Zerzar 等）

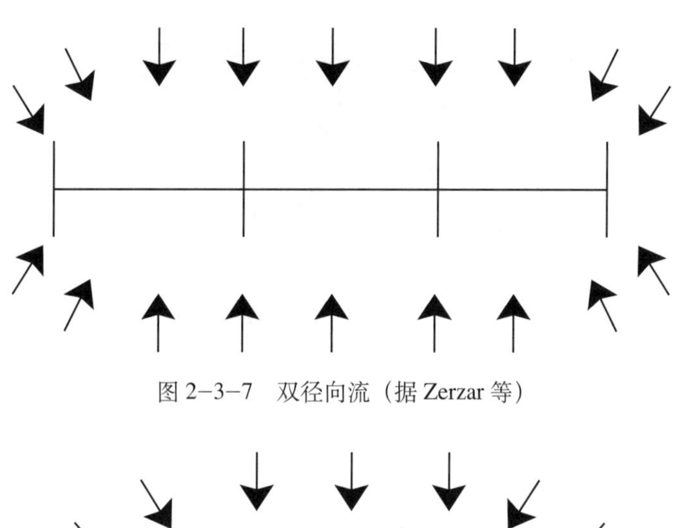

图 2-3-7　双径向流（据 Zerzar 等）

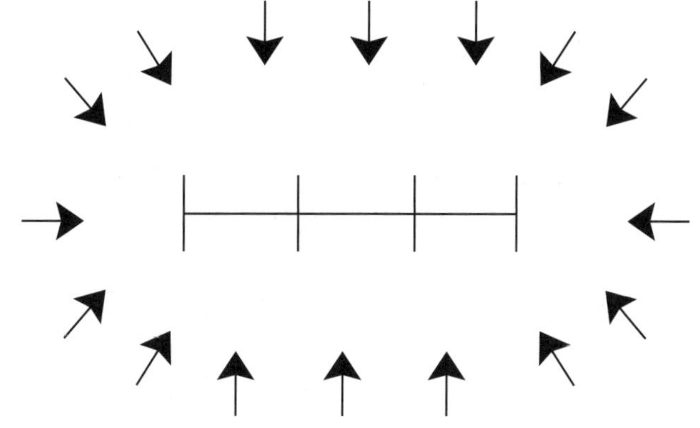

图 2-3-8　拟径向流（据 Zerzar 等）

在裂缝间未出现干扰时，裂缝在各自的泄油区内独立存在，此时裂缝的平均缝长为：

$$x_{fe} = \sum_{i=1}^{n_f} x_{fi} \Big/ n_f \tag{2-3-1}$$

式中　x_{fe}，n_f，x_{fi}——分别为平均半缝长、裂缝条数和第 i 条裂缝的半缝长。

在开始出现拟径向流之前，当裂缝之间产生干扰时，裂缝系统表现为一条大的裂缝，其总的有效半缝长为：

$$x_{ft} = \frac{n_f}{n_f - 1} L_w \Big/ 2 \tag{2-3-2}$$

式中　x_{ft}，L_w——分别为裂缝系统表现为一条大的裂缝时总的有效半缝长以及最外面两条裂缝的间距。

显然，从式（2-3-2）可以看出，在总的裂缝条数一定的情况下，增大最外面两条裂缝的间距对整个裂缝系统而言比较有利。对于有界储层而言，流体流动最终会达到拟稳态。此时，对于含有多条水力裂缝的压裂水平井而言，其表现就如同缝长等于最外层两条裂缝间距的单裂缝。

对于横向压裂水平井而言，由于裂缝与井筒之间的接触面积受到限制，裂缝内流体流动表现为双线性流—径向流（图 2-3-9 至图 2-3-11）。

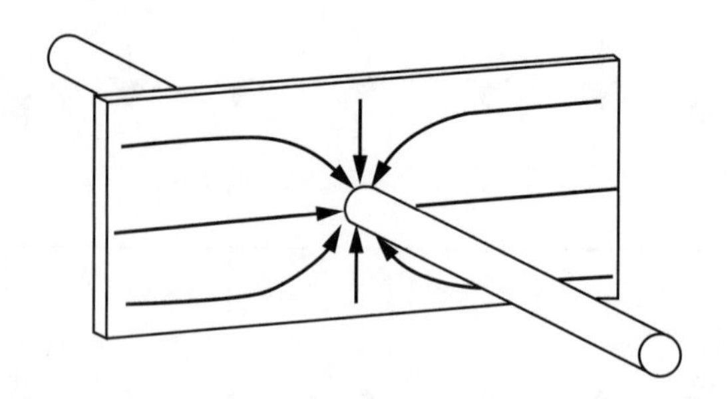

图 2-3-9　压裂水平井横向裂缝内径向流（据 Grosby 等）

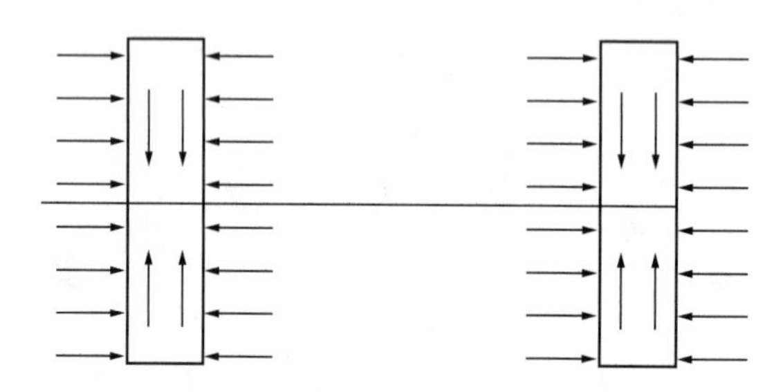

图 2-3-10　横向裂缝内流动俯视图（据 Roberts 等）

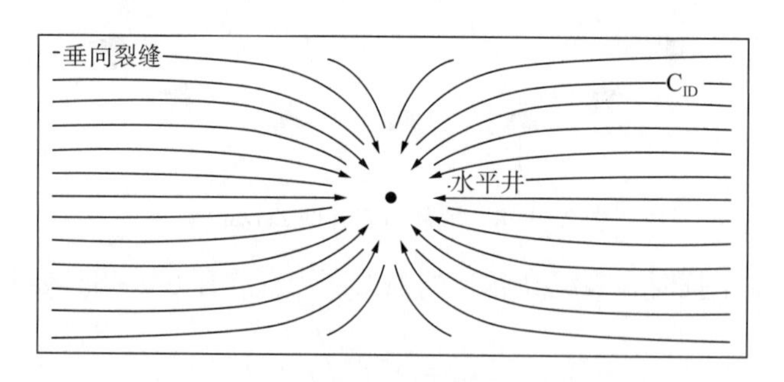

图 2-3-11　横向裂缝内流动侧视图（据 Roberts 等）

横向裂缝与井筒的接触面积受到井筒直径的限制，由于井筒直径相对裂缝尺寸很小，流体在流入裂缝后会径向地流入井筒，也就产生了汇流。流体向井筒汇流，裂缝内产生了附加的压降，这种汇流可以看成是一种表皮效应，称为节流表皮效应，其表达式如下：

$$\left(S_{ch}\right)_{c}=\frac{Kh}{K_{f}w}\left[\ln\left(h/r_{w}\right)-\frac{\pi}{2}\right] \tag{2-3-3}$$

式中　$(S_{ch})_c$——节流表皮效应；

K，K_f——分别为储层及裂缝的渗透率；

h——储层厚度；

w——缝宽；

r_w——井筒半径。

节流表皮效应的存在要求在井筒周围裂缝的导流能力要高，这也就需要高密度 / 强度的支撑剂。由式（2-3-3）可知，一方面在无量纲裂缝导流能力低时，也就是当储层渗透

率比较高时，横向裂缝内由于流体汇流而产生的节流表皮效应数值较大，裂缝内附加压降较大，相应地产能影响较大，因而，高渗透储层并不适合应用横向裂缝形态进行储层改造。另一方面，在低渗透储层中，当无量纲裂缝导流能力较强时，即储层渗透率相对于裂缝渗透率很小时，由式（2–3–3）知节流表皮效应数值很小，甚至可以忽略，因此，这种情况下应用横向裂缝比较有利。

第三章　弹性开采条件下水平井水力裂缝优化

实施水平井分段压裂，需要明确如何合理布置水力裂缝，确定压裂段数、裂缝长度、施工规模等裂缝和施工参数，这都涉及水平井分段压裂优化设计技术。由于多段水力裂缝的存在，以往用于直井压裂的优化设计技术已不适用于水平井，需要进行针对水平井的水力裂缝优化研究。本章介绍了弹性开采条件下水平井水力裂缝优化方法、水力裂缝优化建模方法和步骤，给出了经济优化模型，并辅以实例说明。

第一节　水平井水力裂缝优化方法

在低渗透油藏钻水平井，虽然增大了与储层的接触面积，但不压裂基本无自然产能。此外，由于储层非均质性，笼统压裂往往在地应力薄弱处形成一条裂缝，压后仍然低产。只有通过分段压裂在水平井中形成多条裂缝才能大幅度提高产量。在给定储层条件下，实施水平井分段压裂，需要采用何种裂缝形态，需要压裂多少条裂缝，裂缝如何布置，形成的水力裂缝长度多少，满足油藏条件的裂缝参数能否通过现场施工实现，这些参数是否满足经济要求，要回答这些问题，就要对水平井分段压裂水力裂缝进行优化。

首先，应明确优化的对象。在既定的油藏条件下，诸如储层物性等因素是客观存在的，不能人为改变，也就谈不上优化，能够优化的都是可以改变的要素，比如裂缝条数、裂缝长度、裂缝导流能力、裂缝位置等裂缝参数，以及规模、排量、砂液比等施工参数，这些影响产能、施工、经济评价的裂缝参数和施工参数即是优化的对象。此外，水平段方位和长度会影响到所产生的裂缝形态和产能，在优化水力裂缝时，也要考虑合理布井的问题。

其次，要明确优化所要达到的目标。裂缝参数在满足油藏要求的情况下，要考虑能否在现场实现，经济上是否有效益，比如弹性开采条件下裂缝条数越多意味着初产越高，同时也意味着对施工能力要求的提高、施工风险的增大和经济投入的增多，最终能否实现效益开发还需要进行具体评价，因此，水力裂缝优化应综合考虑油藏、施工和经济的因素，优化的目标就是使优化的裂缝参数和施工参数能够同时满足油藏、施工和经济的要求。

此外，要明确实现优化目标的方法。对于水平井压裂水力裂缝优化，所采取的方法是：通过油藏数值模拟进行水力裂缝参数产能优化，得到裂缝条数、裂缝长度、裂缝导流能力、裂缝位置等裂缝参数；在此基础上，通过压裂裂缝模拟进行施工参数优化，得到施工规模等施工参数；对优化的裂缝参数和施工参数进行经济评价，最终确定满足经济要求的裂缝和施工参数。优化方法框图如图 3-1-1 所示。

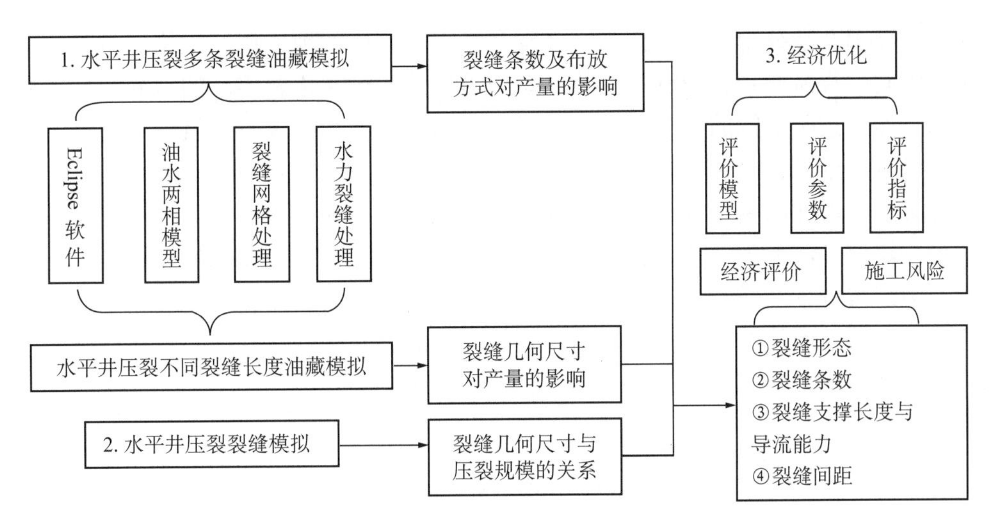

图 3-1-1　水平井分段压裂多段裂缝优化方法框图

优化的步骤为：(1) 利用油藏数值模拟软件建立含有多段裂缝的水平井压裂模型，进行油藏数值模拟，研究裂缝条数、长度及布放方式对产量的影响；(2) 在步骤 (1) 的基础上，利用压裂设计软件建立模型，进行水平井压裂裂缝模拟，研究裂缝几何尺寸与压裂规模的关系；(3) 在步骤 (1) 和步骤 (2) 的基础上，用经济评价模型，输入评价参数和评价指标，分析研究不同裂缝形态、裂缝条数、裂缝位置与间距、裂缝长度与导流能力下的经济效益与施工风险，对这些参数进行经济优化，从而得到最优的裂缝形态、裂缝条数、裂缝位置与间距、裂缝长度与导流能力等参数。在后续章节中将具体说明弹性开采条件和注水开采条件下产能优化、裂缝模拟和经济优化方法和建模步骤。

第二节　水平井水力裂缝参数产能优化

本节以油藏数值模拟软件为例介绍了水平井压裂数值模拟建模方法和步骤，说明了压裂水平井产能影响因素，同时给出了弹性开采条件下水力裂缝参数产能优化实例。

一、水力裂缝参数产能优化模型建立

1. 裂缝处理及网格加密

在建立含水力裂缝的水平井油藏数值模拟模型时，如何恰当处理裂缝是保证模型收敛、运行正常，同时正确反映裂缝内流动的关键，下面以常用的油藏数值模拟软件 Eclipse 为例说明压裂水力裂缝的处理和裂缝网格加密方法。

1) 裂缝处理

在 Eclipse 软件中，对裂缝的处理主要是通过网格的尺寸和对网格的赋值来完成。对网格的赋值易实现，网格的尺寸较为困难，目前软件提供的模块只能处理裂缝的方位与水平井筒成 0° 和 90° 两种情况，如图 3-2-1 所示。由于井筒及裂缝附近压力梯度变化比较大，为保证数值计算的稳定性，需要在井筒周围及裂缝附近进行网格加密。具体做法

是，在井筒周围及裂缝附近用密网格，在远离井筒及裂缝的地方用稀网格。另外，将裂缝与地层作为同一渗流体系，裂缝在网格系统中占单独一排网格。实际的裂缝宽度一般只有3～5mm，如果按照实际的裂缝宽度输入模型，为保证方程收敛及数值计算的稳定性，要求由裂缝壁面向储层延伸的网格步长不能有剧烈的变化，即裂缝附近网格宽度同样要很小，这样就势必大大增加网格总数，从而增加了计算机时及内存占用。因此，对裂缝的常规处理方法为“等效导流能力”法，所谓“等效导流能力”法，就是在保持裂缝导流能力（裂缝宽度与裂缝渗透率的乘积 $K_f \cdot w_f$）不变的情况下，适当地加大裂缝宽度，等比例减小裂缝渗透率的方法。以往的研究表明，用“等效导流能力”法处理裂缝时，在“缝宽”小于1.0m的情况下，井的产量变化不大，该方法实用可靠。

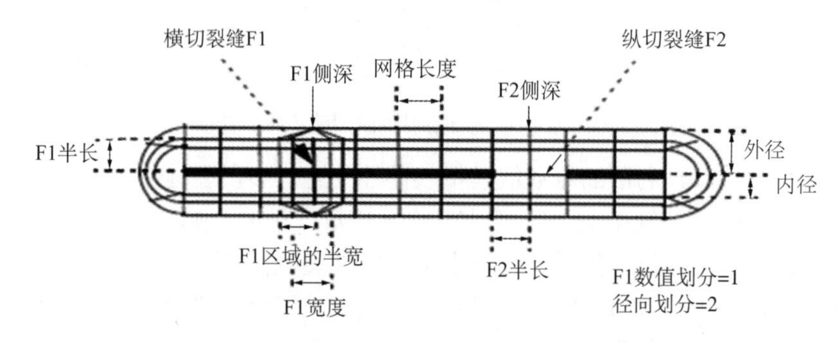

图 3-2-1　水平井水力裂缝处理示意图（Eclipse 软件手册）

2）网格加密

网格加密的主要方法有直角网格加密和非结构网格加密，其中：

（1）直角网格加密是最简单最普通的加密方法，也是计算方法最为完善的方法。通过指定所需要加密的主网格的范围，再指定预期加密的程度，即通过划分主网格的数量，实现对主网格的加密，如图 3-2-2 所示。

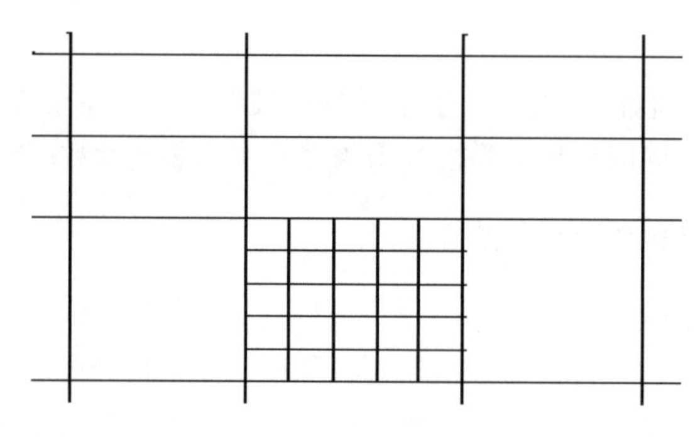

图 3-2-2　直角网格加密

（2）非结构网格加密方法灵活多变，但其解法仍未定论，在计算过程中误差较大，目前不推荐使用。但由于其可以模拟直角网格无法模拟的形状，因此预计在不久的将来会得到更多应用，如图 3-2-3 所示为 PEBI 网格加密。

PEBI（Perpendicular Bisection，垂直平分）网格是一种垂直平分网格，是近 10 年来提出并得到发展的一种非结构化网格技术。它是由 Heineman 于 1989 年提出的，实际上它是

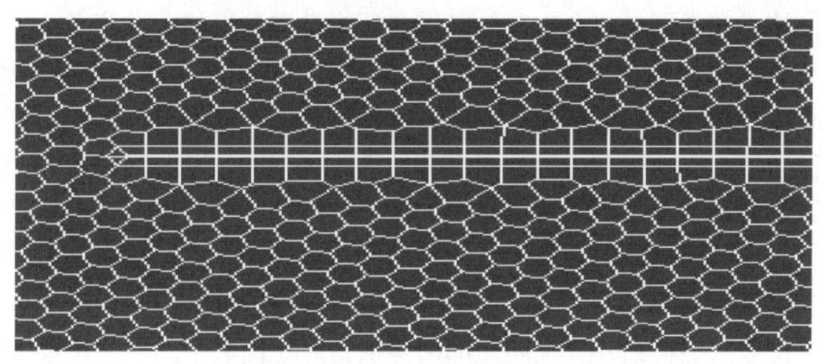

图 3–2–3　PEBI 网格加密

计算几何领域中的 Voronoi（泰森多边形法）图在油藏数值模拟领域的应用。PEBI 网格任意两个相邻网格块的交界面一定垂直平分其相应网格节点连线，如图 3–2–4 所示，类似 0，1，2，6 和 7 的这些点（用半径较大的圆表示）称为 PEBI 网格节点。虚线称为 PEBI 网格节点之间的连线（在油藏数值模拟中，认为流体是沿着这些虚线流动的）。线段 3–4 和线段 4–5 分别垂直平分线段 0–2 和线段 0–6。PEBI 是通过改变渗流方程的离散方式来改变对水力裂缝的模拟方法，实质是一种新的显式网格加密方法和等值渗流阻力或等连通系数法的结合，在油藏数值模拟中，认为流体是沿 PEBI 网格节点之间的连线流动。

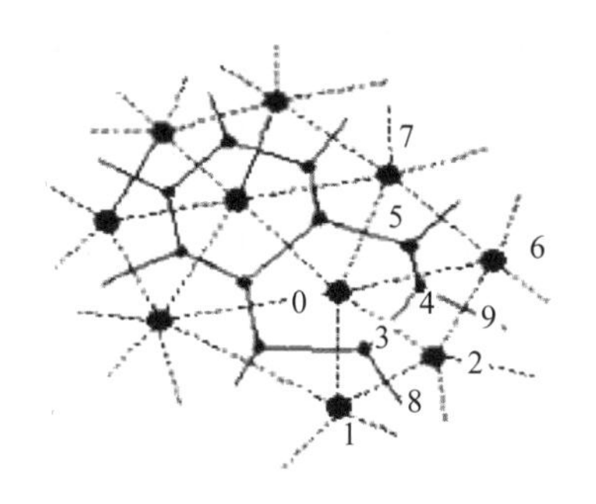

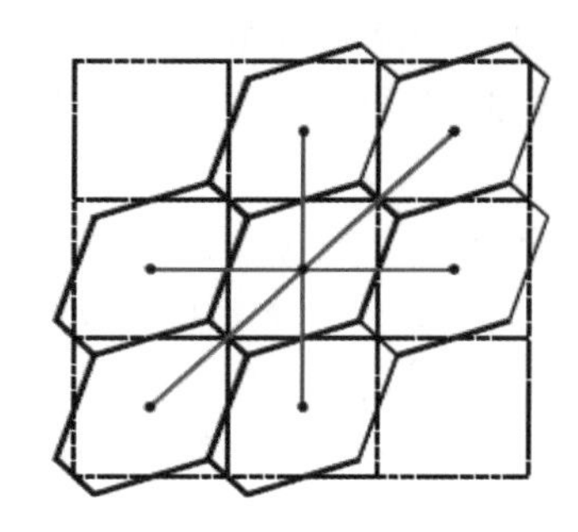

图 3–2–4　PEBI 网格

PEBI 网格的主要特点是灵活而且方便，为建立混合网格和局部加密网格带来方便，其优势在于可以对任意方位的水力裂缝进行描述，能完成任意形状的油藏区域网格划分。

2. 水力裂缝优化油藏模型建立

一般而言，油藏数值模型建模过程为：根据模拟研究的任务、目的和具体要求，收集并整理各项必需的原始资料和数据，分析其完整程度和可靠性，进行油藏描述，建立地质模型，进行模拟计算和历史拟合校正模型，形成可用于动态预测的油藏模型。

1）压裂数值模型建立

压裂数值模型的建立步骤如下：

（1）选择模拟模型。根据模拟过程所包含的流体类型及其物性，模拟模型可分为黑油模型、组分模型、热采模型和化学驱模型。对一般油气藏，模拟可选用黑油模型；对于凝析气藏等特殊油气藏或者热采、EOR 等特殊工艺过程的模拟则需选择其他模型，比如模拟凝析油气田开发以及注气油田开采需采用组分模型，模拟稠油开发需采用热采模型，模拟注各种化学剂的三次采油需采用化学驱模型。

（2）定义网格。定义网格要合理有效，网格正交性差和网格尺寸相差太大都会导致模型的不收敛。正交性差会给矩阵求解带来困难，而网格尺寸相差大会导致孔隙体积相差很大，大孔隙体积流到小孔隙体积常会造成不收敛。为使网格的正交性好，又能很好地描述断层或裂缝，最好能使边界与主断层或裂缝走向平行。关于网格的尺寸，网格越多，每个时间步长中所需计算的数学问题越多，机时费用越多，考虑井网加密的方案，应确定适当的加密井井位和网格尺寸，较小的网格通常使最大可允许时间步长减小。在平面上最好让网格大小能够较均匀，在没有井的地方网格可以很大，但最好能够从大到小均匀过渡。纵向上有的层厚，有的层薄，最好把厚层能再细分。径向局部网格加密时里面最小的网格不要太小。

（3）描述油气藏。网格定义后，应对网格进行属性赋值，输入流体 PVT、相对渗透率、油藏压力等数据并建立井史数据。需要赋值的油藏数据包括油藏顶部深度、厚度、孔隙度、渗透率、净毛比、传导率等，其中，渗透率和孔隙度通常由测井和岩心分析资料得到，有时采用地质统计方法来获取；流体 PVT 数据包括油气体积系数、黏度随压力变化，水的体积系数、黏度，以及油、气、水地面密度等，黑油模型中流体物性由各种流体物性表所组成，组分模型按照状态方程或气液平衡值来描述流体物性；岩石数据包括相对渗透率曲线和毛细管压力，相对渗透率和毛细管压力为流体的饱和度的函数，数据来自实验室的特殊岩心分析，没有实验室数据时常由相关式计算得到；油藏初始压力和流体的饱和度数据来自测井资料和不稳定试井，饱和度分布通常通过定义流体接触面来模拟并允许利用毛细管压力数据来求解油藏条件；井史数据包括布井位置、生产历史、生产控制、事件和时步数据等。

（4）利用历史拟合校正模型。在定义并给网格赋值后，依次输入流体 PVT 数据、相对渗透率数据，初始化模型，建立井史数据，在完成了上述工作后，就初步建好了模型，还要通过历史拟合来完成对模型的校正。要进行历史拟合，需提供关于井的措施和生产数据，包括完井数据（射孔、补孔、压裂、堵水、解堵日期、层位、井指数等）、生产数据（平均日产油、日产水、日产气、平均气油比和含水比等）、压力数据（井底流压、网格压力等）、动态监测资料（分层测试、吸水、产液剖面等）等。油藏模拟器通过反复迭代计算流体饱和度和压力分布，与实际生产数据进行比对，完成对模型参数的校正。一旦调整好模拟模型，即可添加约束条件并运行模型预测产量，优化开发方案。

2）水平井压裂建模步骤

以 Eclipse 商业软件为例说明水平井压裂建模过程。

（1）启动 Data Manager。运行 Eclipse 软件后，新建工程，在 Office 界面中点击 “Data”，启动 Data Manager，开始建模，如图 3-2-5 所示。

（2）输入模型基本参数。点击 “Case Definition”，在 Case Definition Manager 里选择模拟器类型，然后分别在 General 选项卡中输入模拟开始的时间、三维方向上的网格数、模拟参数采用的单位等，在 Reservoir 选项卡中输入采用的网格类型、水体类型、岩石的可压缩性等，在 PVT 选项卡中选择基本的流体类型等基本参数，如图 3-2-6 所示。

（3）定义网格及其属性。点击 “Grid”，打开 Grid Keyword Section，在 Keyword Type 中找到 Geometry，利用其包含的关键字定义网格，在 Properties 中给网格属性赋值并采用 “等效裂缝导流能力” 进行裂缝处理，如图 3-2-7 所示。

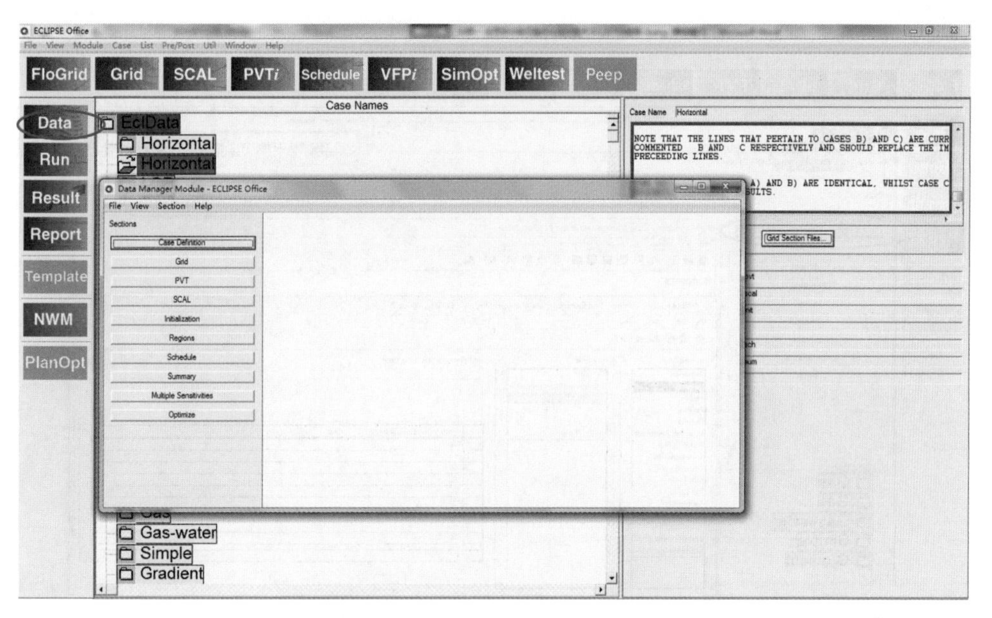

图 3−2−5　Data 数据管理器界面

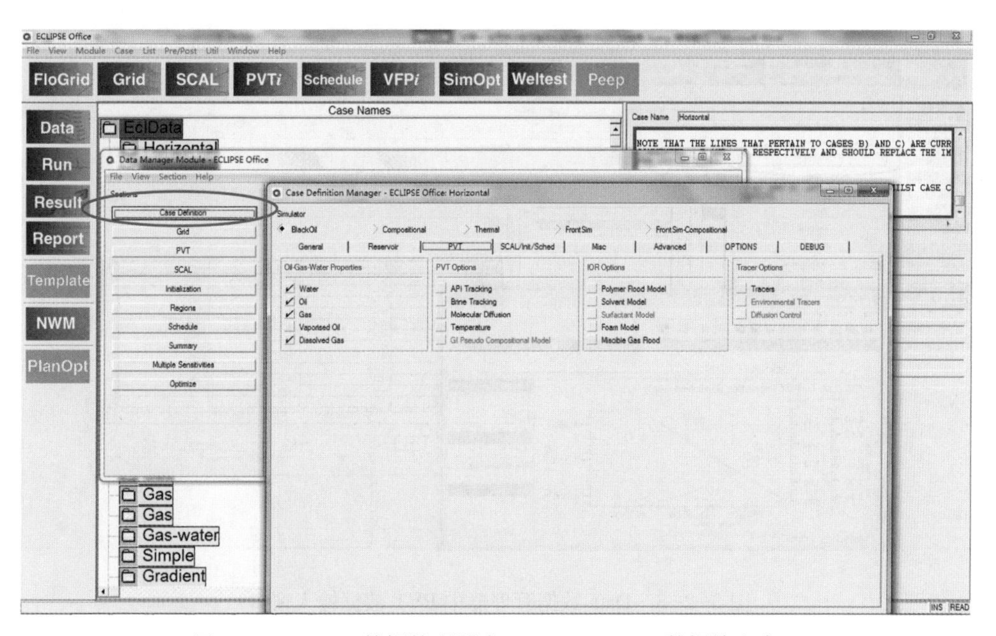

图 3−2−6　Data 数据管理器中 Case Definition 数据输入窗口

(4) 输入流体高压物性参数。点击“PVT”，打开 PVT Section，输入岩石和流体的 PVT 参数，如图 3−2−8 所示。

(5) 输入相对渗透率曲线。点击“SCAL”，打开 SCAL Section，输入油水和油气相对渗透率曲线，如图 3−2−9 所示。

(6) 模型初始化。点击“Initialization”，打开 Initialization Section，输入油藏初始参数，添加水体，如图 3−2−10 所示。

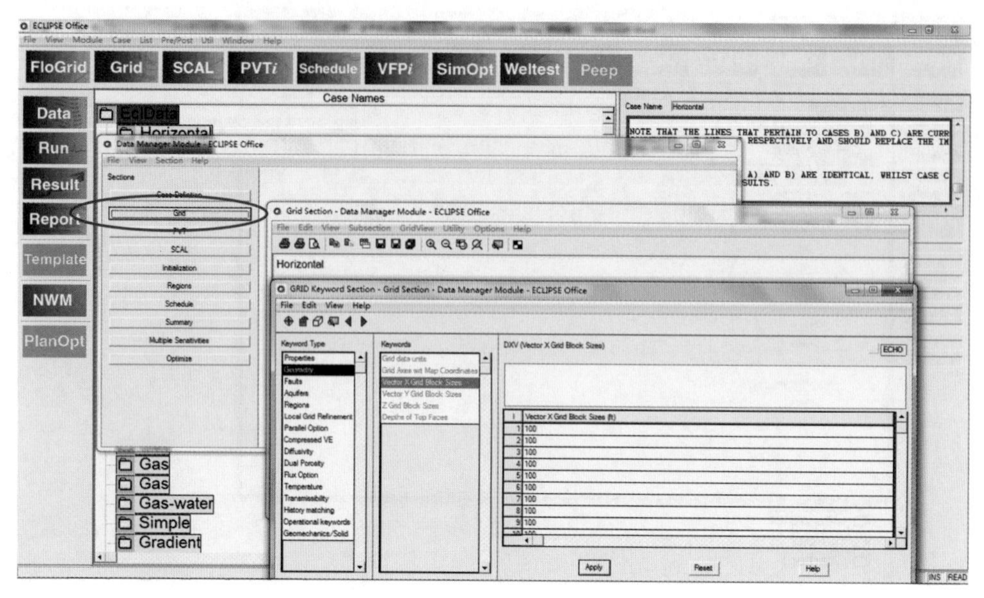

图 3-2-7　Data 数据管理器中 Grid 数据输入窗口

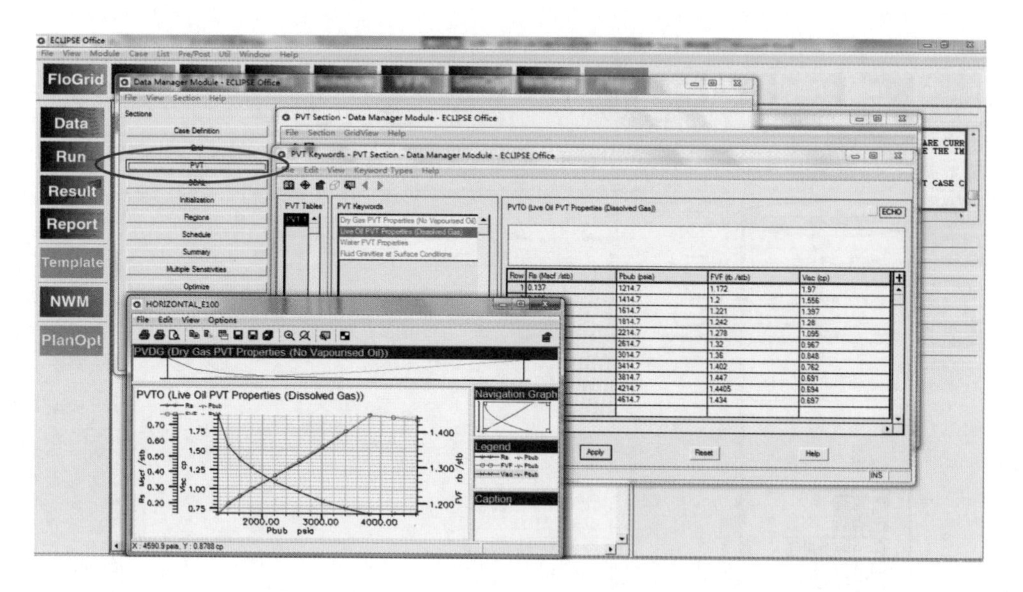

图 3-2-8　Data 数据管理器中 PVT 数据输入窗口

（7）输入生产动态参数。点击“Schedule”，打开 Schedule Section，定义井和生产控制条件，如图 3-2-11 所示。

（8）运行模型，查看建模结果。在完成 Schedule Section 中井的定义后，至此油藏模型所需的参数已输入完，即完成了一个模型的建立。点击“Summary”，选择输出控制参数，点击“Run”，运行所建立的模型，点击“Result”，查看模拟结果，如油藏压力的变化动态，原油、天然气和水的产量，以及含水率、液体前缘位置、区域采出程度、油气藏最终采收率等，如图 3-2-12 所示。

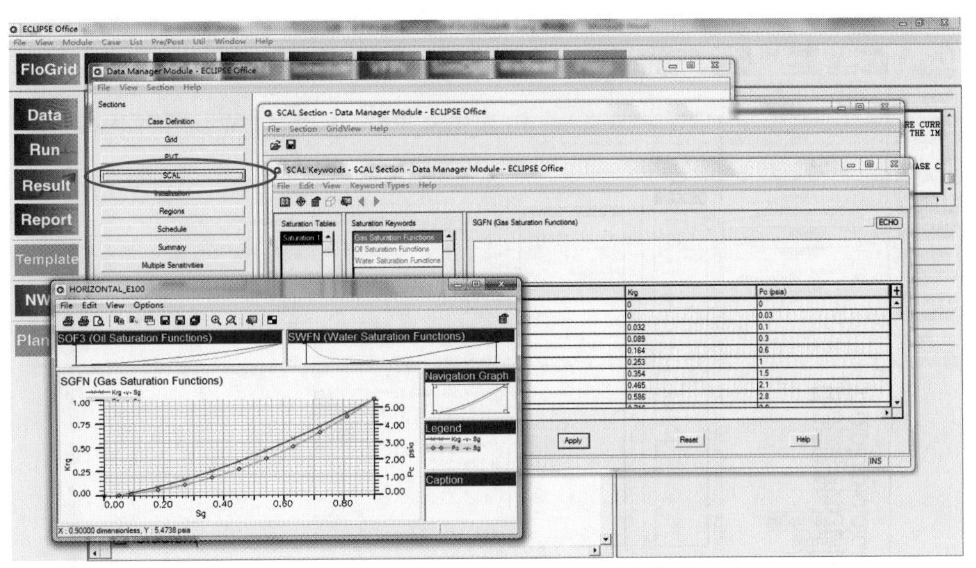

图 3-2-9 Data 数据管理器中相对渗透率数据输入窗口

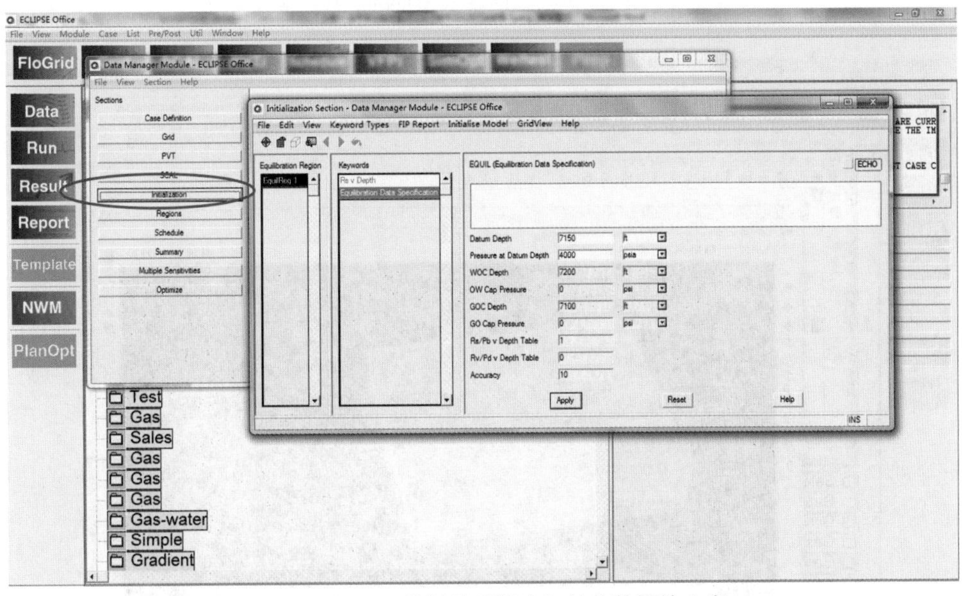

图 3-2-10 Data 数据管理器中初始化数据输入窗口

二、压裂水平井产能影响因素

水平井压后产能影响因素主要包括地层渗透率、渗透率各向异性等不可控因素，以及水平井井筒长度、水力裂缝形态、裂缝参数等可控因素。

1. 储层渗透率

储层渗透率是影响水平井产能的重要因素之一，在渗透率高的地层中钻水平井并压裂可获得高的绝对产能。但是，从增产倍比的角度看，当水平井段长度一定时，产层渗透率越小增产倍比越大，在低渗透油层中钻水平井并进行压裂对水平井提高产能具有更重要的意义。

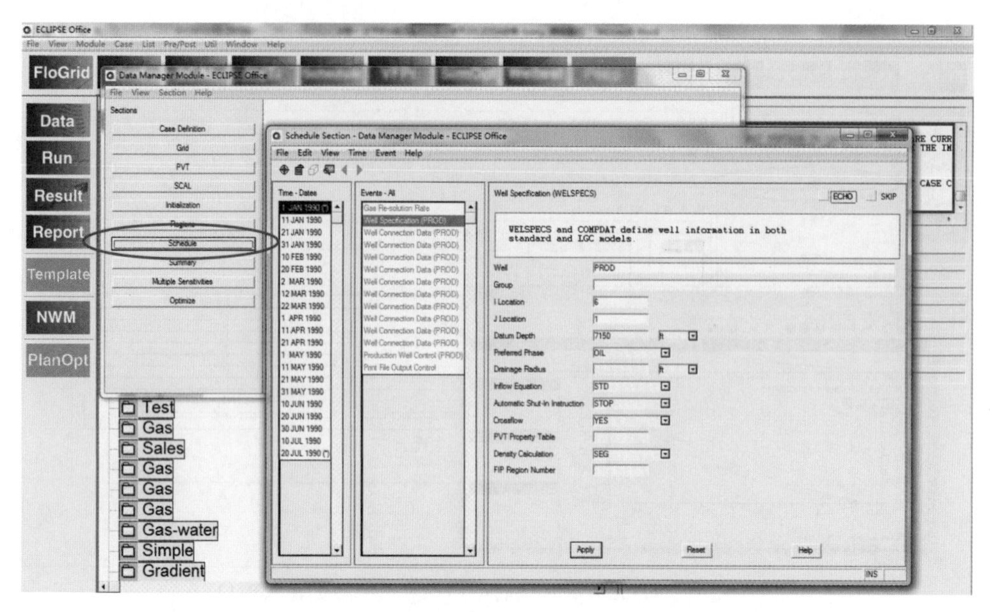

图 3-2-11　Data 数据管理器中 Schedule 数据输入窗口

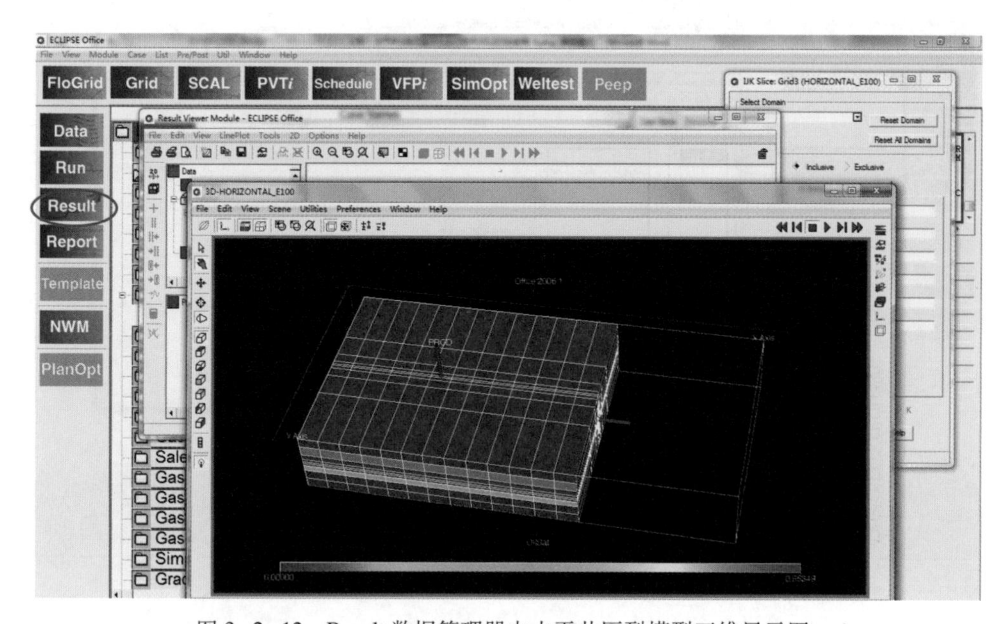

图 3-2-12　Result 数据管理器中水平井压裂模型三维显示图

2. 渗透率各向异性

储层渗透率各向异性是影响油藏渗流的重要因素，对于直井，一般认为其渗透率即有效渗透率就是地层的水平方向的渗透率，但是对于水平井而言，其有效渗透率则认为是水平渗透率和垂向渗透率的函数。储层渗透率各向异性包括垂向渗透率异性和水平渗透率异性。

（1）垂向渗透率异性模拟方法。在典型的砂岩储层中，由于常常含有页岩夹层，使得垂向渗透率明显低于水平渗透率，而对于天然裂缝发育的储层，垂向渗透率则比水平渗透率高。储层垂向渗透率异性用异性系数 β 来表征，β 的定义为：

$$\beta = \sqrt{K_h / K_v} \tag{3-2-1}$$

其中

$$K_h = \sqrt{K_x \cdot K_y}$$

式中　K_h——储层水平渗透率，mD；

K_x——储层水平 x 方向的渗透率，mD；

K_y——储层水平 y 方向的渗透率，mD；

K_v——储层垂向渗透率，mD。

（2）水平渗透率的模拟方法。上面研究了垂向渗透率异性对水平井产量的影响情况，其中我们假设水平两个方向渗透率 K_x 和 K_y 一样，但是，在实际油田中，由于潜在裂缝和部分微裂缝的存在，储层水平渗透率也存在异性，一般沿着最大主应力方向的水平渗透率最大，与其垂直方向上，即最小主应力方向上的水平渗透率则有一定减小。

在具体模拟时，在 Eclipse 软件的 Grid 模块中设置不同方向的渗透率值即可以模拟渗透率各向异性对水平井产能的影响。

3. 水平井井筒长度

当水平井位于储层中心时，水平井的有效井筒半径表达式为：

$$r_w' = \frac{L}{4}\left[\sin\left(\frac{4r_w}{h} \times 90°\right)\right]^{h/L} \tag{3-2-2}$$

式中　r_w'——水平井有效井筒半径，m；

L——水平段长度，m；

h——储层厚度，m；

r_w——井筒半径，m。

由上式可知，在储层厚度确定的情况下，r_w' 将随着 L 的增加而变大，因此，增加水平段长度即增加了有效井筒半径，水平井产能增加，因此，在实际施工中，在工艺和经济效益允许的条件下，应该尽可能地增加水平井井筒的长度。

4. 水力裂缝形态

如前所述，水平井压裂产生水力裂缝形态非常复杂，但在具体模拟时，仍将裂缝按照规则的横向或者纵向裂缝来处理，这样做的原因在于，用比较理想的规则裂缝形态来代替复杂的裂缝形态，首先在模拟时可以比较方便地进行处理，其次规则裂缝形态具有在不同布井方式下的代表性；反之，实际中的复杂裂缝形态难以模拟，且形态各异，不能就该类问题做出具有代表性的说明。横向缝和纵向缝各有优缺点，横向缝最大的优点是可以沿井筒布置多条裂缝，增大了裂缝的控制面积，加快了油气的开采速度，但是横向缝的产生严重依赖于水平井筒在地应力场中的方位，如果地应力方位预测错误则可能产生非平面裂缝，导致压裂施工困难，降低裂缝的导流能力；另外，沿井筒分布的一组横向缝相互之间存在干扰，而且，横向缝的产生受射孔井段长度的影响，当射孔井段长度大于 4 倍井径时，容易产生多裂缝和“T”形裂缝等复杂裂缝形态。而对于纵向缝，其最大的优点是，与横向缝相比，在相同的地应力条件下，启裂容易，所需破裂压力较低，而且纵向缝对水平井筒方位依赖不那么严格，另外，纵向缝受射孔井段影响较小。

图 3−2−13、图 3−2−14 所示为纵向裂缝和横向裂缝中流体的流态。从图中可以看出，纵向裂缝与井筒共线，流体由地层流入裂缝后线形地流入井筒，而横向裂缝与井筒的接触面积受到井筒直径的限制，井筒直径相对于裂缝尺寸很小，流体在流入裂缝后会径向地流入井筒，这样就产生了汇流效应，在裂缝中产生了附加压降，这种汇流可以看作一种表皮效应，称为节流表皮效应，其表达式如下：

$$(S_{ch})_c = \frac{Kh}{K_f w}\left[\ln\left(h/r_w\right) - \frac{\pi}{2}\right] \tag{3-2-3}$$

式中 $(S_{ch})_c$——节流表皮因子；

K——储层的渗透率，mD；

K_f——裂缝的渗透率，mD；

h——储层厚度，m；

w——裂缝宽度，m；

r_w——井筒半径，m。

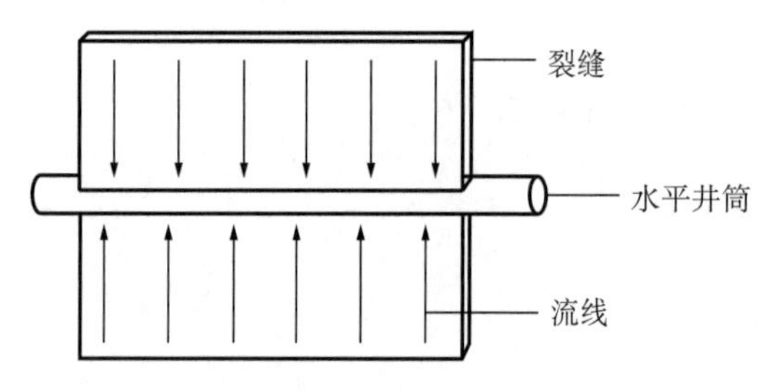

图 3−2−13 压裂水平井纵向裂缝中流体流态

图 3−2−14 压裂水平井横向裂缝中流体流态

节流表皮效应的存在要求在井筒周围裂缝的导流能力要高，这就需要高强度的支撑剂。由式（3−2−3）可以看出，在无量纲裂缝导流能力较低时，也就是储层渗透率较高时，横向裂缝内由于流体汇流产生的节流表皮效应较大，裂缝内附加压降较大，产能较低，因此，在高渗地层中不适合用横向裂缝进行储层改造。而在低渗透储层中，当无量纲裂缝导流能力较强时，节流表皮很小，甚至可以忽略不计，因此，在低渗地层中应用横向裂缝改造比较有利。

对于纵向裂缝，在高无量纲裂缝导流能力下，裂缝为无限导流或者接近无限导流，缝内压降相对于储层压降而言很小，此时缝内流体呈二维流动，其生产动态与具有相同裂缝长度和导流能力的直井压裂生产动态一样；在低的无量纲裂缝导流能力下，裂缝内压降已不能再忽略，由于裂缝长度一般都比储层厚度大，相对于直井来说，流体流入裂缝后，流入井筒的距离纵向裂缝比直井要短，流动阻力要小，因此，在这种情况下，压裂水平井纵向裂缝生产动态要优于压裂直井的生产动态。

5. 水力裂缝参数

对于低渗透储层，压裂裂缝参数（包括裂缝条数、裂缝长度和裂缝导流能力）是影响压后水平井产能的重要因素。

裂缝条数、裂缝长度和裂缝导流能力对压后水平井产能的影响具有相似的趋势，即在其他参数一定的情况下，随着三者的增加，压后水平井产能增加，但增加幅度逐渐减小。

具体模拟时，按照“等效导流能力”法设置裂缝所在网格处导流能力。这里有两种设置方法，第一种，在模型中输入裂缝内支撑剂的渗透率 K_f（裂缝导流能力为裂缝渗透率与裂缝宽度的乘积）；第二种，在模型中输入传导率系数，即裂缝渗透率和基质渗透率的比值。

除了上面提及的因素外，裂缝间距、水平井筒压降、应力敏感及裂缝长期导流能力等因素也对压后水平井产能有影响，在此不一一赘述。

三、应用实例

本实例以某低渗区块为基础，结合低渗油藏的特征，考虑了部分参数的变化范围，基本涵盖了低渗油藏的物性变化范围及水平井筒长度的应用范围，输入参数见表 3−2−1。

表 3−2−1　油藏模拟基本输入参数

序号	参数	数值
1	有效渗透率，mD	0.1，0.3，0.5，1，3，5
2	孔隙度，%	13
3	有效厚度，m	14
4	模拟单元面积，m^2	1100 × 600
5	水平井段长度，m	300，400，500，700，1000
6	水力裂缝条数，条	1，2，3，4，5，6，7，8，9，10
7	水力裂缝长度，m	30，60，90，120，150，180，210，240，270，300
8	水力裂缝导流能力，D•cm	10，20，30，40，50

1. 有效渗透率

低渗透水平井一般自然产量低或根本无自然产能，需要压裂增产改造来提高产能。储层有效渗透率太低的水平井即使压裂改造，压后产量也较低。如图 3−2−15 所示。

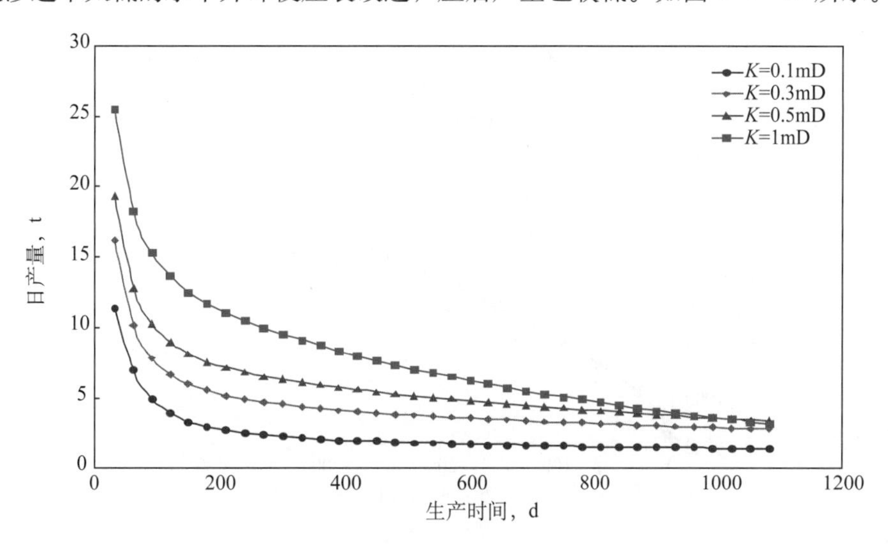

图 3−2−15　储层有效渗透率对水平井压后产能的影响

2. 水力裂缝形态

水平井压后水力裂缝形态受水平井井眼轴线方位与地应力方位的影响可能形成各种形态，它们的形态直接影响压后效果。以横向裂缝和纵向裂缝两种裂缝形态考察对压后产量的影响。模拟计算表明，对于有效渗透率小于 5mD 的储层，形成横向裂缝效果好于纵向裂缝，如图 3−2−16 所示。对于有效渗透率大于 5mD 的储层，形成纵向裂缝效果要好于横向裂缝，如图 3−2−17 所示。因此，要依据储层渗透性来确定水平井井眼轨迹方向，储层物性较好储层应沿最大主地应力方位布井，反之，则沿最小主地应力方位布井。

3. 水力裂缝条数

水平井压后各条水力裂缝的流态为线性流和径向流并存的复杂流态，在生产一定时间后，水平井中多条裂缝会相互干扰，影响各条裂缝的产量。图 3−2−18 所示曲线为储层有效渗透率 0.5mD 条件下水力裂缝条数对压后产量的影响。图中说明水力裂缝条数超过 4 条时，产量增加的幅度明显变缓，由此也表示水平井压裂存在一个相对优化的水力裂缝条数。同时，不同物性条件的储层对裂缝条数的需求不同，物性差的储层需要更多的水力裂缝条数与之匹配，如图 3−2−19 所示。

4. 水力裂缝长度

水平井水力裂缝长度对压后产量的影响与储层物性有关，由图 3−2−20 至图 3−2−22 可见，当有效渗透率小于 1.0mD，增加裂缝长度对压后生产有利，当有效渗透率大于 5.0mD，长裂缝对产量增加有限。

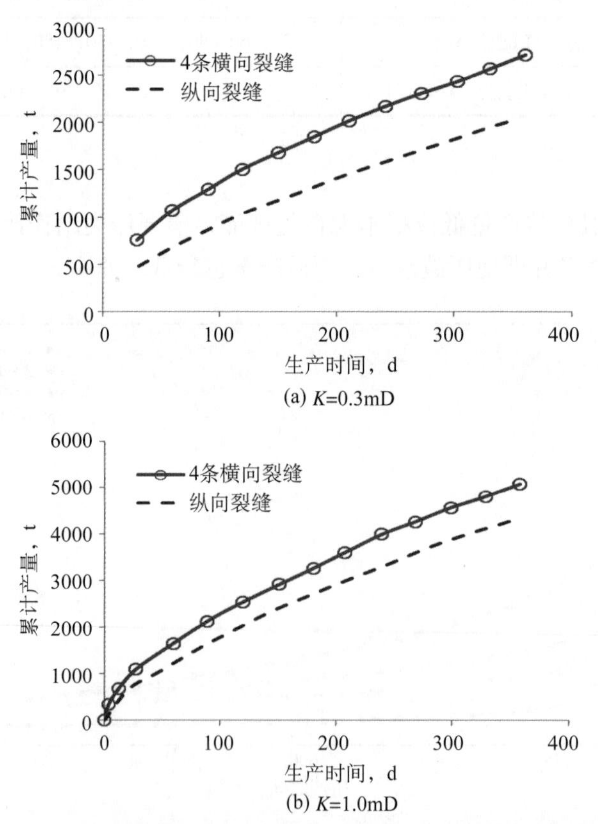

(a) K=0.3mD

(b) K=1.0mD

图 3−2−16　不同物性条件水力裂缝形态对压后产量的影响（K<5mD）

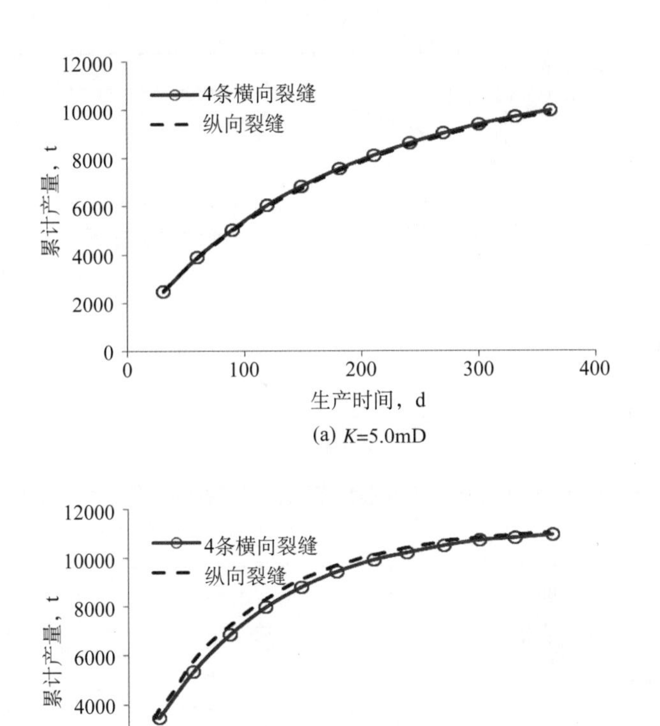

(a) K=5.0mD

(b) K=10.0mD

图 3-2-17　不同物性条件水力裂缝形态对压后产量的影响（K>5mD）

由此说明，低渗透条件下，深穿透的水力裂缝有利于压后增产。但缝长的增加会导致施工规模加大、施工风险增加和压裂成本加大，需要从经济评价上进一步优化。

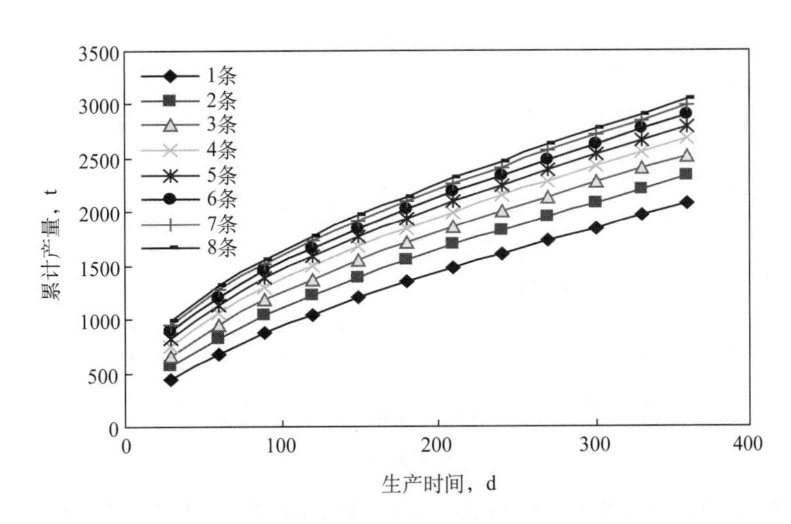

图 3-2-18　水平井压后不同裂缝条数对压后产量的影响（K_e=0.5mD）

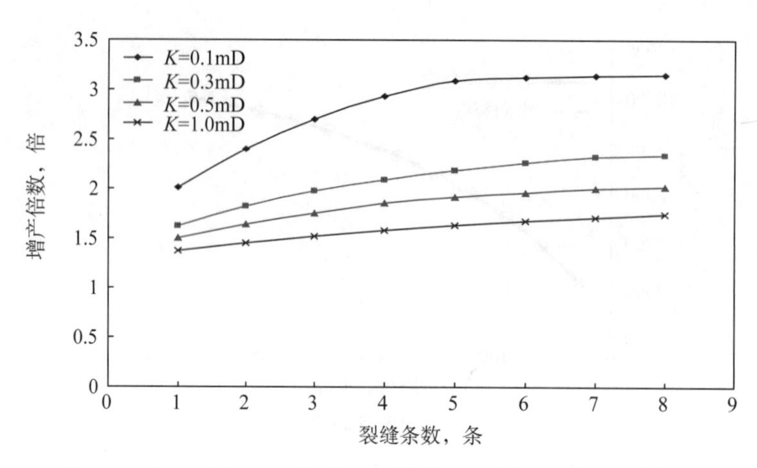

图 3-2-19　水平井压后不同裂缝条数、不同物性条件下增产倍数

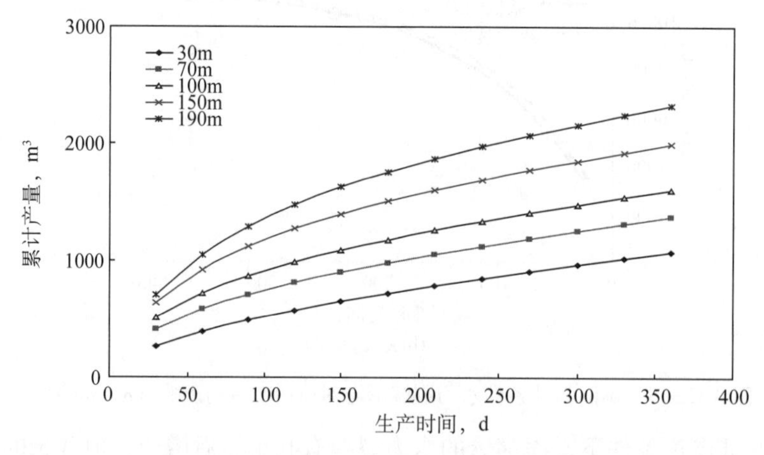

图 3-2-20　水平井压后不同裂缝支撑长度对压后产量的影响（K_e=0.1mD）

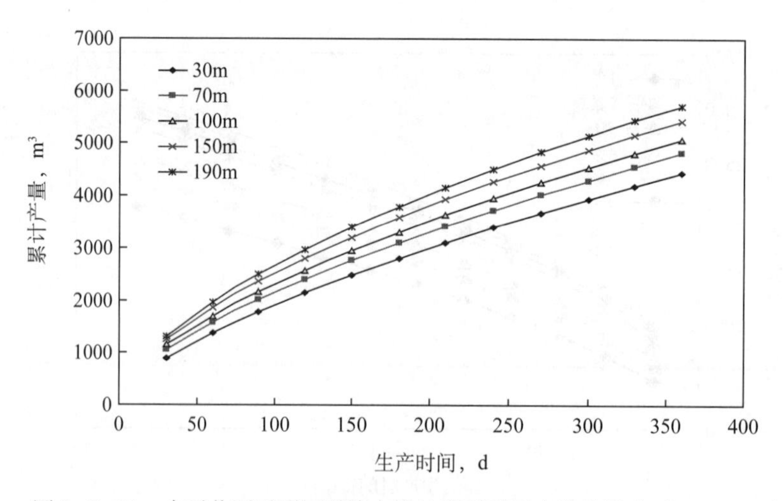

图 3-2-21　水平井压后不同裂缝支撑长度对压后产量的影响（K_e=1.0mD）

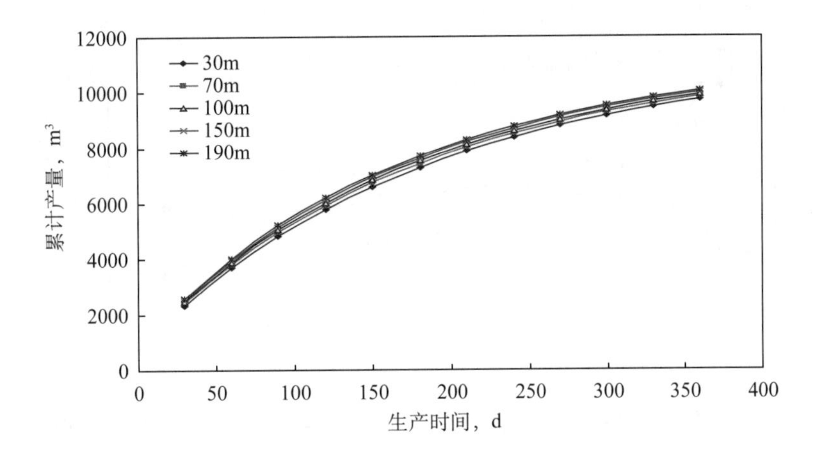

图 3-2-22 水平井压后不同裂缝支撑长度对压后产量的影响（K_e=5.0mD）

5. 水力裂缝导流能力

图 3-2-23 模拟计算的是不同渗透率条件下不同导流能力对压后产量的影响，曲线显示导流能力从 10D · cm 增加到 20D · cm 后，产量增加的幅度较快，超过 20D · cm 后增加的幅度变缓，说明低渗透水平井压裂对导流能力的要求不高，达到 30D · cm 左右即可。

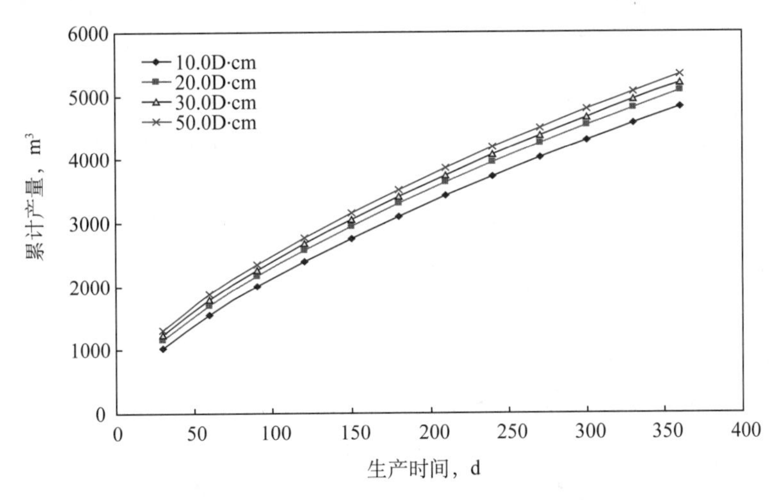

图 3-2-23 水平井压后不同裂缝导流能力对压后产量的影响（K_e=1.0mD）

6. 裂缝参数优化图版

在上述影响裂缝参数优化结果的主要因素研究基础上，在各因素每一个取值条件下，分别进行裂缝长度、导流能力及条数的优化，并将优化结果组合、回归，形成了不同渗透率（水平段长度 400m）、不同渗透率与水平段长度组合、不同地层系数条件下水平井一次采油期裂缝参数优化图版，如图 3-2-24 至图 3-2-26 所示。

（1）在水平井段长度一定的条件下，随着渗透率的增加，裂缝条数减少。不同渗透率值对应不同的裂缝条数。如水平井段长度 400m，在渗透率小于 1.0mD 情况下，优化裂缝条数 4 ~ 7 条，渗透率大于 3.0mD，优化裂缝条数 3 条。

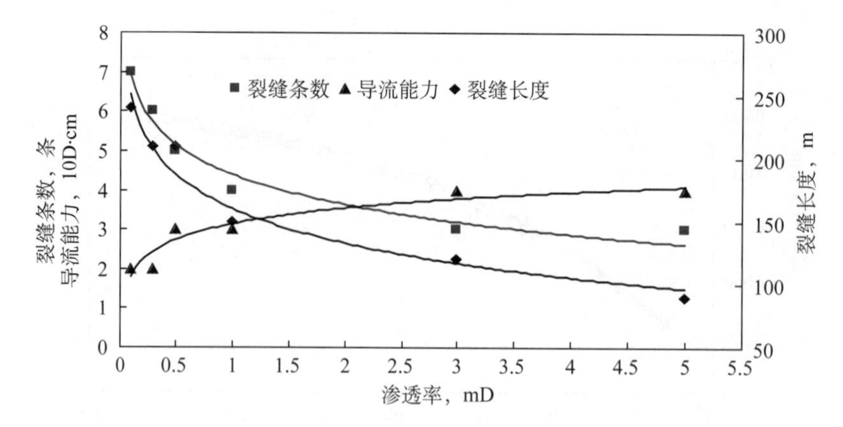

图 3-2-24 不同渗透率条件下裂缝条数、裂缝长度和导流能力的优化（L=400m）

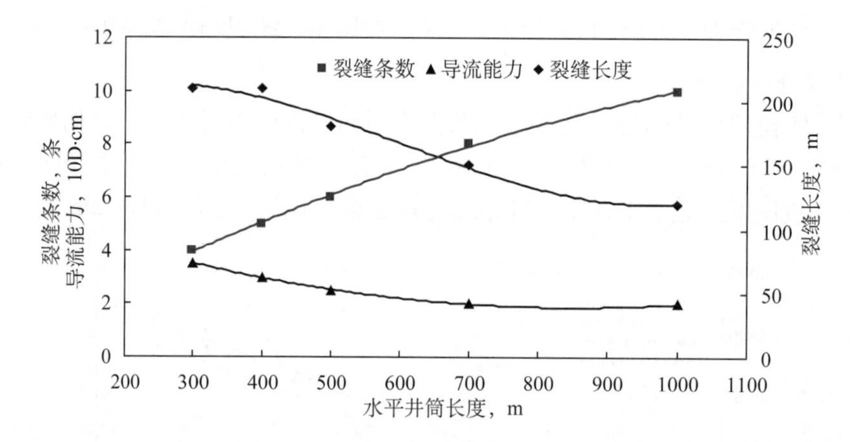

图 3-2-25 不同水平井筒条件下裂缝条数、裂缝长度和导流能力的优化（K_e=0.5mD）

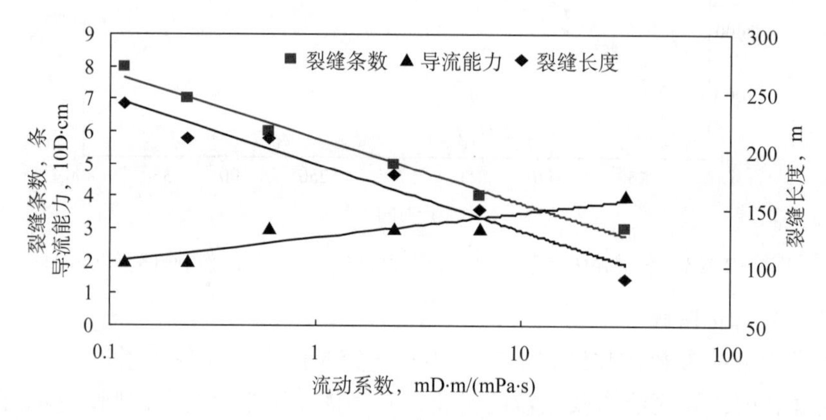

图 3-2-26 不同水平井筒条件下裂缝条数、裂缝长度和导流能力的优化（L=400m）

（2）在水平井段长度一定的条件下，随着渗透率的增加，裂缝长度减少。不同渗透率值对应不同的裂缝长度。如水平井段长度 400m，在渗透率小于 1.0mD 情况下，优化裂缝长度 150 ~ 250m；渗透率大于 1.0mD，优化裂缝长度 100 ~ 150m。

（3）在渗透率一定的条件下，随着水平井筒长度的增加，裂缝条数增加。不同水平井

筒长度对应不同的裂缝条数。水平井筒长度 300 ~ 500m，水力裂缝优化条数 4 ~ 6 条；水平井筒长度 700 ~ 1000m，水力裂缝优化条数 8 ~ 10 条。

（4）在渗透率一定的条件下，随着水平井筒长度的增加，裂缝长度增加减少。不同水平井筒长度对应不同的裂缝长度。水平井筒长度 300 ~ 1000m，水力裂缝长度 200 ~ 120m。

综上所述，低渗透水平井压后产能受多种因素影响，储层有效渗透率与垂向和平面渗透率的变化是最关键因素，水力裂缝形态、水力裂缝条数和长度、导流能力和完井方式等为次要因素，次要因素中，水力裂缝形态、水力裂缝条数和长度对压后产量影响较大。为使压后获得较好的增产效果，在水平井选井选层和压裂改造上应注意以下几方面：（1）选取具有一定渗透性、垂向渗透率高的储层；（2）水平井段方位沿最小主地应力方向部署；（3）压裂形成横向裂缝，尽量增加裂缝长度，改造好两条外裂缝；（4）上述图版是在储层均质条件下形成的，对于非均质性强的储层，则在图版优化结果基础上适当增加水力裂缝条数，达到充分改造储层的目的。

第三节　水平井水力裂缝参数经济优化

前面从产能的角度对水平井水力裂缝优化进行了阐述，下面将从经济角度研究这一问题。

一、经济优化模型

以净现值（*NPV*）为目标函数建立一个简单的经济模型，通过该模型来研究水平井压裂水力裂缝的经济优化问题。模型中收益部分考虑了油价和采油成本，忽略了税率问题；投入部分只考虑了钻井费用和压裂相关费用。建立的水平井压裂净现值计算模型如下：

$$NPV=\sum_{n=1}^{N}\frac{R_n}{(1+i)^n}-COST_{\mathrm{W}}-COST_{\mathrm{T}} \tag{3-3-1}$$

式中　R_n——n 年原油收入，万元；

$COST_{\mathrm{W}}$——钻井费用，万元；

$COST_{\mathrm{T}}$——压裂总费用，万元。

N——总的生产时间，a；

i——贴现率，%。

上述模型中压裂总费用 $COST_{\mathrm{T}}$ 可以分解为压裂固定费用 $COST_{\mathrm{F}}$、与压裂施工所需水马力相关的费用 $COST_{\mathrm{HH}}$、与压裂液量有关的费用 $COST_{\mathrm{L}}$ 以及与支撑剂种类及用量相关的费用 $COST_{\mathrm{P}}$，其中 $COST_{\mathrm{F}}$ 包括施工管理费、辅助设备费、劳务费等，$COST_{\mathrm{HH}}$ 可由所需压裂泵车数乘以单车成本得到。式（3-3-1）进一步可以细化为：

$$NPV=\sum_{n=1}^{N}\frac{R_n}{(1+i)^n}-COST_{\mathrm{W}}-\left(COST_{\mathrm{F}}+COST_{\mathrm{HH}}+COST_{\mathrm{L}}+COST_{\mathrm{P}}\right) \tag{3-3-2}$$

在分别优化裂缝条数 N_f、缝长 L_f 以及裂缝导流能力 $Cond$ 时，固定其中两个参数的值，而使其中一个参数为独立变量。则对于裂缝条数的优化有：

$$NPV = \sum_{n=1}^{N} \frac{Q_n \cdot (P_r - T_a)}{(1+i)^n} - COST_W - N_f \cdot (COST_F + COST_{HH} + COST_L + COST_P) \tag{3-3-3}$$

式中　Q_n——第 n 年的累计产油量，t；

P_r，T_a——分别为油价和采油成本，元/t。

对于裂缝长度的优化有：

$$NPV = \sum_{n=1}^{N} \frac{Q_n \cdot (P_r - T_a)}{(1+i)^n} - COST_W - N_f \cdot (COST_F + COST_{HH} + L_f \cdot COST_{LP}) \tag{3-3-4}$$

式中　$COST_{LP}$——单位缝长所需压裂液及支撑剂费用。

对于裂缝导流能力的优化有：

$$NPV = \sum_{n=1}^{N} \frac{Q_n \cdot (P_r - T_a)}{(1+i)^n} - COST_W - N_f \cdot (COST_F + COST_{HH} + Cond \cdot COST_C) \tag{3-3-5}$$

式中　$COST_C$——与裂缝导流能力相关的费用。

二、应用实例

根据上面建立的模型［式（3-3-1）至式（3-3-5）］，以长庆油田 W 区块储层数据（表 3-3-1）为基础，说明如何应用上述模型对压裂水平井裂缝参数进行经济优化。实例中应用的经济参数见表 3-3-2，裂缝条数与支撑剂及压裂液用量的对应关系见表 3-3-3。

表 3-3-1　油藏数值模拟模型中储层物性参数

参　数	值
油藏水平有效渗透率，mD	3.0
垂向渗透率 / 水平渗透率	0.74
孔隙度，%	12.5
油层顶面深度，m	1700
油层有效厚度，m	14.7
参考面深度，m	1700
参考面初始地层压力，MPa	17
岩石压缩系数，MPa^{-1}	7.45×10^{-4}
油水界面深度，m	2500

表 3-3-2　经济评价参数表

项　　目	单　　价
水平井钻井费用，元 /m	3964
压裂施工费用，10^4 元 / 条	20
压裂液，元 /m^3	400
支撑剂，元 /m^3	2200
采油成本，元 /t	400
原油价格，元 /t	1800
贴现率，%	15

表 3-3-3　裂缝半长为 100m 时裂缝条数与压裂材料用量对应关系表

裂缝条数	支撑剂用量 m^3	压裂液用量 m^3
1	16	150
2	32	300
3	48	450
4	64	600
5	80	750
6	96	900

设原油商品率为 98%，以三年为有效期，根据累计产油量的计算结果，对裂缝条数、裂缝长度和裂缝导流能力经济优化的结果如下。

1. 裂缝条数经济优化

图 3-3-1 所示为 1.0mD 时净现值与裂缝条数的关系曲线。从图上可以看出，净现值随裂缝条数的增加而增加，不过净现值在裂缝条数超过 4 ～ 5 条后增幅明显变缓。

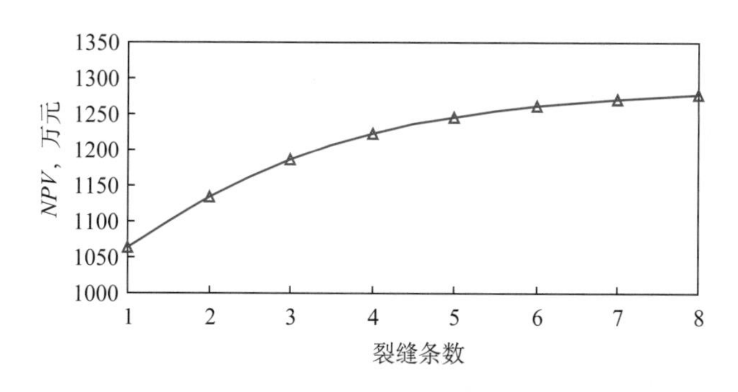

图 3-3-1　净现值与裂缝条数的关系曲线（1.0mD）

2. 裂缝长度经济优化

根据前面建立的经济评价模型计算了储层渗透率条件下（3.0mD）裂缝半长分别为

30m，70m，100m，150m 和 190m 时的净现值，从净现值与裂缝长度的关系曲线（图 3-3-2）上可以看出，在缝长取值范围内，随着裂缝半长增加净现值相应增加，只是增幅依次变小，对于本例而言，比较合适的裂缝半长为 100 ~ 150m。

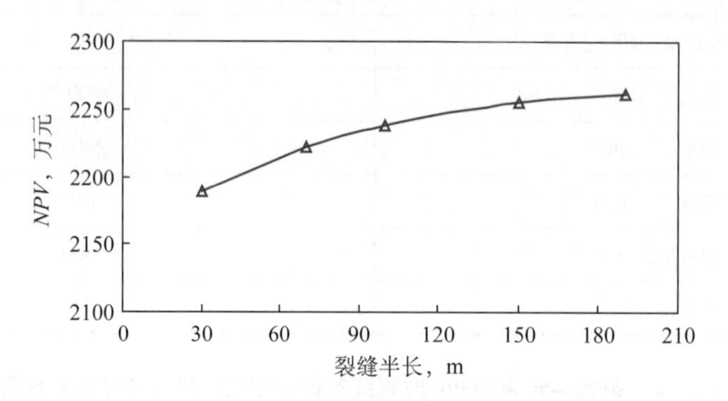

图 3-3-2　净现值与裂缝长度的关系曲线

3. 裂缝导流能力经济优化

图 3-3-3 所示为储层渗透率条件下净现值与裂缝导流能力的关系曲线。从图上可以看出，裂缝导流能力对净现值的影响不如裂缝条数和裂缝长度的影响那么明显，对于本例而言，裂缝导流能力为 20 ~ 30D · cm 比较合适。

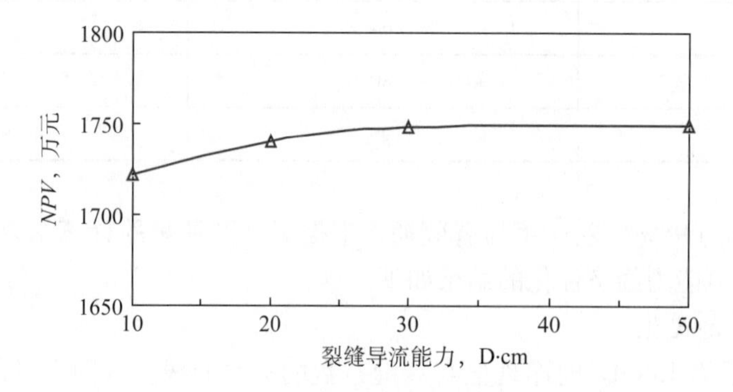

图 3-3-3　净现值与裂缝导流能力的关系曲线

第四章　注水开采条件下水平井水力裂缝优化

目前，国内多数低渗透砂岩油藏需要进行注水开发，以保持较高的地层压力。一方面水平井采油速度高，地层压力下降快，对能量补充的需求更大；另一方面，水平井多段压裂后，增大了与注水井沟通的几率和水淹风险，导致注水波及系数降低。因此，迫切需要进行注水开采条件下的井网、缝网优化设计与匹配关系研究，既能实现有效的能量补充，又能降低水淹风险，以保持较好的水平井开发效果。

第一节　水平井井网智能优化设计方法

一、遗传算法的基本原理

1. 遗传算法的基本思想

遗传算法起源于对生物系统所进行的计算机模拟。早在20世纪40年代，就有学者开始研究如何利用计算机进行生物模拟的技术，他们从生物学的角度进行了生物进化过程的模拟、遗传过程模拟等研究工作。进入60年代后，美国密执安大学的Holland教授及其学生们受到这种生物模拟技术的启发，创造出了一种基于生物遗传和进化机制的适合于复杂系统优化计算的自适应概率优化技术——遗传算法。

生物在自然界中的生存繁衍，显示出了其对自然环境的优异自适应能力。达尔文的自然选择学说是一种被人们广泛接受的生物进化学说。这种学说认为，生物要生存下去，就必须进行生存斗争。生存斗争包括种内斗争、种间斗争以及生物跟无机环境之间的斗争三个方面。在生存斗争中，具有有利变异的个体容易存活下来，并且有更多的机会将有利变异传给后代；具有不利变异的个体就容易被淘汰，产生后代的机会也很少。因此，凡是在生存斗争中获胜的个体都是对环境适应性比较强的。达尔文把这种在生存斗争中适者生存，不适者淘汰的过程叫做自然选择。它表明，遗传和变异是决定生物进化的内在因素。受其启发，人们致力于对生物各种生存特性的机理研究和行为模拟，为人工自适应系统的设计和开发提供了广阔的前景。

2. 遗传算法的特点

遗传算法是一种更为宏观意义下的仿生算法，借鉴生物界的进化规律演化而来的随机化搜索方法，它模仿的机制是一切生命与智能的产生与进化过程。它通过模拟达尔文的“优胜劣汰、适者生存”的原理鼓励产生好的结构，通过模仿孟德尔的遗传变异理论在迭代过程中保持已有的结构，同时寻找更好的结构而形成的一种自适应全局优化概率搜索算法，是具有“生存+检测”的迭代过程的搜索算法。它最早由美国密执安大学的Holland

教授于1975年首先提出，起源于20世纪60年代对自然和人工自适应系统的研究。70年代De Jong基于遗传算法的思想在计算机上进行了大量的纯数值函数优化计算实验。在一系列研究工作的基础上，80年代由Goldberg进行归纳总结，形成了遗传算法的基本构架。

遗传算法以一种群体中的所有个体为对象，并利用随机化技术指导对一个被编码的参数空间进行高效搜索，不存在求导和函数连续性的限定；具有内在的隐含并行性和更好的全局寻优能力；采用概率化的寻优方法，能自动获取和指导优化的搜索空间，自适应地调整搜索方向，不需要确定的规则。其中，选择、交叉和变异构成了遗传算法的遗传操作；参数编码、初始群体的设定、适应度函数的设计、遗传操作设计和控制参数设定5个要素组成了遗传算法的核心内容。

为解决各种优化计算问题，人们提出了各种各样的优化算法，如单纯形法、梯度法、动态规划法、分枝定界法等。这些优化算法各有各的长处，各有各的限制。遗传算法是一类可用于复杂系统优化计算的搜索算法，与上述优化算法相比，它主要有下述几个特点：

（1）遗传算法以决策变量的编码作为运算对象。传统的优化算法往往直接利用决策变量的实际值本身进行优化计算。但遗传算法不是直接以决策变量的实际值，而是以决策变量的某种形式的编码作为运算对象。这种对决策变量的编码处理方式，使得我们在优化计算过程中可以借鉴生物学中染色体和基因等概念，可以模仿自然界中生物的遗传和进化等机理，也使我们可以方便地应用遗传操作算子。

（2）遗传算法直接以目标函数值作为搜索信息。传统的优化算法不仅需要利用目标函数值，而且往往需要目标函数的导数值等其他一些辅助信息才能确定搜索方向。而遗传算法使用由目标函数值变换来的适应度函数值，就可确定进一步的搜索方向和搜索范围。

（3）遗传算法同时使用多个搜索点的搜索信息。传统的优化算法往往是从解空间中的一个初始点开始最优解的迭代搜索过程。单个搜索点所提供的搜索信息毕竟不多，所以搜索效率不高，有时甚至使搜索过程陷于局部最优解而停滞不前。遗传算法是从很多个个体所组成的一个初始群体开始最优解的搜索过程，对这个群体所进行的选择、交叉、变异等运算。产生的乃是新一代的群体。在这之中包括了很多群体信息。这些信息可以避免搜索一些不必搜索的点，所以实际上相当于搜索了更多的点，这是遗传算法所特有的一种隐含并行性。

3. 遗传优化的主要操作

1）选择

在生物进化中，对环境适应较强的物种将有更多的机会遗传到下一代；而对生存环境适应较弱的物种将最终被淘汰。模仿此过程，遗传算法使用选择算子对个体进行优胜劣汰操作，即适应度高的个体被遗传到下一代群体中的概率较大；适应度较低的个体被遗传到下一代群体中的概率较小。选择操作建立在对个体的适应度进行评价的基础之上，操作的主要目的是为了避免基因缺失，提高全局收敛性和计算效率。

选择策略目前主要有排序选择、比例选择、Boltzmann选择、联赛选择等。

2）交叉

交叉运算是指对两个相互配对的染色体按某种方式相互交换其编码串的一部分或者几部分，从而形成两个新的个体。交叉运算在整个遗传算法中起着关键作用，新个体的产生主要归因于它。

通常使用的遗传算子包括一点交叉、两点交叉、多点交叉、一致交叉等形式。

3）变异

变异运算是指将个体染色体编码串中的某些部分用其他部分来替换，从而形成新的个体。变异操作主要有两个用途：(1) 种群规模较大时，在交叉操作基础上进行适度的变异，可大大改善算法的局部细搜索能力；(2) 变异可以使运算中丢失的某些信息得以恢复，以保持种群中的个体差异性，维持群体的多样性，进而有效地防止出现早熟现象。

变异运算通过按变异概率 P_m 随机翻转个体串中的某些位置的二进制字符值来实现。目前较常用的变异操作方法有：基本位变异、均匀变异、边界变异、非均匀变异等。

从运算过程中产生新个体的能力来看，交叉是产生新个体的主要方法，决定遗传算法的全局搜索能力；变异运算只是产生新个体的辅助方法，决定遗传算法的局部搜索能力。交叉与变异相互配合，共同完成全局搜索和局部搜索，从而使得遗传算法能够以良好的搜索性能进行最优化问题的寻优。

二、基于遗传算法的水平井井网智能优化设计技术

以压裂水平井井网参数（井距、排距、水平井长、压裂裂缝条数、裂缝半长、裂缝导流能力）为优化对象，以井网采出程度、净现值等为最终优化目标，应用遗传算法对压裂水平井井网进行了优化技术研究，并采用 Visual Basic 语言编制了压裂水平井井网智能优化程序，对斯伦贝谢公司 Eclipse 油藏数值模拟软件的自动调用，实现了压裂水平井井网的自动优化功能。

1. 井网形式和优化参数的选择

压裂水平井井网优化参数为：井距、排距、水平井长、压裂裂缝条数、裂缝半长、裂缝导流能力。基于遗传算法的压裂水平井智能优化设计必须建立在已有的地质模型的基础上，并且做如下假设：

（1）油藏中生产井均为水平井，且全部压裂；

（2）各生产井水平段长度、压裂后所形成的裂缝条数和裂缝半长都相同；

（3）水力裂缝完全沿主应力方向延伸，不存在偏转；

（4）不考虑裂缝时效性对产能造成的影响。

所考虑的井网形式如图 4–1–1 所示。

2. 遗传算法在井网优化中的实现

遗传算法在计算机中的实现主要包括两个方面的内容：编码方式的实现与算法的实现。

1）确立目标函数

遗传算法按个体适应度对个体进行评价和遗传操作，一般来说，参数集及适应函数是与实际问题密切相关的，往往由用户斟酌确定。在压裂水平井井网参数优化设计问题中，个体适应度借助于目标函数值来衡量。设水平井水平段长度为 L，裂缝半长为 L_f，裂缝条数为 n，裂缝导流能力为 D，井距为 a，排距为 p，则优化设计的目标函数可表示为：$f_{max}(L, n, L_f, D, a, p)$。目标函数可以为原油采出程度、含水率或其他指标，由数值模拟计算得到。在这里我们采用原油采出程度为目标函数，运算结束后，通过编制的程序，自动读取斯伦贝谢公司 Eclipse 数值模拟软件的 RSM 结果文件获取数模结果。

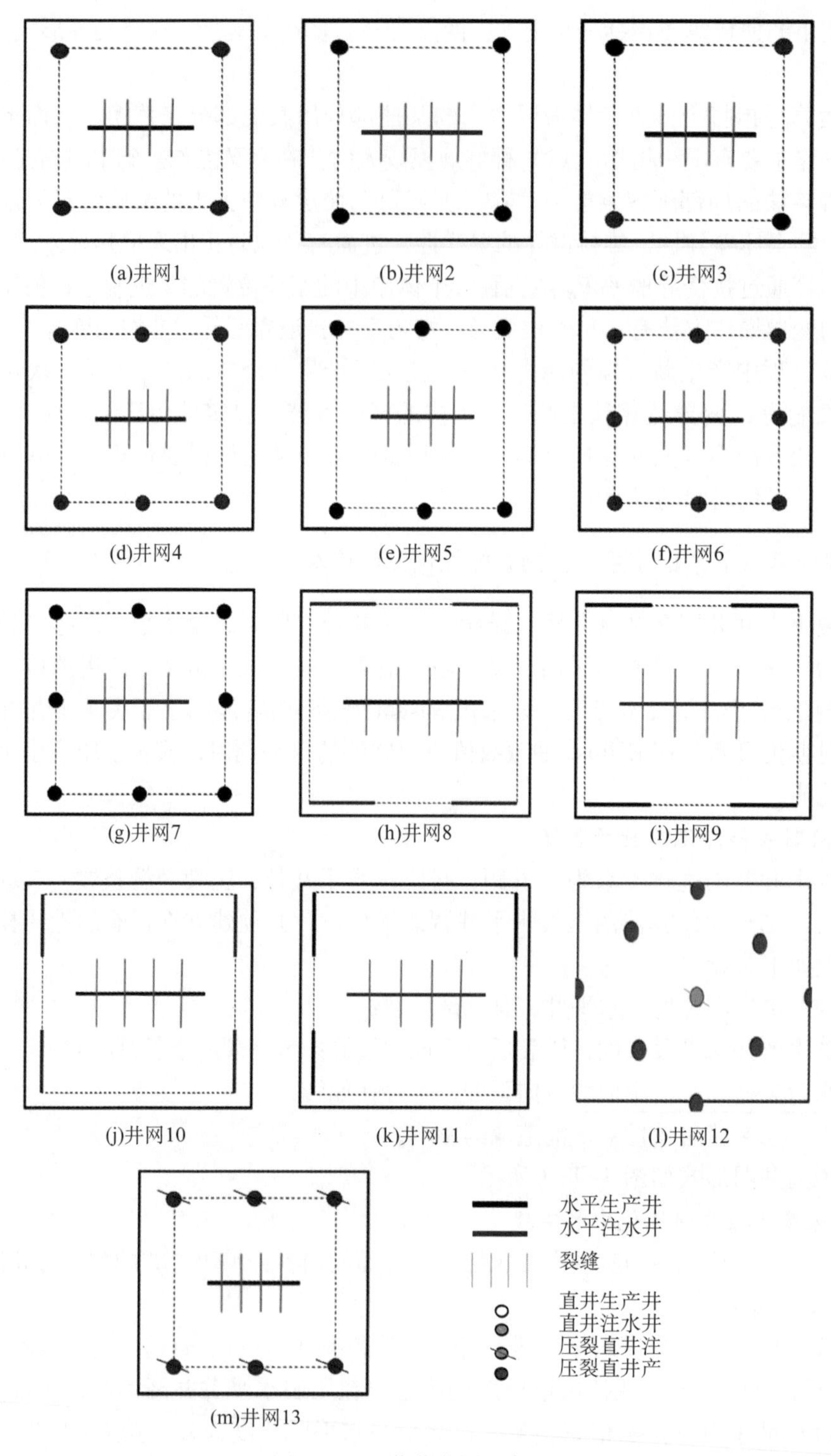

图 4-1-1　优化井网示意图

在优化过程中，当二进制编码所代表的优化参数超出了该参数优化范围或者井网参数和裂缝参数不符合限制条件（井距大于水平段长度或排距大于裂缝半长）时，Eclipse 数值模拟软件将不对其进行运算，预测函数赋予零值。

2）选择编码策略

针对压裂水平井井网优化的参数（包括井网参数和裂缝参数）需求和特点，本书选择二进制编码遗传算法，使用固定长度的二进制串来表示所描述问题解集中的个体，所有参数表示为基于字符集［0，1］的编码串。每个参数值对应一个固定位数的二进制位段，将代表各优化参数（裂缝条数、水平井水平段长度、裂缝导流能力、裂缝半长、井距、排距）的二进制位段顺次连接在一起就构成了水平井井网整体压裂的一组参数集合，即遗传算法中的一个个体。

为确保在优化过程中的基因交叉以及变异操作不出现异常点，根据寻优精度所要求的参数取值范围和变化步长确定对应的二进制编码位数，使得每一段对应一个固定位数的二进制编码。

$$n \leqslant \sum_{i=0}^{k} 2^{i} \quad (k=0,\ 1,\ 2,\ 3\cdots) \tag{4-1-1}$$

对于单个优化参数，以井距 a 为例，假设优化范围 600m 至 900m，平均变化步长 10m，则优化段数 n 为 30 段，由式（4−1−1）计算得到 k=4，因此需要 5 位二进制数对优化范围内的参数进行替换。例如当井距 a=680m 时，实际优化段长为 680−600=80m，对应 8 个变化步长，二进制编码表示为｛01000｝（k 确定以后，二进制编码的位数也就确定了）。

对于多个优化参数，以任意压裂水平井井网（a）为例，假设裂缝条数范围为 0 ~ 7 条（0 为取值下限，以下同），平均变化步长 1 条；水平井水平段长度为 300 ~ 450m，平均变化步长 10m；裂缝导流能力 5 ~ 75D · cm，平均变化步长 5D · cm；裂缝长度为 80 ~ 220m，平均变化步长 10m；井距为 115 ~ 255m，平均变化步长 10m；排距为 115 ~ 255m，平均变化步长 10m。例如某井裂缝条数为 5 条，水平井水平段长度为 400m，裂缝导流能力 30D · cm，裂缝半长 150m，井距 255m，排距 205m。那么，压裂水平井参数用十进制表示为：

（{ 裂缝条数 }，{ 水平井水平段长 }，{ 裂缝导流能力 }，{ 裂缝半长 }，{ 井距 }，{ 排距 }）

（{5}，{400}，{30}，{150}，{255}，{205}）

上式各值减去各自取值下限再除以各自的变化步长可以得到：

（{5}，{10}，{5}，{7}，{14}，{9}）

该压裂水平井参数用二进制编码可以表示为：

（{101}，{1010}，{0101}，{0111}，{1110}，{1001}）＝{10110100101011111101001}

这样，一个由 23 位二进制字符组成的二进制组即可以唯一地表示任意一个压裂水平井参数组合。

3）个体解码的执行

将各个由二进制代码表征的个体转化为实际参数值的过程，即是遗传算法中的解码问题，此过程为编码过程的逆过程。由二进制转化为十进制采用的是“按权相加”法，即从二进制字符串的最后一位（右边末位）开始算，依次列为第 0，1，2，…，n 位，第 n 位的数（0 或 1）乘以 2 的 n 次方得到的结果相加即为对应的十进制数值。

在由表征多个参数的二进制串转化为十进制参数值时，首先要进行二进制串的分割，接着通过“按权相加”转化为十进制数，各十进制数乘以各自的取值间隔，得到实际参数值，加上各自的取值下限，进而得到真正的工程数据。

以井网（a）为例，压裂水平井参数用二进制编码串 b（i）（i=23）表示为：

$$\{10110100101011111101001\}$$

解码过程的伪代码：

（1）分割成各个子串。当 i 从 1 增大到 3 时，截断输出前三位：{101}；当 i 从 4 增大到 7 时，截断输出四位：{1010}；当 i 从 8 增大到 11 时，输出四位：{0101}；余下处理方法同上。

（2）各自解码。缝条数：$\{101\}_2=(1\times2^2+0\times2^1+1\times2^0)_{10}=5$；水平井水平段长度：$\{1010\}_2=(1\times2^3+0\times2^2+1\times2^1+0\times2^0)_{10}=10$，再乘以变化步长 10m，则为 100m，加上基数 300m，既得实际水平井水平段长度 400m。其他参数处理方法同上。

4）初始群体的生成

初始群体每个个体的基因值用均匀分布的随机数来生成。随机产生 M 个初始串结构数据值，即构成了由 M 个个体所组成的一个群体。遗传算法以这 M 个串结构数据作为初始点进行迭代。

5）遗传操作的实施

如前所述，遗传算法中的遗传操作，包括个体选择、交叉、变异几个过程。

（1）个体选择。个体选择的目的是为了从当前群体中选出优良的个体，使它们有机会作为父代可以繁殖子孙。水平井井网优化设计过程中，为了体现优胜劣汰的自然选择法则，同时兼顾品种的多样性，按适应度大小对父代中所有个体进行排序，并从小到大编排序号（1，2，3，…，N），那么个体 i（$1\leqslant i\leqslant N$）的概率区间为 $\left[P_i^l, P_i^u\right]$，其中：

$$P_i^l=\sum_{j=0}^{i-1}j,\ P_i^u=\sum_{j=0}^{i}j \tag{4-1-2}$$

随机生成 N 个 0 到 P_N^u 的整数，选择概率区间包含该随机整数的个体进入下一代。这种个体选择方法，保证了适应度高的个体被选择的概率高，有的个体可能被选择多次，而有的个体则遭到淘汰，足以体现优胜劣汰的自然选择观，同时，又可以有效地避免按适应值比例选择个体所引起的早熟现象。

（2）交叉与变异。从选择完成后的临时种群中随机选取两个个体，进行交叉，交叉操作形式多样，在这里选用的是单点交叉方式（图 4-1-2），依指定的交叉概率，随机选择串中某一位作为交叉点进行交叉，从而产生新的个体。

图 4-1-2　交叉操作示意图

 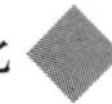

变异操作的目的是跳出局部最优解而寻求全局最优解。对于用二进制编码串表示的个体，对个体的每一个基因位置，依变异概率随机指定其为变异点，对每个变异点基因值做取反运算或用其他等位基因值来代替，进而产生新个体，在这里选用的是取反运算，采用基本位变异（图 4–1–3）。

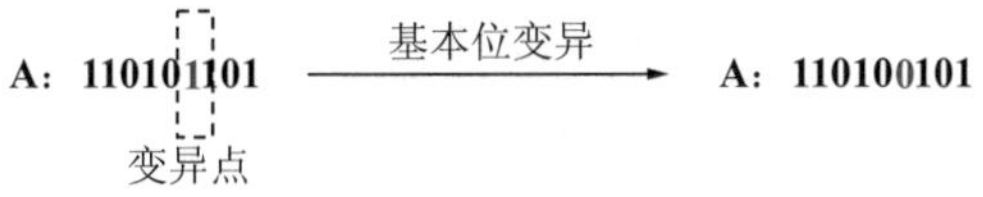

A：110101101 —基本位变异→ A：110100101

变异点

图 4–1–3　变异操作示意图

（3）重生操作。在遗传算法优化过程中，当不能产生性能超过父代的后代时，即发生了成熟前收敛问题，主要表现形式是连续数代最优个体适应度不发生改变。采用重生操作的方法解决这个问题。在优化过程中记录淘汰掉的个体及其适应度，如果出现了成熟前收敛，则重新启用一个或数个个体适应度较高的个体，实现基因的重组。

6）遗传算法流程

（1）根据低渗透油藏水平井井网中井网参数和裂缝参数的优化范围随机生成 N 个个体，每个个体的二进制数位数由优化参数数目和变化步长决定。

（2）对生成的二进制数按照预先的基因编码约定生成井网参数和裂缝参数。

（3）分别对每个个体调用 Eclipse 数值模拟软件进行个体评价，得到个体适应度。

（4）如果达到优化收敛条件，则停止优化，输出设计结果。

（5）依据适应度大小进行个体选择，优胜劣汰。按照交叉概率 P_c 和变异概率 P_m 进行遗传操作，得到新的下一代个体。

（6）返回步骤（2）继续进行优化，直到达到收敛条件。

遗传算法流程如图 4–1–4 所示。

在以上优化设计方法的基础上，应用 Visual Basic 软件编制了遗传算法计算程序，利用 Eclipse 油藏数值模拟软件外部调用功能，实现了井网与裂缝的自动部署、数值模拟软件的自动运算以及计算结果的自动读取等功能，整个程序在优化计算过程中无需人为干预，大大降低了工作量。并且由于采用了二进制编码形式替代井网参数和裂缝参数，算法复杂程度受优化对象数目的影响大大减小。整个优化步骤如图 4–1–5 所示。

7）数值模拟实现

在运用 Eclipse 数值模拟软件过程中，网格步长往往与参数优化所需要达到的精度不一致，因此，在模拟过程中，针对新生成的井网参数、压裂参数，采用网格加密的方法，将油井和裂缝分配到各加密网格中去，以提高模拟的计算精度。所有 Eclipse 数值模拟软件所需要的地质参数修改、油井参数修改、加密网格分配、程序调用以及结果读取，均利用 Visual Basic 程序自动完成，达到完全自动化的程度。

对于裂缝，采用了网格加密技术来处理，加密网格示意图如图 4–1–6、图 4–1–7 所示。

8）初始种群取值的改进

遗传算法初始群体的生成一般选择随机模式，即在每个个体生成时，都选用随机方法生成相应位数的二进制数，根据二进制数位数的批分方法，获得不同类型的井网优化参数。

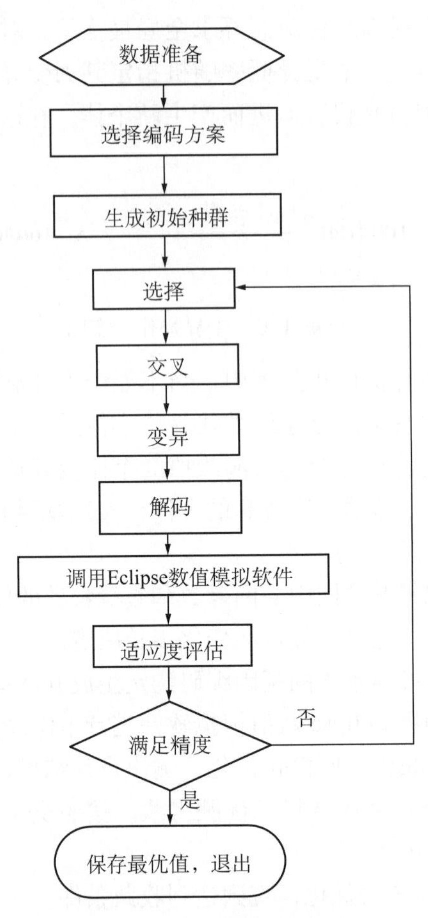

图 4-1-4 遗传算法流程

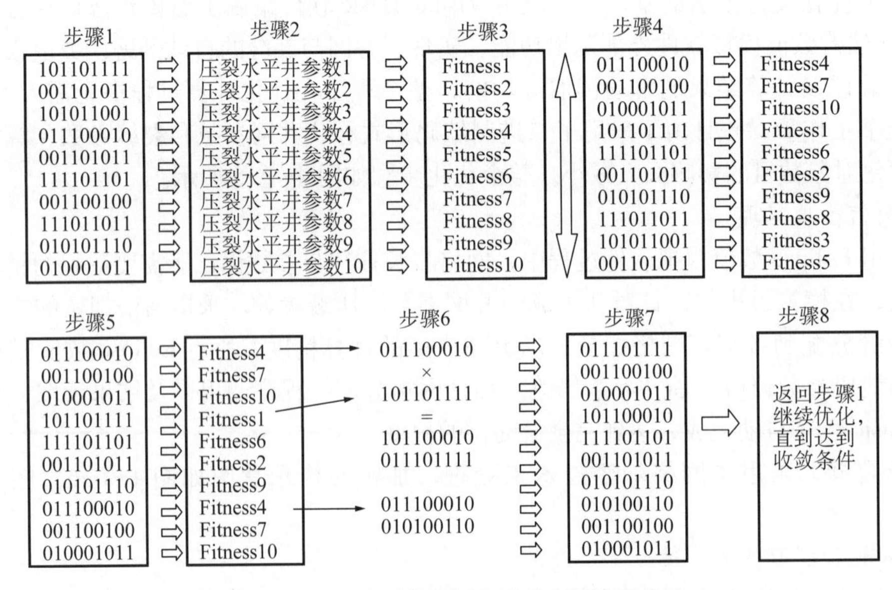

图 4-1-5 水平井井网智能优化算法示意图

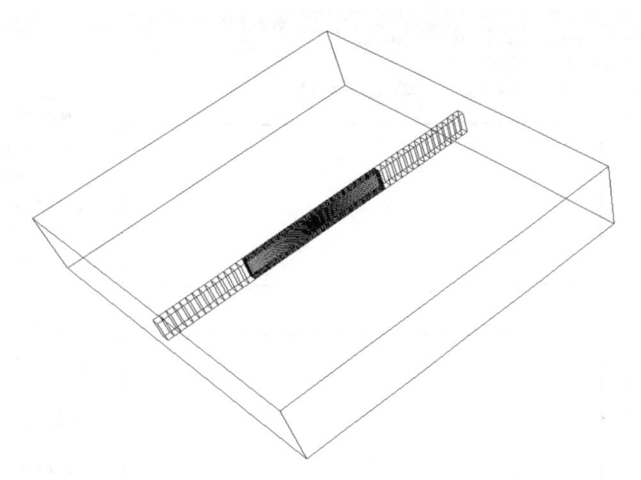

图 4–1–6　局部网格加密示意图（一）

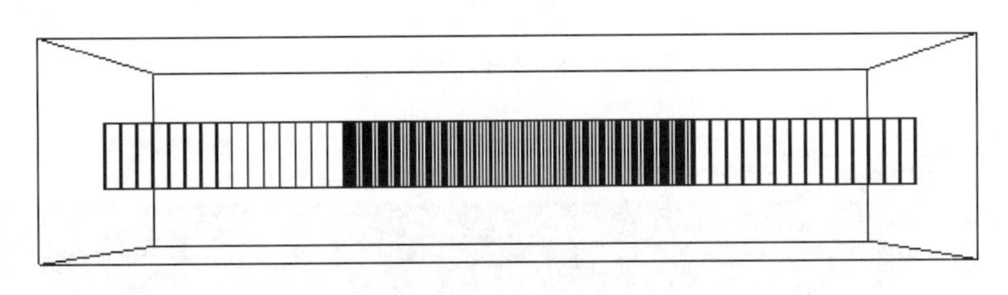

图 4–1–7　局部网格加密示意图（二）

实践证明，用正交算法排列组合生成初始群体比这种随机生成初始群体的方法具有更高的效率和更好的优化效果。

三、水平井井网智能优化软件

应用 Visual Basic 语言，把以遗传算法为核心算法的压裂水平井井网智能优化技术编制成应用程序，是该技术方法推广应用的前提条件，本节将对形成的应用软件进行介绍。

1. 解压缩与安装

解压缩“智能优化程序 .rar”至 C 盘根目录“C：\”下，“智能优化程序”文件夹下包含“安装包”和“数模测试数据”两个文件夹，在“C：\ 智能优化程序 \ 安装包”中，双击“setup.exe”进行软件安装。安装成功后，在开始—程序列表中出现快捷方式。

2. 操作步骤

点击：开始→程序→水平井井网智能优化软件，进入软件界面，如图 4–1–8 所示。

点击左侧“压裂水平井井网参数优化”下拉菜单，有 4 种压裂水平井井网类型可供选择，点“压裂水平井井网类型 1”，则弹出该井网类型示意图，如图 4–1–9 所示。

用鼠标点击该井网类型示意图，则在右侧现出基本参数输入项，如图 4–1–10 所示。

点击软件右下角“文件输入”框架内三个命令按钮，依次调入三个数值模拟初始文件，三个文件存放于“C：\ 智能优化程序 \ 数模测试数据”文件夹内，文件名后缀分别为 gpro，sch 和 ggo。调入后界面如图 4–1–11 所示。

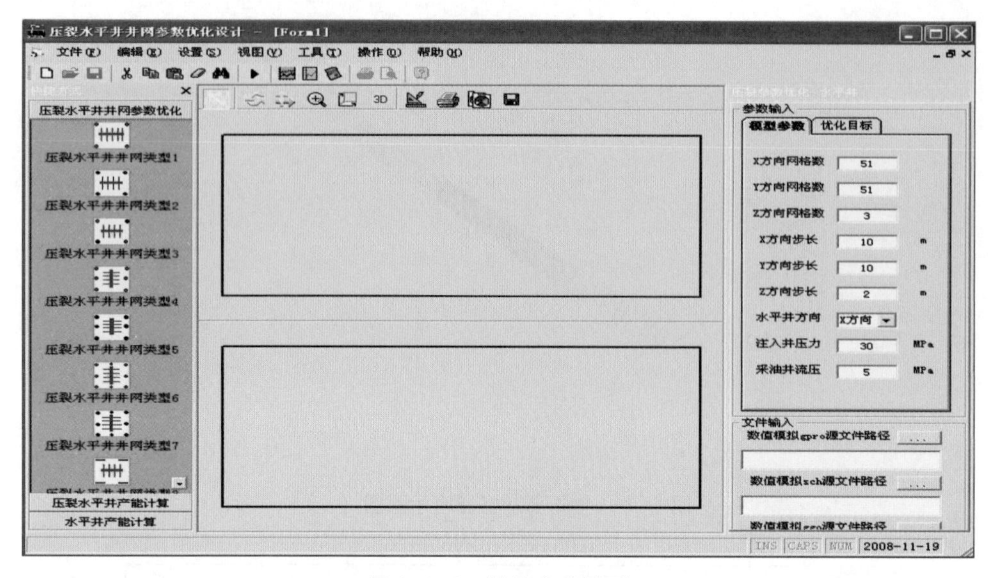

图 4-1-8　软件启动界面

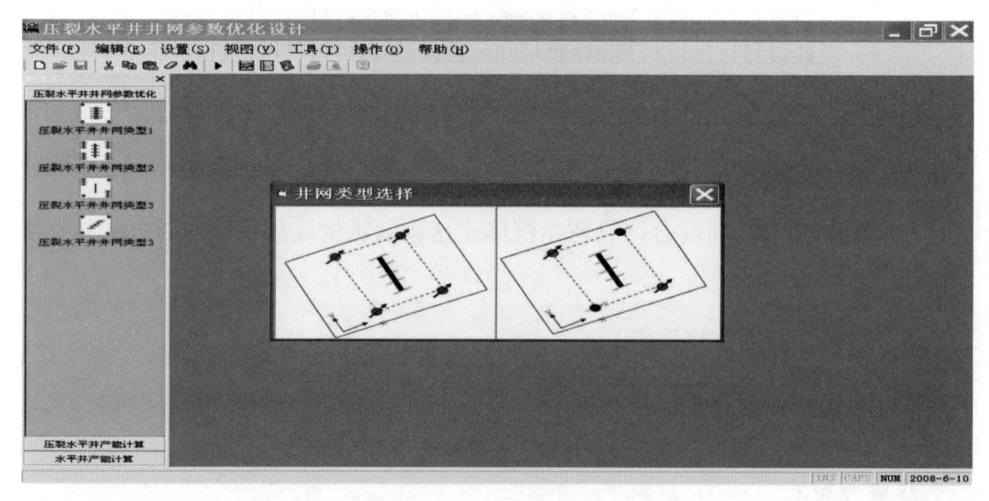

图 4-1-9　井网类型示意图

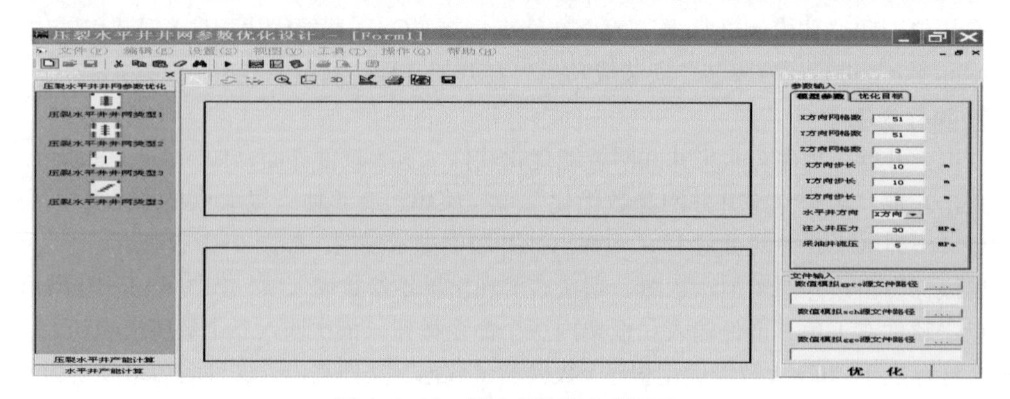

图 4-1-10　基本参数输入项界面

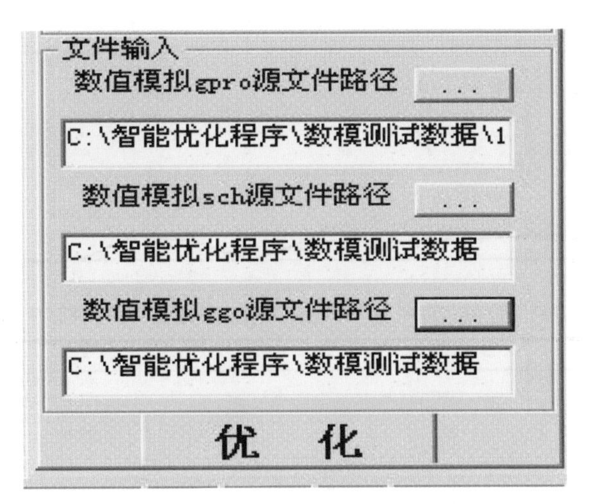

图 4-1-11　数据文件输入示意图

到此，数据准备完成，点击图 4-1-12 中优化按钮，则软件自动自动调用 Eclipse 软件进行运算并对运算结果进行自动寻优，运行过程如图 4-1-12 所示。

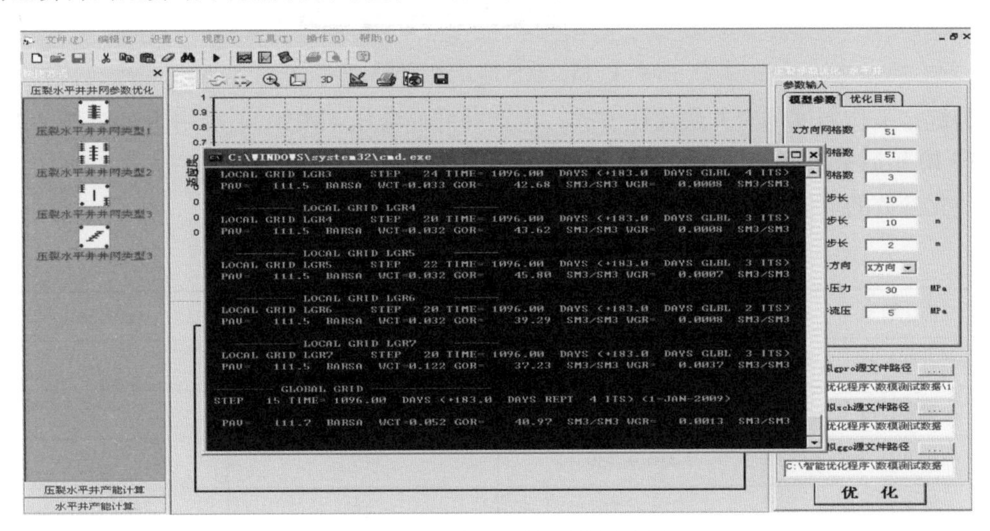

图 4-1-12　软件运行过程示意图

软件运行后，在界面中部绘出两个结果曲线图，用来显示每代个体的适应度和各代的平均适应度，部分结果如图 4-1-13 所示。

软件运行后，在界面中部绘出两个结果曲线图，用来显示每代个体的适应度和各代的平均适应度。

四、应用实例

1. 模拟区块的选取

以 ×× 油田 ×× 区块实际油藏数据体为基础，该油藏无气顶，无底水，地层平均厚度 3.8m，平均渗透率 5.77mD，原始地层压力 15.93MPa，体积系数 1.14，原油黏度 2.45mPa · s。采用井网 1 进行开发，水平生产井沿最大渗透率主方向（x 方向）压开数条

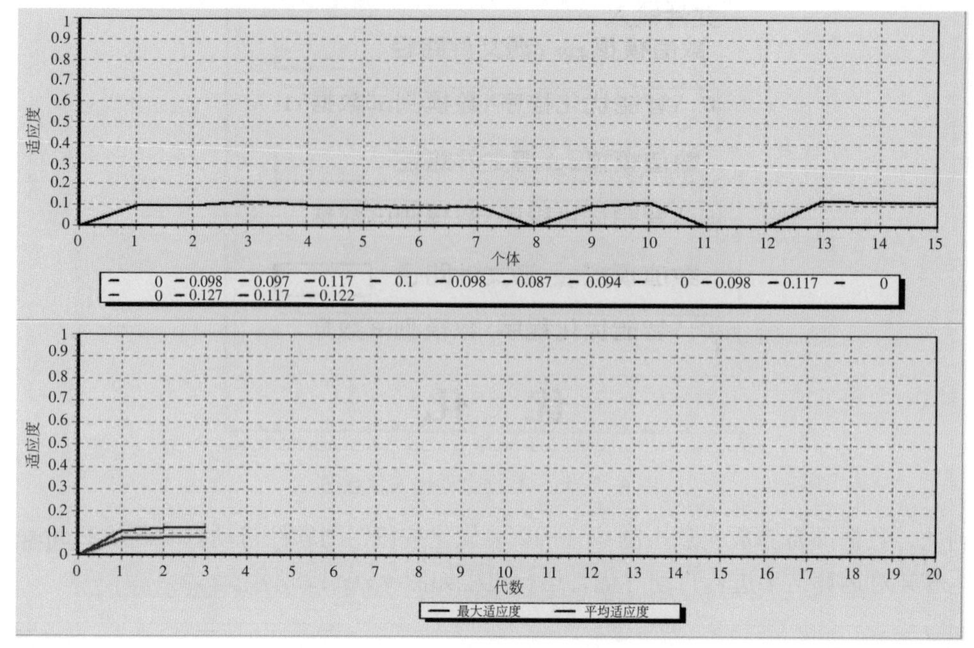

图 4–1–13　软件部分运行结果展示

垂直裂缝，工作制度为定井底流压方式，生产井井底流压 5MPa，注水井井底流压 25MPa。以生产 10 年后采出程度作为目标函数进行优化设计。

优化参数的取值范围如表 4–1–1 所示。

表 4–1–1　压裂水平井所需优化参数范围

优化对象	数据取值范围	分段数	步长
井距，m	随井网不同而不同	15	10
排距，m	随井网不同而不同	15	10
水平井长，m	310 ~ 450	15	10
裂缝半长，m	70 ~ 210	15	10
裂缝条数	1 ~ 7	7	1
裂缝导流能力，D · cm	10 ~ 80	15	5

2. 压裂水平井智能优化结果

图 4–1–14 和图 4–1–15 以井网 1 为例给出优化结果，表 4–1–2 给出 8 个井网的优化结果。

3. 敏感性分析

1）不同子代适应度的对比

在使用遗传算法对压裂水平井井网进行优化的过程中，由于对每一代个体都进行排序、交叉、变异的操作，从第一代开始，到最后一代，每一代个体的适应度都是在不断变化过程中的，最优适应度和平均适应度的变化规律，体现了遗传算法在压裂水平井井网优化过

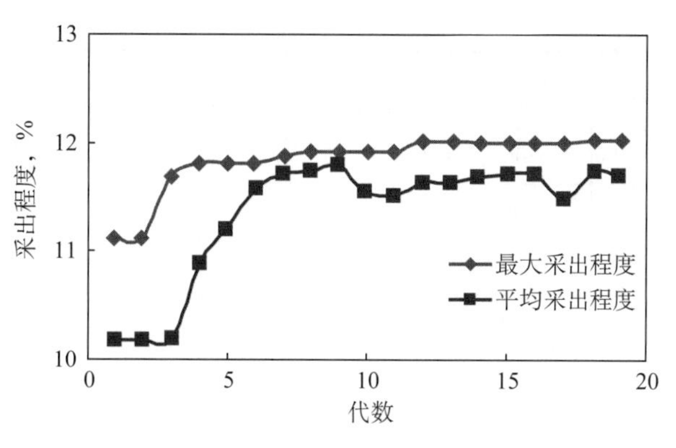

图 4-1-14　井网 1 水平井沿 x 方向优化结果图

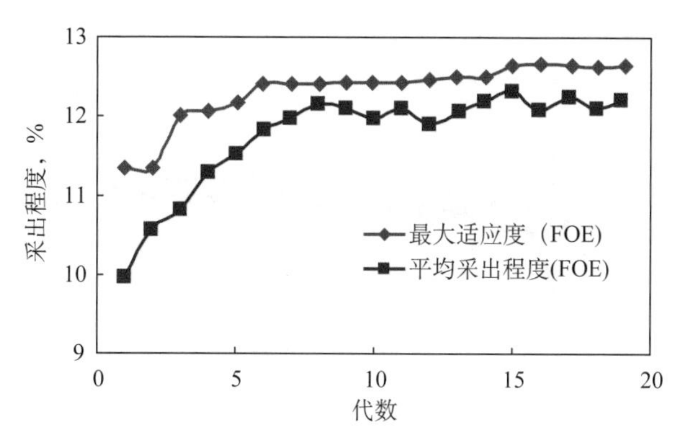

图 4-1-15　井网 1 水平井沿 y 方向优化结果图

表 4-1-2　8 个井网最终优化结果

井网	方向	裂缝条数	水平段长度 m	裂缝导流能力 D · cm	裂缝半长 m	井距 m	排距 m	采出程度 %
1	x	7	430	80	160	340	195	11.356
1	y	7	440	40	160	340	195	12.623
2	x	1	390	45	150	450	115	7.12
2	y	7	430	80	170	340	205	7.94
3	x	7	440	80	190	340	125	10.64
3	y	7	330	80	190	370	225	10.17
4	x	7	300	80	200	245	195	11.36
4	y	7	430	80	190	175	195	13.99
5	x	7	370	25	60	245	205	8.22
5	y	7	440	25	60	235	215	9.71
6	x	7	390	75	200	215	125	12.03
6	y	7	440	80	200	230	205	13.81

续表

井网	方向	裂缝条数	水平段长度 m	裂缝导流能力 D · cm	裂缝半长 m	井距 m	排距 m	采出程度 %
7	x	7	340	70	180	225	215	9.97
7	y	7	400	65	90	210	215	10.56
8	x	7	430	80	200	480	175	12.41
8	y	7	440	10	200	470	105	14.78

程中的活力。这里针对其中两个井网进行了进一步的分析，取第一个井网的第 8 代个体适应度和第 16 代个体适应度进行对比，以及第二个井网的初始适应度、第 8 代个体适应度、第 16 代个体适应度和第 19 代个体适应度进行对比，结果如图 4−1−16 所示。

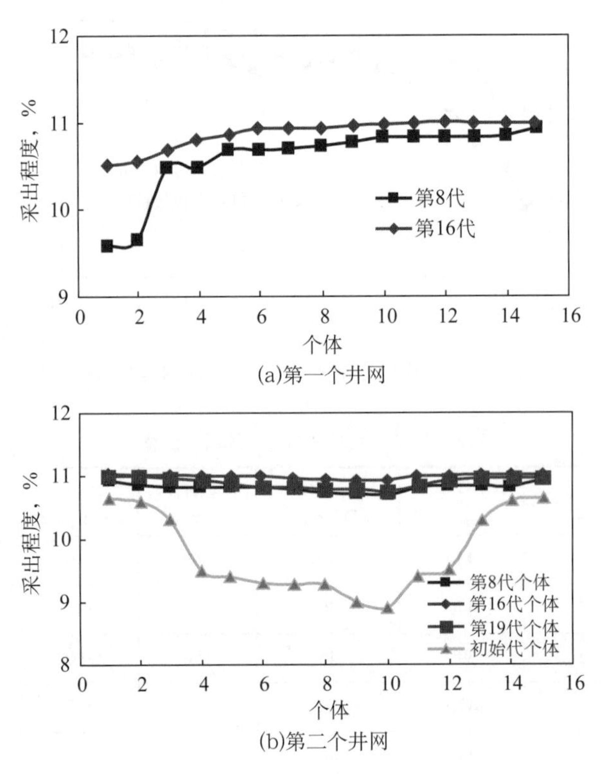

图 4−1−16　同一种井网不同代时个体适应度分布图

2）与正交算法的对比

正交算法是目前用来优化压裂水平井井网的最常用的方法，为了对比智能优化算法与正交算法的优越性，对同一种井网、两种不同算法的优化结果进行了对比，对比结果如图 4−1−17 和表 4−1−3 所示。从图中可以看出，智能优化算法最终得到的最优采出程度为 11.36%，正交算法最终得到的最优采出程度为 10.64%，提高了 0.72%，这充分说明基于遗传算法的压裂水平井井网优化技术要优于正交算法优化技术，同时，由于这种智能算法的自动化程度高，极大节省了人力资源，因此，具有更好的推广价值和使用价值。

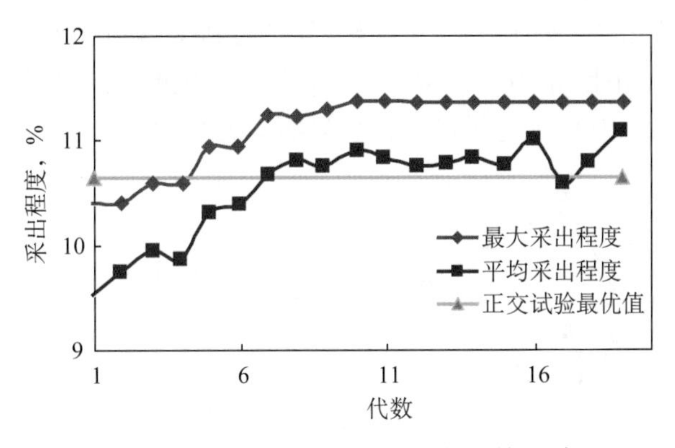

图 4–1–17　智能优化算法与正交优化算法对比图

表 4–1–3　智能优化算法与正交优化算法对比

参数	正交设计最优值	遗传算法设计最优值
裂缝条数	7	7
水平井长，m	330	430
缝导流能力，D · cm	80	80
裂缝半长，m	130	160
井距，m	450	340
排距，m	205	195
采出程度（10 年），%	10.64	11.36

3）交叉概率、变异概率的确定

交叉操作是遗传算法中产生新个体的主要方法，一般应取较大值。但取值过大，会破坏群体中的优良模式，对进化不利；取值过小，新个体的产生速度较慢。一般建议取值范围为 0.4 ~ 0.99。为了获得最优的交叉概率，必须进行大量的实验，实验结果如图 4–1–18 所示，最终获得交叉概率为 0.8。

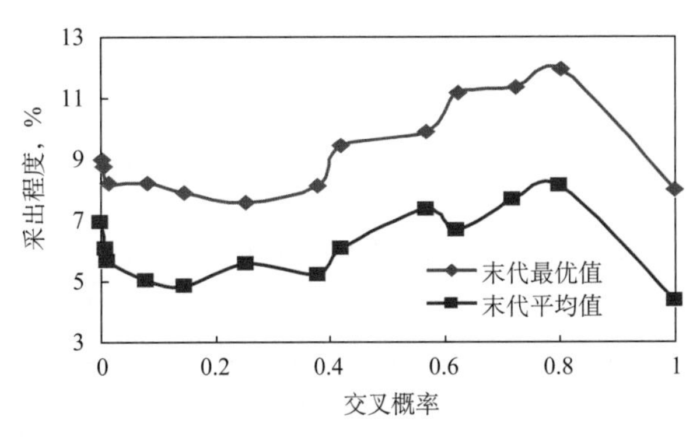

图 4–1–18　交叉概率选择图

变异概率取值较大，能产生出较多新个体，但可能破坏很多较好个体，使算法性能近似于随机搜索算法的性能；取值太小，变异操作产生新个体的能力和抑制早熟现象的能力就变差，一般建议取值范围 0.0001 ~ 0.1。为了获得最优的变异概率，必须进行大量的实验，实验结果如图 4-1-19 所示，最终获得变异概率为 0.009。

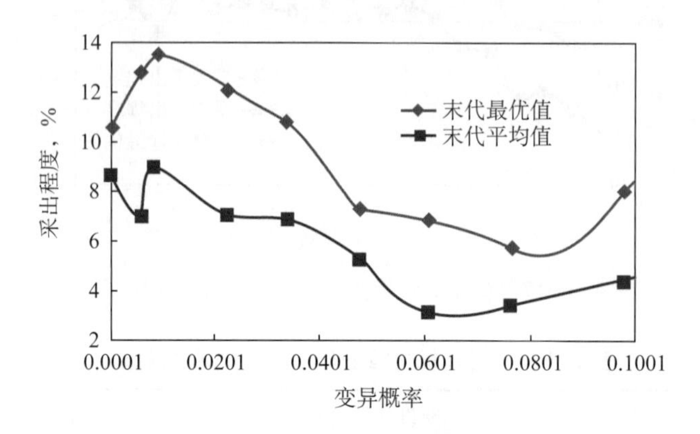

图 4-1-19　变异概率选择图

4）遗传算法优化压裂水平井井网的稳定性

遗传算法由于其算法的特殊性，每次运行，所得到的结果都有可能不同，由于进化过程中的多样性，每一代个体都有可能出现不同的情况，为了研究多次计算后的最终结果是否一致，该算法是否具有稳定性，进行了对比研究。取同一种井网、同样的参数优化范围运行两次，优化结果如图 4-1-20 和表 4-1-4 所示。从图 4-1-20 中可以看出，对同一井网进行两次优化运算所得出的最优采出程度误差为 0.01%。说明遗传算法具有很高的稳定性，无论初始值设置如何，最终进化所得到的最优个体是相同的。

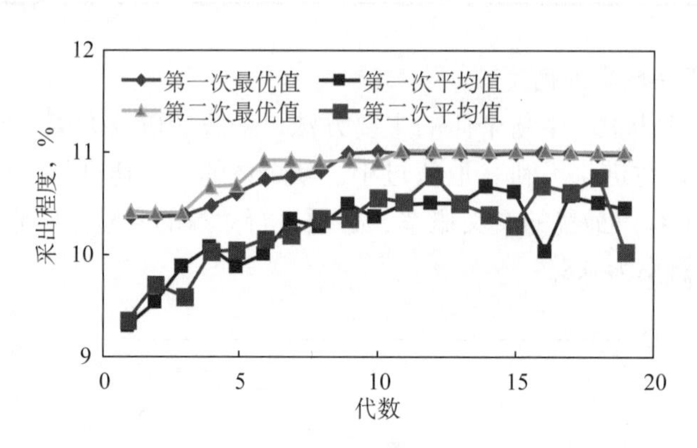

图 4-1-20　智能优化算法两次计算结果对比图

表 4-1-4　智能优化算法两次计算结果对比表

次数	裂缝条数	水平段长度 m	缝导流能力 D · cm	裂缝半长 m	井距 m	排距 m	采出程度 %
1	7	330	80	200	380	155	10.992
2	7	330	80	200	340	165	11.00

第二节　水平井注采井网与水力裂缝优化

一、井网与裂缝优化设计概述

1. 井网设计概述

低渗透油藏由于具有储层物性差、天然裂缝发育、非均质性强等特征，而且往往又需要压裂改造后才能进行投产，在注水开发过程中常常出现注水见效慢，或者方向性见水快等难题。井网形式及其井排距的合理选择对于低渗透油藏开发效果的影响很大。

经过近 30 年的探索和实践，对于低渗透油藏直井的井网形式和合理井排距的选择基本有了明确认识。而对于水平井井网形式，仍处于理论研究和开发试验阶段。

1）低渗透油藏直井井网形式

图 4−2−1 中的 5 种井网都曾进行过现场试验。如对于裂缝性低渗透油藏，曾采用沿裂缝方向线状注水，与裂缝方向夹 22.5° 角、45° 角等井网，均出现主向油井见水快、侧向油井不见效的矛盾，而后提出发展了菱形反九点井网和矩形井网，取得了较好的开发效果。对于裂缝不发育的低渗透油藏，采用图 4−2−1（c）井网形式开发效果比较好。

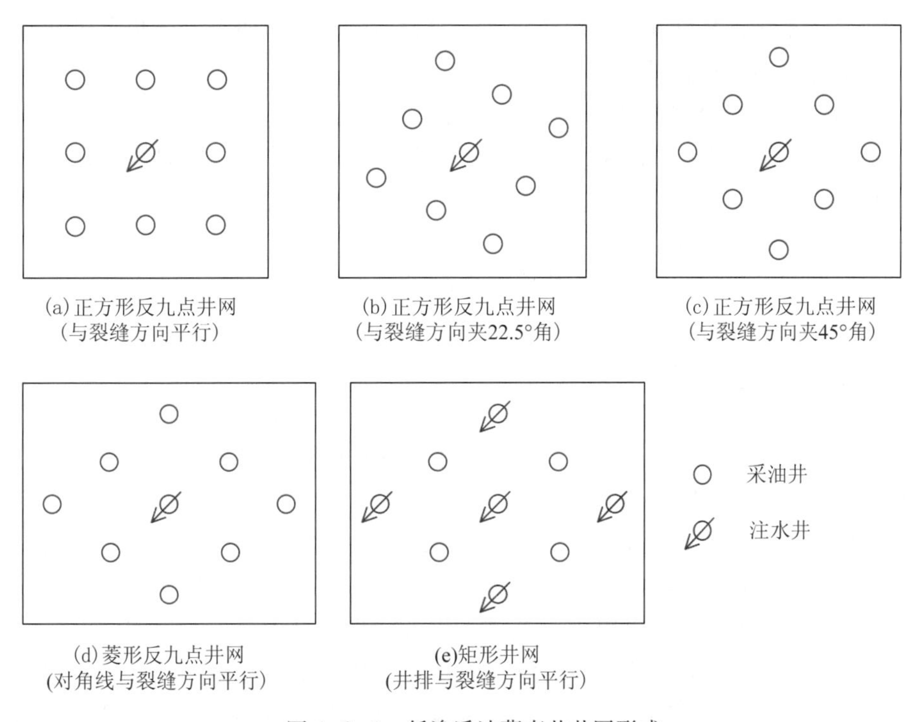

图 4−2−1　低渗透油藏直井井网形式

分析其原因，井网（a）由于主侧向井排距相同，主向油井见效见水快，侧向油井见效程度低，储量动用和最终采收率低；井网（b）尽管与裂缝夹一很小角度，但由于与水井相邻的边井或角井都有可能形成水线，且调整难度比较大；井网（c）虽然加大了油水井的距离，延长了裂缝主向油井见水时间，但侧向油井仍由于排距较大而见效缓慢，并且进一步调整受到限制。

菱形反九点井网和矩形井网之所以取得较好的开发效果，是因为注水井和角井的连线平行于裂缝走向，放大了裂缝方向的井距，并且缩小了排距。这样既有利于提高压裂规模，减缓角井水淹速度，同时又可提高侧向油井受效程度，后期又可逐步转为线状面积注水。

前面的分析不难看出，对于低渗透油藏的井网优化，要慎重考虑裂缝在油田开发过程中的双重性。一方面，要充分利用裂缝提高单井产量的优势；另一方面，又要避开裂缝给注水带来的不利影响。同时，要考虑合理的井网密度，既要保证单井控制储量及整个油田开发的经济效益，又要保证注水井和采油井之间能够建立起有效的压力系统。这两个方面是低渗透油田开发井网优选和部署的关键。

2）水平井井网研究进展

矿场实践中，低渗透油藏水平井井网所暴露出来的问题比直井井网更多，而且更复杂，比如，水平井产量高，对能量补充要求高，与油藏渗透率低，注水能量传导慢的矛盾；水平井与油藏接触面积大，沟通局部高渗透带或裂缝的机会多，这样因强非均质性而出现过早水淹，且一旦见水再进一步扩大注水波及体积就很困难；水平井见水方向比较单一，相对于直井调整困难等。

尽管如此，油藏工程师始终没有间断过对高效、合理、经济的水平井井网的探索和研究。图 4–2–2 是部分研究过的井网形式。无论是通过物理模拟研究，还是通过油藏工程方法和数值模拟手段，研究结果均表明：

（1）行列式井网由于水线推进比较均匀，开发效果比较好。

（2）水平井注—压裂水平井采的井网采出程度最高，直井注—压裂水平井采由于能量补充不上而开采效果最差，但是实际应用过程中由于水平井注不能保证水平段各点处水线均匀推进，并不作为推荐井网。

（3）当油藏渗透率较高时，水平井方向平行于最大主应力方向，注水井垂直于裂缝方向向生产井驱油，水线推进比较均匀、规律，开发效果较好。

（4）当油藏渗透率较低时，与最大主应力方向或者高渗透方向垂直，可以进行多段压裂，产生多条裂缝，采油速度和采出程度较高，但是采油速度下降比较快，而平行于最大主应力方向布井采油速度则相对稳定，但由于渗透率比较低能量补充比较困难，另外，前者同样面临注入水沿裂缝快速突破的风险。

应该看到，囿于研究手段所限，目前的研究结果会与实际情况存在偏差。比如，目前的物理模拟实验只是利用水电相似原理，进行电模拟实验，不能体现非达西渗流特征，另外也不能达到与真实油藏的严格相似；油藏工程方法更是基于过多的理想假设，而与油藏的真实性相去甚远，有时甚至掩盖了所特有的一些特殊现象和规律；同样数值模拟手段也存在不能考虑非达西渗流的影响。另外，压裂裂缝也只能通过等效导流能力的方法，将裂缝宽度加大而降低裂缝渗透率进行近似计算，这与地层的真实情况不符，这样对计算结果有多大的影响，没有科学的根据进行评论，至少对裂缝周围的渗流形态的模拟是不精确和不可信的。

还有一点必须指出，对于整体水平井井网和直井井网都好对比，混合井网则由于水平井和直井成本的差异，以及井网面积的不一，而失去对比的基础。况且，目前水平井与直

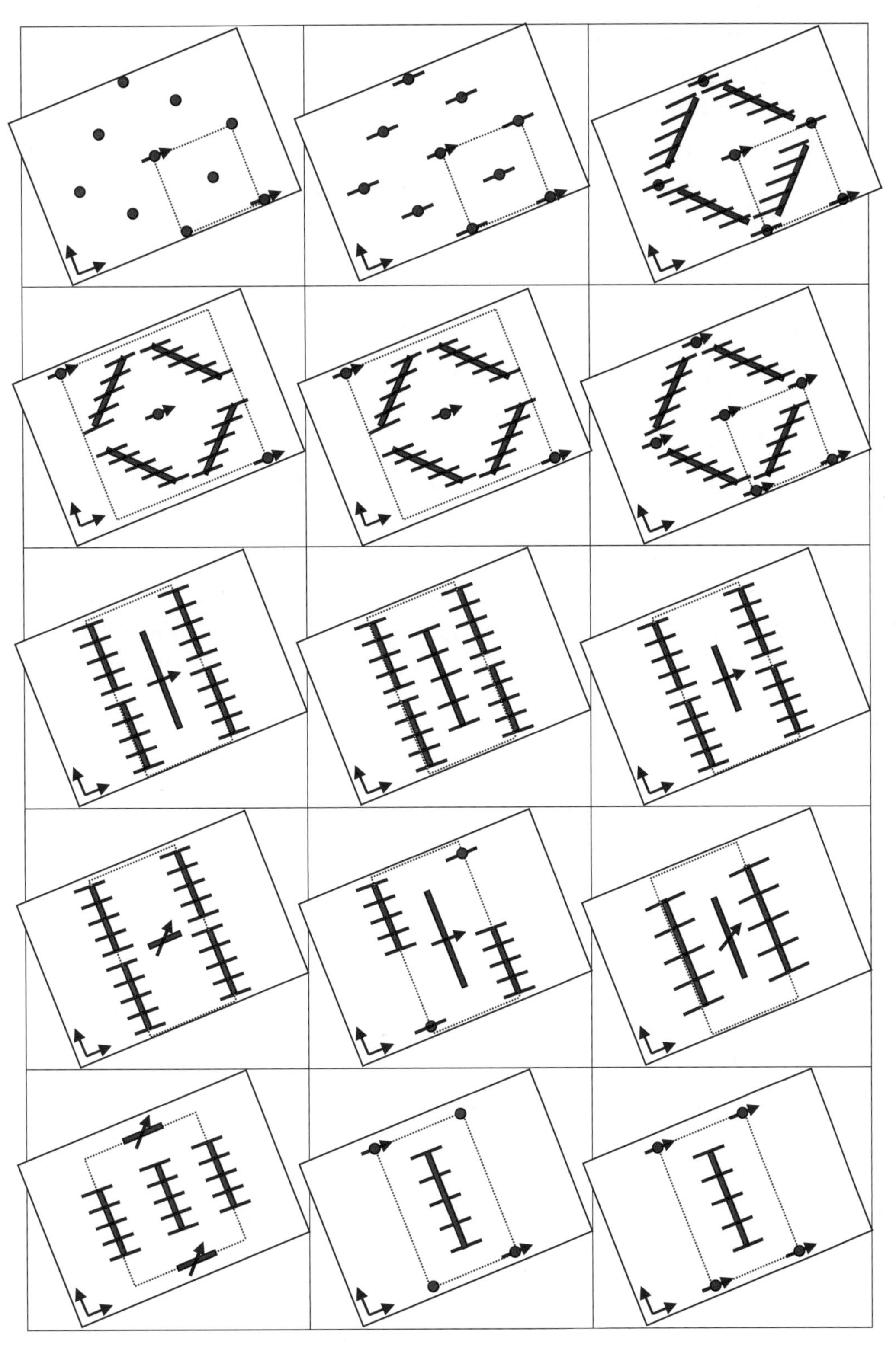

图 4-2-2　水平井井网形式

井的成本比例是很难确定的，这样就失去了井网对比的评价标准。

所有这些制约条件都是影响水平井井网研究进一步取得突破的关键症结，也是困扰研究工作者的主要难题。

3）合理井网系统评价

每一种井网都具有自己的特点、优势和生命力，只是针对不同的油藏类型有着不同的适应性而已。但是，要针对某一具体油田或区块进行井网优化设计，就不可避免地要进行各井网间的对比分析。对于低渗透油藏，要衡量一套井网的适应性或者进行优势井网的筛选，可以从以下 5 个方面进行论证：

（1）初期产量高，采油速度高；

（2）能量补充好，压力保持水平高，注水见效早，产量递减缓慢；

（3）初期含水低，无水采油期长，含水上升速度慢，最终采收率较高；

（4）井网后期调整余地大，灵活性好；

（5）井网密度小，经济效益好。

对于水平井井网，一般都具有比较高的初期产能，因此，应该重点论证后面的 4 项内容。

2. 注采井网条件下水力裂缝优化方法

注水开采条件下水力裂缝优化，要考察注水条件下水力裂缝位置、裂缝条数、裂缝长度、裂缝导流能力，优化目标除了考虑产能最大化，还需考虑提高无水采油期和降低含水率，优化框图如图 4–2–3 所示。油藏建模方法以及水力裂缝处理方法与弹性开采条件下一致。

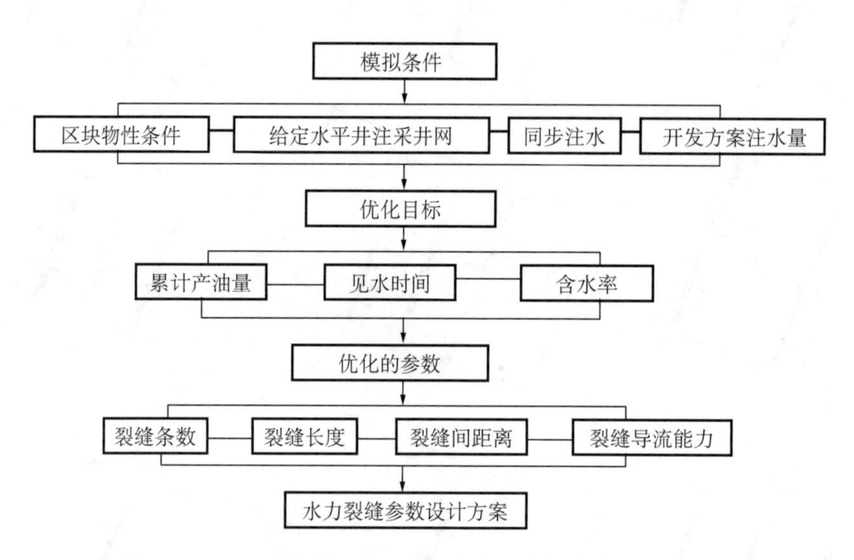

图 4–2–3　注采井网条件下水平井水力裂缝参数优化方法图

二、水平井整体井网及与裂缝的匹配关系

类似于直井井网，丰富多样的井网形式无外乎排状、五点、七点、九点等几种基础井网的变种或组合。因此，要研究水平井井网，首先应该从其基础井网的研究开始，这也是

进行其他井网研究的基础。

1. 基础井网形式

图 4−2−4 是 5 种整体水平井基础井网形式，即线性正对井网、线性交错井网、五点井网、反七点井网和反九点井网。

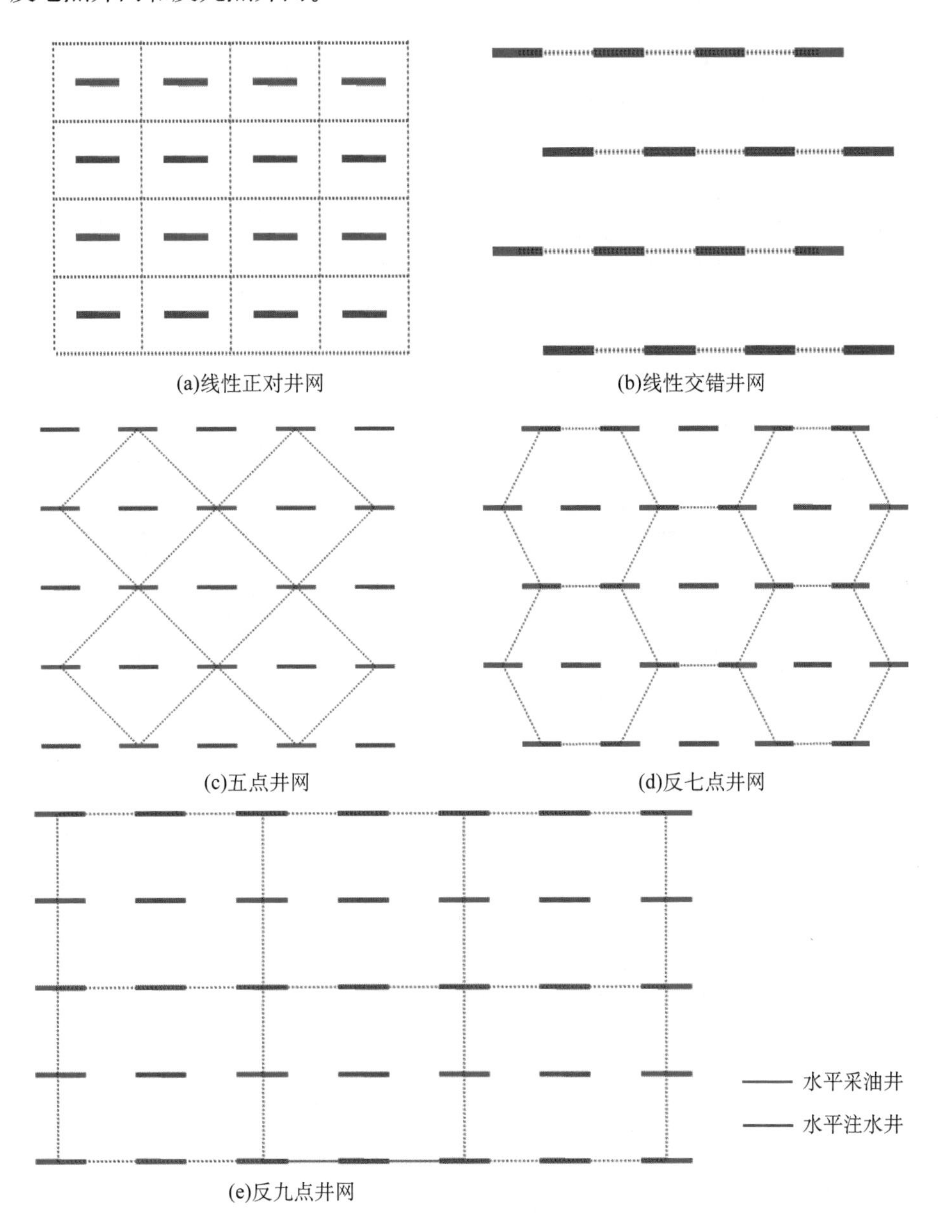

图 4−2−4　整体水平井井网示意图

利用大庆油田州 57 区块的实际油藏地质与流体物性参数（表 4−2−1、表 4−2−2、图 4−2−5），建立地质模型。数值模型网格大小取 30m × 30m × 2m，模拟 600m × 600m 的井网单元。采油井井底流压取 3.5MPa，注水井井底流压取 25.8MPa，考虑水平井井筒内摩擦损失。

表 4-2-1　油藏基础参数表

油藏基本参数	数值	油藏基本参数	数值
砂岩厚度，m	1.7	饱和压力，MPa	4.83
有效厚度，m	0.8	原始气油比，m^3/m^3	16.1
有效孔隙度，%	21	体积系数	1.073
水平渗透率，mD	30	初始地层压力，MPa	13.38
含油饱和度，%	65	油层综合压缩系数，$10^{-4}MPa^{-1}$	8.08
地面原油密度，t/m^3	0.8648	水平段长度，m	400
地面原油黏度，mPa · s	40.8	井网井距 a，m	300
地层原油黏度，mPa · s	9	井网排距 d，m	300
地层原油密度，t/m^3	0.822		

表 4-2-2　流体高压物性数据表

压力 kPa	溶解气油比 m^3/m^3	原油 体积系数	气体压缩系数 MPa^{-1}	油黏度 mPa · s	气体黏度 mPa · s
10	0	1.0000	1.0000	40.4	0.0100
300	9.74	1.0550	0.0394	14.70	0.0116
450	13.9	1.0670	0.0230	12.50	0.0160
483	16.10	1.0739	0.0200	8.75	0.0166
650	16.10	1.0737	0.0148	8.80	0.0198
800	16.10	1.0735	0.0117	8.85	0.0218
950	16.10	1.0733	0.0096	8.90	0.0230
1100	16.10	1.0731	0.0082	9.95	0.0240
1338	16.10	1.0730	0.0069	9.00	0.0255
1500	16.10	1.0728	0.0063	9.02	0.0270
3000	16.10	1.0726	0.0060	9.04	0.0280

2. 不同类型油藏水平井井网开发效果对比

1）均质低渗透油藏水平井不压裂

（1）不同井网开发效果对比。5 种井网各开发指标的计算结果见表 4-2-3 和表 4-2-4。

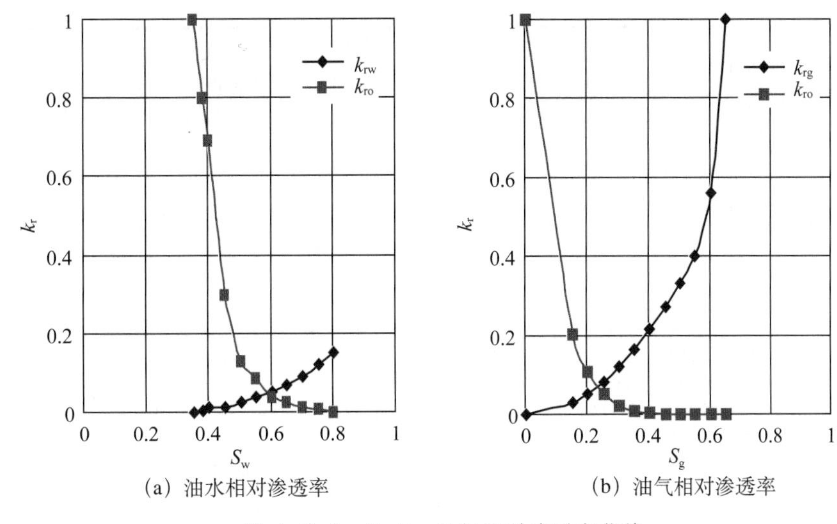

（a）油水相对渗透率　　（b）油气相对渗透率

图 4–2–5　油水、油气相对渗透率曲线

表 4–2–3　5 种水平井井网计算结果表（一）

井网形式	排距/井距（d/a）	穿透比	单井初期产能 m^3/d	单井 10 年末累产 10^4m^3		见水时扫油面积系数 %	含水 95% 时扫油面积系数 %	10 年末扫油面积系数 %	20 年末扫油面积系数 %	单井 10 年末含水率 %	10 年末地层压力 MPa	水平井见水时间 a
				油	液							
线性正对井网	0.5	0	6.81	1.4225	1.8377	34.51	82.95	56.03	70.89	65.56	17.33	4.40
		0.2	11.66	1.8316	3.0165	46.15	86.90	75.88	88.57	82.55	16.61	3.40
		0.4	15.90	2.0315	4.0023	63.83	91.27	90.54	97.71	94.28	16.38	3.20
		0.6	19.86	2.0819	4.8620	70.89	95.43	98.44	99.90	96.47	15.81	3.10
		0.8	23.08	2.1057	5.4573	80.67	98.54	99.90	99.90	96.59	15.38	3.00
	1	0	6.37	1.9858	1.9858	61.75	91.37	33.37	73.28	0.00	11.5	17.70
		0.2	9.53	2.6800	2.6800	71.31	91.48	47.40	85.76	0.00	11.3	14.20
		0.4	11.95	3.0903	3.0903	77.03	94.70	60.29	93.97	0.00	11.9	12.80
		0.6	13.93	3.3418	3.3418	81.91	96.99	67.88	97.82	0.00	12.6	12.20
		0.8	15.37	3.4619	3.4619	83.47	99.06	70.79	99.90	0.00	13.1	11.80
线性交错井网	0.5	0	11.53	3.8244	3.8297	79.00	94.00	79.00	94.00	43.00	16.45	9.93
		0.2	21.78	4.0025	5.6477	79.00	92.00	93.00	100.00	95.00	17.18	5.68
		0.4	30.61	4.0826	7.5264	71.00	93.00	97.00	100.00	96.00	16.50	4.00
		0.6	39.24	4.1556	9.4403	79.00	96.00	100.00	100.00	96.00	16.15	3.23
		0.8	46.04	4.2064	10.8090	81.00	100.00	100.00	100.00	97.00	15.49	3.00

续表

井网形式	排距/井距（d/a）	穿透比	单井初期产能 m^3/d	单井10年末累产 10^4m^3		见水时扫油面积系数 %	含水95%时扫油面积系数 %	10年末扫油面积系数 %	20年末扫油面积系数 %	单井10年末含水率 %	10年末地层压力 MPa	水平井见水时间 a
				油	液							
线性交错井网	1	0	11.27	3.7343	3.7343	77.00	93.00	31.00	67.00	0.00	12.21	21.91
		0.2	18.49	5.3040	5.3040	80.00	94.00	48.00	90.00	0.00	11.29	15.91
		0.4	23.53	6.1496	6.1496	81.00	95.00	59.00	95.00	0.00	11.85	13.67
		0.6	27.63	6.6595	6.6595	83.00	97.00	68.00	99.00	0.00	12.34	12.34
		0.8	30.64	6.9118	6.9118	83.00	99.00	71.00	100.00	0.00	13.02	11.99
五点井网	0.5	0	6.83	1.4498	1.8543	34.93	45.53	58.21	72.14	61.02	17.26	4.50
		0.2	11.76	1.9304	3.0777	45.74	56.00	74.64	86.49	79.20	16.78	3.40
		0.4	16.20	2.0381	4.1132	54.89	81.91	84.41	96.47	95.67	16.59	3.18
		0.6	20.74	2.0893	5.2820	71.52	82.95	94.80	95.63	96.67	16.11	2.71
		0.8	24.96	2.0962	7.1466	83.62	83.95	94.39	94.70	97.59	15.78	0.72
	1	0	6.89	2.1534	2.1534	73.60	86.07	35.65	76.72	0.00	11.56	18.36
		0.2	10.93	3.0789	3.0789	61.75	84.20	58.00	77.75	0.00	12.08	11.22
		0.4	14.65	3.5333	4.0528	41.79	80.87	70.89	82.74	32.62	14.06	6.16
		0.6	18.66	3.6959	4.6582	24.74	75.47	68.19	85.03	57.41	14.74	2.86
		0.8	22.21	3.7366	6.6727	1.20	71.31	65.28	86.49	77.49	14.72	0.74

将各种井网采出程度和扫油面积系数进行综合处理和比较，结果见图4-2-6至图4-2-11。

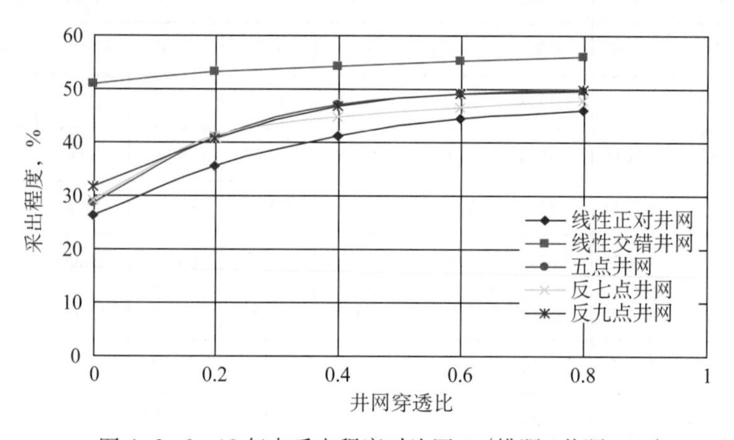

图4-2-6　10年末采出程度对比图1（排距/井距=0.5）

表 4-2-4　5种水平井井网计算结果表（二）

井网形式	排距/井距（d/a）	穿透比	见水时扫油面积系数 %		含水95%时扫油面积系数 %		10年末扫油面积系数 %	20年末扫油面积系数 %	单井10年末含水率 %		10年末地层压力 MPa	水平井见水时间 a		单井初期产能 m^3/d		单井10年末累产油 10^4m^3		单井10年末累产液 10^4m^3	
			上边井	左边井	上边井	左边井			上边井	左边井		上边井	左边井	上边井	左边井	上边井	左边井	上边井	左边井
反七点井网	0.5	0	48.96	23.80	82.22	85.76	76.92	87.32	0.00	0.00	8.13	11.87	21.00	5.84	3.48	1.4193	0.7663	1.4193	0.7663
		0.2	46.26	67.15	75.47	92.31	64.45	82.33	87.36	0.00	9.48	6.29	11.00	10.33	4.23	2.0111	1.0777	2.4841	1.0777
		0.4	47.19	57.38	80.56	90.02	73.08	84.62	90.80	46.55	10.03	4.87	6.24	12.63	4.87	2.2047	1.1594	3.1661	1.3028
		0.6	53.12	42.41	78.27	88.57	75.05	85.86	93.29	70.05	10.01	3.89	2.81	15.39	6.19	2.3324	1.1725	3.9722	1.8429
		0.8	48.96	23.80	82.22	85.76	76.92	87.32	92.51	89.49	9.82	3.45	0.71	17.59	8.52	2.4936	1.1020	4.5404	3.5662
	1	0	61.35	47.30	89.50	83.16	17.05	38.15	0.00	0.00	7.77	31.23	23.48	3.36	2.41	1.4295	1.0153	1.4295	1.0153
		0.2	62.58	37.94	93.97	82.223	32.74	65.70	0.00	0.00	7.35	18.99	11.36	11.97	8.20	2.3294	1.6228	2.3294	1.6228
		0.4	63.10	26.51	94.599	80.35	40.44	73.18	0.00	43.41	7.74	16.74	6.33	13.28	10.30	2.7444	1.8559	2.7444	2.0263
		0.6	63.41	15.28	94.27	79.31	44.91	77.75	0.00	68.60	7.84	14.99	2.83	14.15	12.86	3.1075	1.9127	3.1075	2.7136
		0.8	63.62	2.08	92.72	73.60	46.47	78.38	0.00	86.87	7.74	14.49	0.74	14.58	15.73	3.3433	1.8675	3.3433	4.6528

续表

井网形式	排距/井距(d/a)	穿透比	见水时扫油面积系数 %			含水 95% 时扫油面积系数 %			10 年末扫油面积系数 %	20 年末扫油面积系数 %	10 年末含水率 %			10 年末地层压力 MPa	水平井见水时间 a			单井初期产能 m^3/d			单井 10 年末累产油 10^4m^3			单井 10 年末累产液 10^4m^3		
			左角井	右角井	左下角井	左角井	右角井	左下角井			左角井	右角井	左下角井		左角井	右角井	下角井	左角井	右角井	左下角井	左角井	右角井	左下角井	左角井	右角井	左下角井
反九点井网	0.5	0	85.24	25.26	72.97	96.46	44.69	94.39	39.29	65.80	0.00	0.91	0.00	8.36	26.21	5.69	22.20	2.99	4.42	3.01	0.6949	0.7196	0.6973	0.6949	0.8966	0.6973
		0.2	79.63	27.23	64.45	96.05	48.65	93.24	58.42	90.23	0.00	7.68	0.00	8.36	15.49	3.50	11.49	3.38	8.58	3.50	1.0174	1.0486	0.9970	1.0174	2.1055	0.9970
		0.4	74.84	36.49	56.96	94.39	56.96	92.52	71.10	93.04	0.00	0.97	0.55	8.98	10.87	3.19	6.27	3.48	11.41	3.87	1.2040	1.3048	1.0061	1.2040	3.0103	1.1328
		0.6	69.75	40.96	40.96	93.87	61.64	91.68	77.13	92.31	0.53	0.97	0.78	9.07	7.49	3.05	2.80	3.74	14.05	4.97	1.2164	1.5345	0.9514	1.3268	3.8348	1.6032
		0.8	66.32	46.67	19.02	93.14	64.03	84.51	78.27	89.92	0.67	0.97	0.92	8.67	5.33	3.00	0.69	4.11	16.18	7.25	1.1261	1.7010	0.9034	1.4171	4.3961	3.3279
	1	0	87.42	47.92	47.92	95.32	80.87	80.87	17.88	39.40	0.00	0.00	0.00	7.17	47.69	23.48	23.48	4.27	4.57	4.57	0.7815	0.8915	0.8915	0.7815	0.8915	0.8915
		0.2	85.34	53.12	38.88	95.32	81.70	38.88	33.26	66.11	0.00	0.00	0.00	7.01	29.98	15.49	11.36	6.05	7.38	7.54	1.1150	1.4570	1.4808	1.1150	1.4570	1.4808
		0.4	83.68	57.80	27.44	94.80	81.29	77.96	41.89	74.12	0.00	0.00	0.45	7.33	24.73	14.24	6.34	6.25	8.32	9.17	1.2955	1.7659	1.6811	1.2955	1.7659	1.8470
		0.6	80.77	60.08	15.38	95.43	81.91	77.96	46.15	79.21	0.00	0.00	0.70	7.45	20.99	13.49	2.84	6.16	8.84	11.37	1.4349	2.0082	1.7301	1.4349	2.0082	2.3300
		0.8	76.40	61.02	5.72	95.01	81.39	70.89	48.23	80.56	0.00	0.00	0.88	7.41	18.49	13.49	0.74	6.02	9.12	14.28	1.5014	2.1506	1.7111	1.5014	2.1506	1.7111

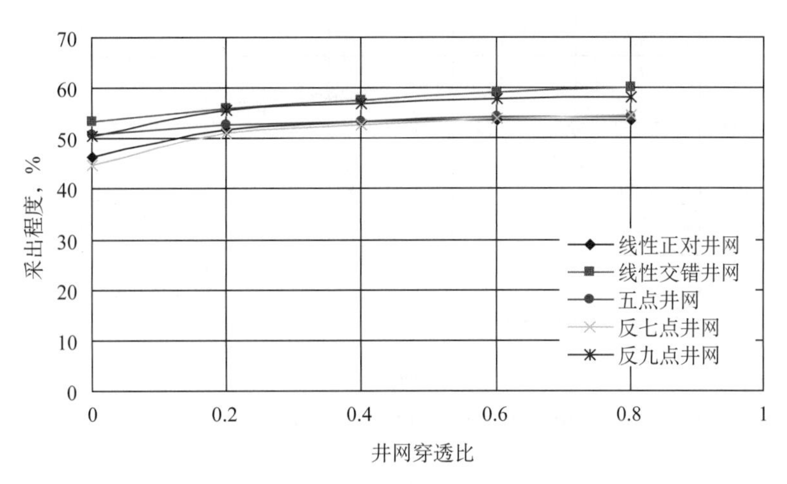

图 4-2-7　20 年末采出程度对比图 1（排距 / 井距 =0.5）

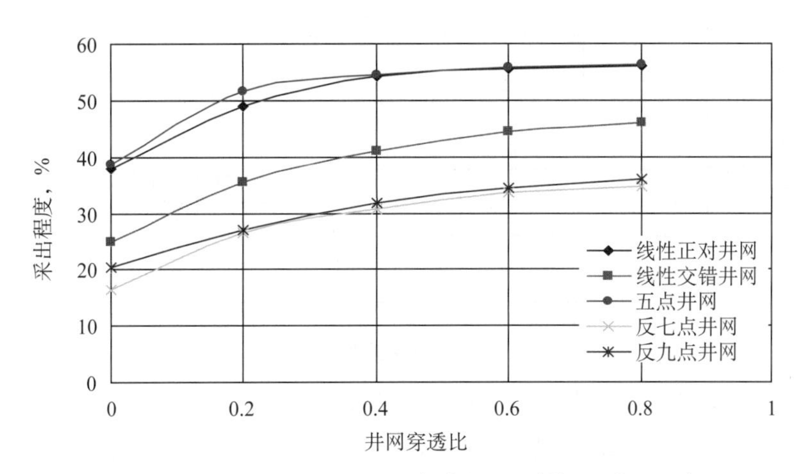

图 4-2-8　10 年末采出程度对比图 1（排距 / 井距 =1）

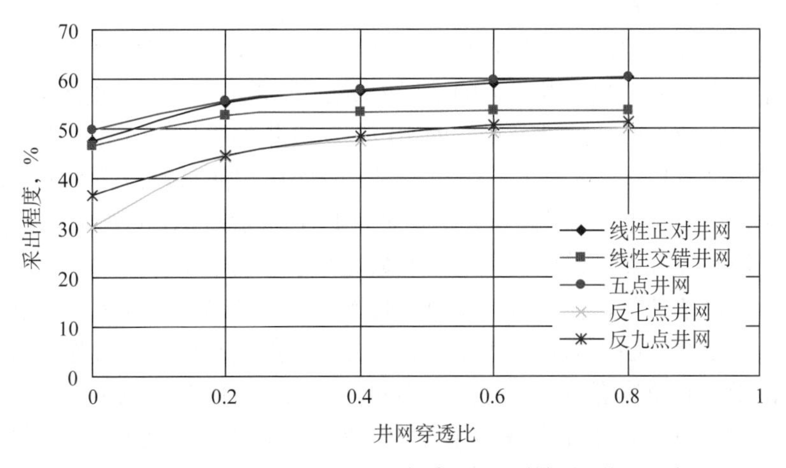

图 4-2-9　20 年末采出程度对比图 1（排距 / 井距 =1）

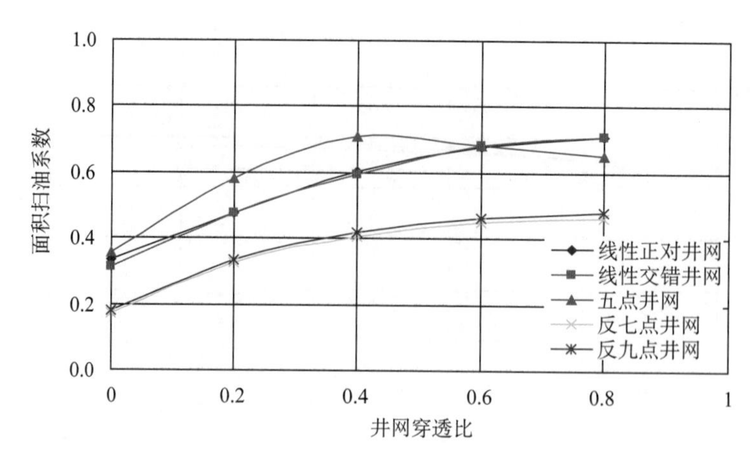

图 4–2–10　10 年末扫油面积系数对比图（排距 / 井距 =1）

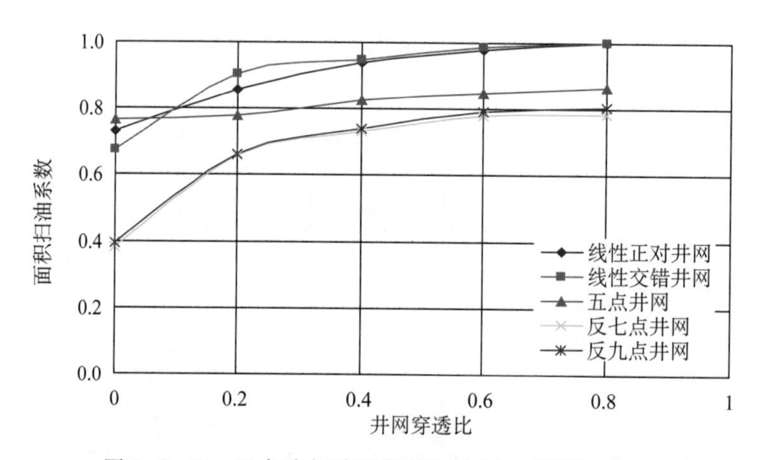

图 4–2–11　20 年末扫油面积系数对比图（排距 / 井距 =1）

从图中可以看出，当排距与井距之比为 0.5 时，线性交错水平井井网为优势井网。主要是由于线性交错井网注水井与采油井距离较远，见水时间比其他井网晚，当排距较小时，可以有效地减小注入水的突进，扩大扫油面积。

同时，正因为这种井网注入水见效晚，其对生产井的能量补充相比于其他几种井网略有不足，当排距变大以后，生产井附近的地层能量迅速被消耗，注入水能量却迟迟未能补充，因此，在井排距较大时，线性交错井网 10 年和 20 年的采出程度并不占优势，但是从图 4–2–10 和图 4–2–11 中可以看出，穿透比较大时面积扫油系数最高的仍然是线性交错井网和线性正对井网。因此，当排距与井距之比为 1 时，线性正对井网为优势井网。

反七点法井网和反九点法井网均为注采井数比小于 1 的水平井井网，注水井数少，生产井数多，在低渗透条件下，注入水波及速度较慢，生产井迅速消耗地层能量，极易导致生产井井底供液不足，地层压力保持水平低。除初期产能具有一定优势外，累计产油并不算很高。并且由于布井位置影响，各井产量不同，注入水突破时间也不同。鉴于此，反七点法水平井井网和反九点法水平井井网不作为优势井网，但可以考虑在初期布井时采用，在中后期改为五点法井网或者线性水驱井网。

（2）合理井排距范围。综合 10 年和 20 年采出程度、地层压力保持水平以及采油速度

等开发指标，得到均质油藏线性交错井网和线性正对井网的最优井排距和油藏渗透率的关系，见图 4-2-12 和图 4-2-13。

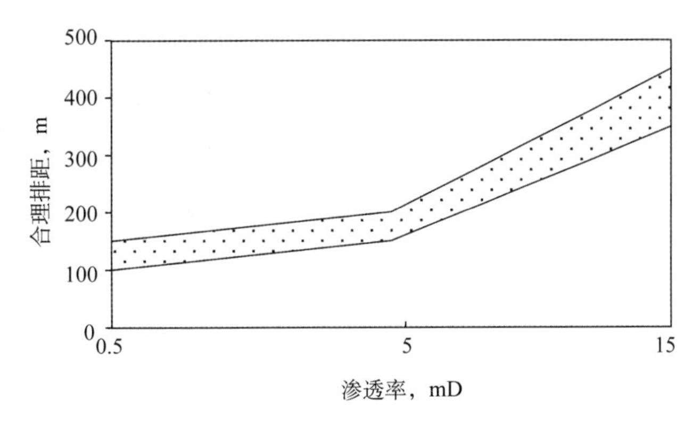

图 4-2-12　线性交错井网合理排距与渗透率的关系

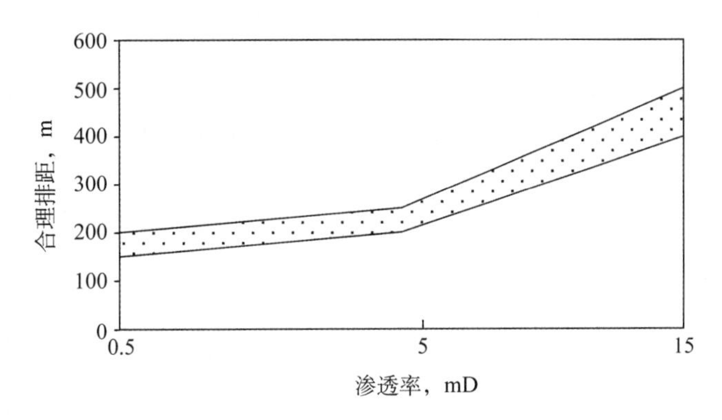

图 4-2-13　线性正对井网合理排距与渗透率的关系

2）均质特低渗透油藏水平井压裂

仍然采用上面的地质模型，将渗透率改为 5mD，研究特低渗透油藏中含人工压裂裂缝的水平井井网特征。

（1）不同井网开发效果对比。将各种井网采出程度进行综合处理和比较，结果如图 4-2-14 至图 4-2-17 所示。从图中可以看出，由于基质渗透率很低（5mD），因此能否给生产井提供足够的能量供给成为影响井网开发效果的主要因素。在这 5 种井网中反七点法水平井井网注采井数比为 1∶2，反九点法水平井井网为 1∶3，都无法保证长期稳定的驱替。五点法井网裂缝之间的关系为交错分布，而线性正对井网中裂缝之间的关系为同种性质的裂缝正对分布，这不但会造成较大的死油区，而且会使注入量相互抵消，大大降低了效果。同样线性交错井网也是这种情况，所以它们的效果都不及五点法井网，且排距越大，五点法井网优势越明显。同时，五点法水平井井网存在最优的穿透比，在布井时应充分重视。

（2）合理井排距范围。综合 10 年和 20 年采出程度、地层压力保持水平以及采油速度等开发指标，得到五点井网的最优井排距和油藏渗透率的关系，如图 4-2-18 所示。可以看出，在 0.5mD，5mD 和 15mD 渗透率条件下，合理的排距范围分别为 200 ~ 250m，

250 ~ 350m 和 400 ~ 500m，在这样的排距下能维持较高的地层压力，以保证较高的采油速度和采出程度。

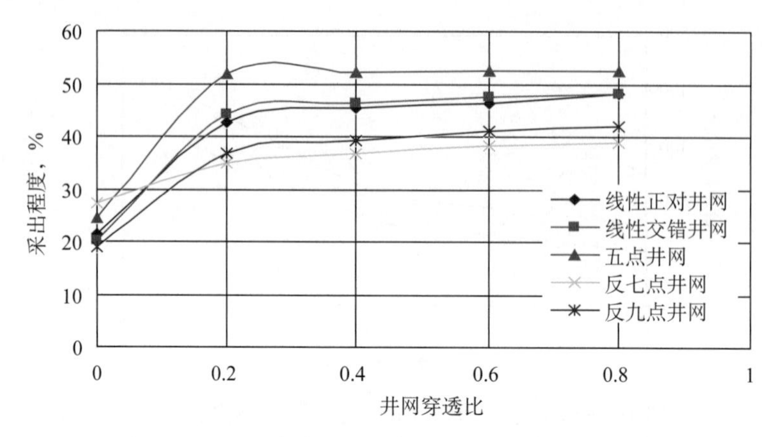

图 4-2-14　10 年末采出程度对比图 2（排距 / 井距 =0.5）

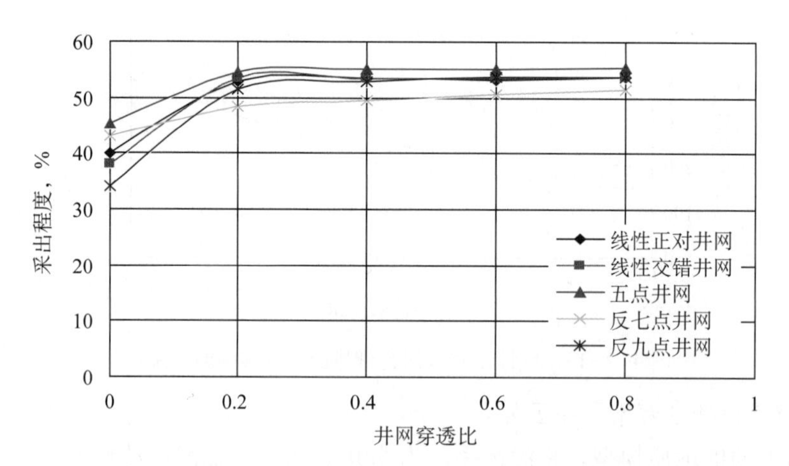

图 4-2-15　20 年末采出程度对比图 2（排距 / 井距 =0.5）

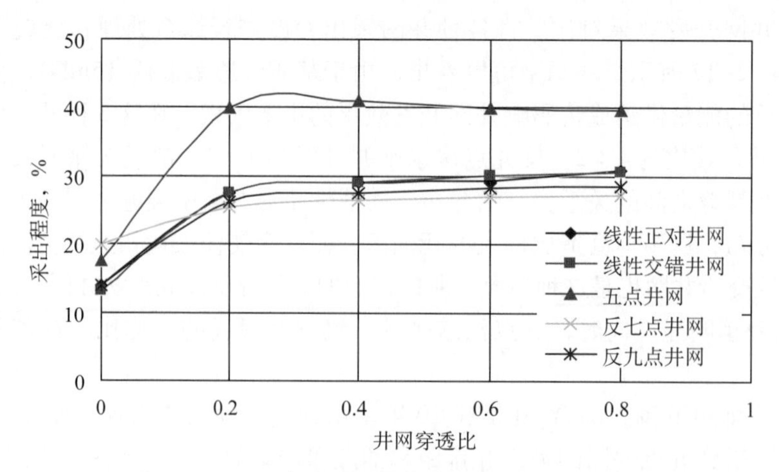

图 4-2-16　10 年末采出程度对比图 2（排距 / 井距 =1）

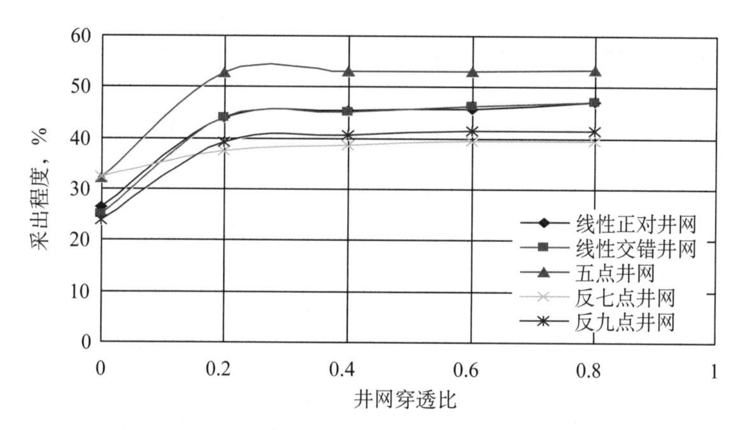

图 4–2–17　20 年末采出程度对比图 2（排距 / 井距 =1）

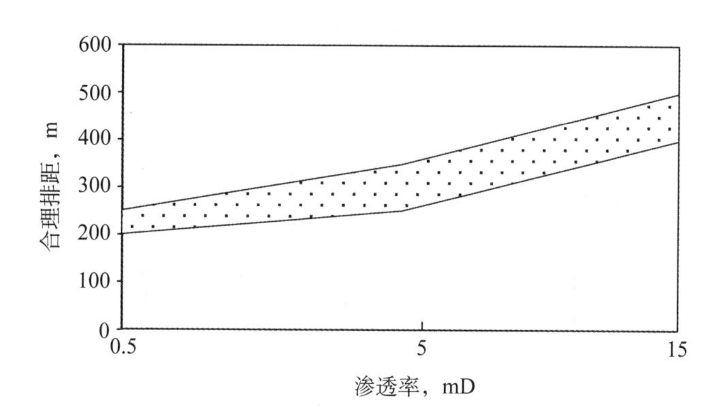

图 4–2–18　五点井网（含人工缝）合理排距与渗透率的关系

3）裂缝性特低渗透油藏水平井压裂

假设天然裂缝在地层内均匀分布，数值模拟中对裂缝的发育程度进行等效处理，采用均质模型，分别设定第 1 行、第 7 行、第 14 行、第 21 行、第 28 行、第 35 行及第 42 行网格作为天然裂缝，人工裂缝平行于天然裂缝方向。取 42×42×1 的网格系统，模拟 420m×420m 的井网单元，基质渗透率取 5mD，K_v/K_h=0.1，考虑井网与裂缝成 0°，30°，60°和 90°四种情况。有效厚度取 2m，采油井井底流压取 3.5MPa，注水井井底流压取 25.8MPa，考虑水平井井筒内摩擦损失。

（1）不同井网开发效果对比。由于七点法井网和九点法井网注采井数比较低，较适用于早期开采或者高渗透油藏，因此，这里主要研究线性正对井网、线性交错井网和五点法井网进行压裂改造后的开发效果。计算结果如图 4–2–19 至图 4–2–26 所示。

从图 4–2–19 至图 4–2–24 可以看出，对于线性正对井网和线性交错井网，水平段与裂缝成 90°角时的开采效果最好。这时，注入水能很好地补充地层能量，使得水平井初期产能较高，在油井见水之前，无水采收率较高，且采出程度随穿透比的增大而增大。井网与裂缝平行时，注入水很容易突破采油井，使得采油井见水时间较早，无水采收率较低。当井网与裂缝成 30°角时，采出程度随穿透比增大先增加后降低，这是由于在穿透比较小时，注入水的水线沿裂缝方向分布，不与生产井相交，在生产早期很好地起到了能量补充的作用，但是穿透比高于 0.4 以后，部分生产井已位于与注水井同一裂缝线上，导致注入水突进加快，见

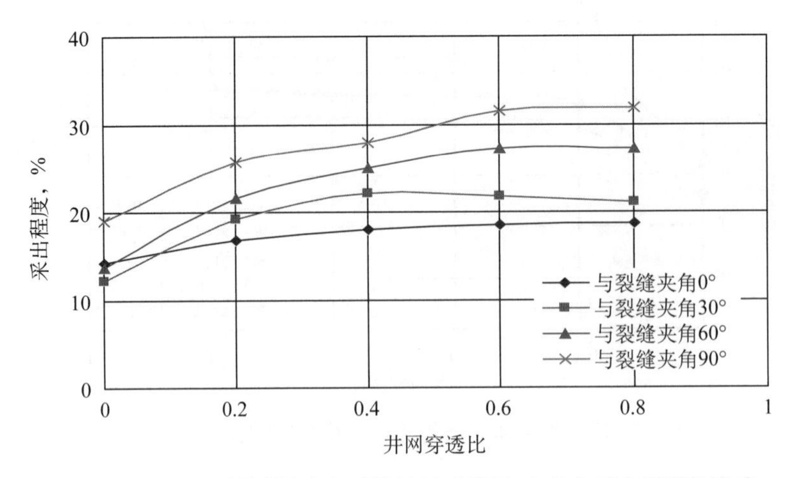

图 4-2-19　压裂裂缝方向对线性正对井网 10 年末采出程度的影响

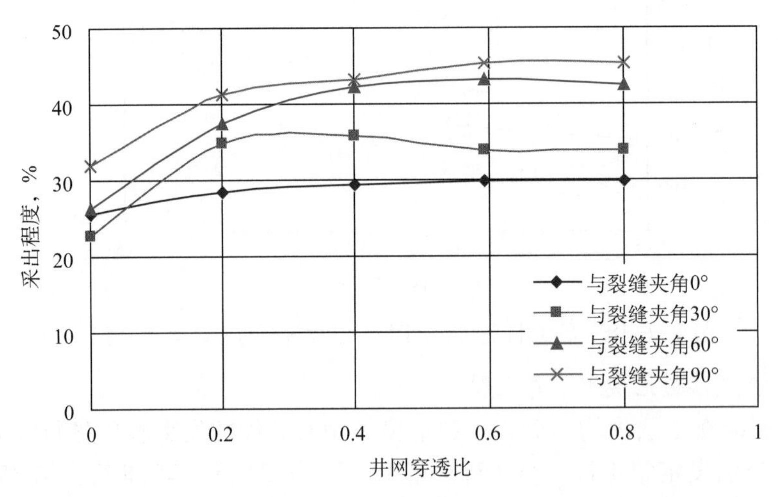

图 4-2-20　压裂裂缝方向对线性正对井网 20 末年采出程度的影响

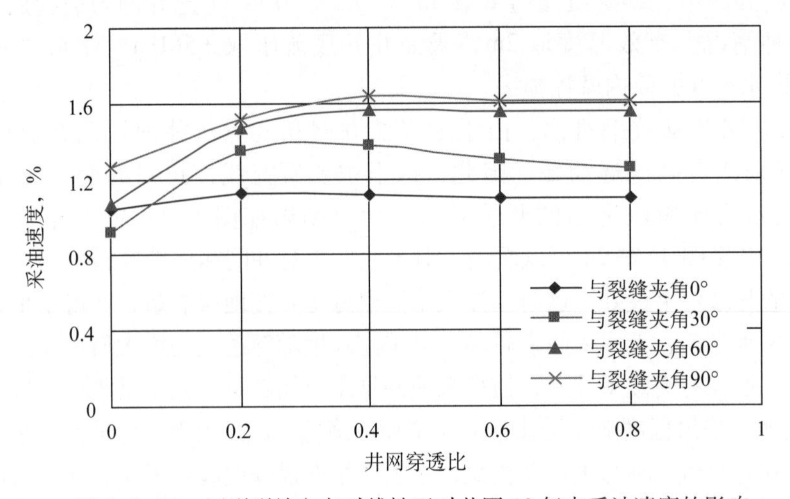

图 4-2-21　压裂裂缝方向对线性正对井网 10 年末采油速度的影响

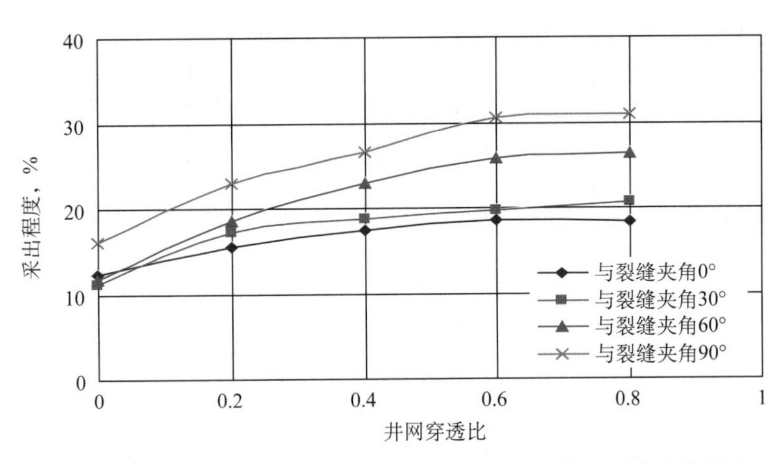

图 4-2-22　压裂裂缝方向对线性交错井网 10 末年采出程度的影响

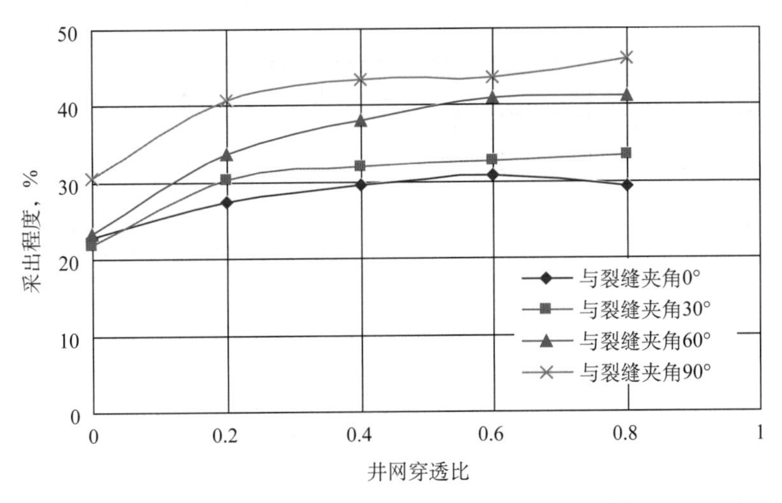

图 4-2-23　压裂裂缝方向对线性交错井网 20 末年采出程度的影响

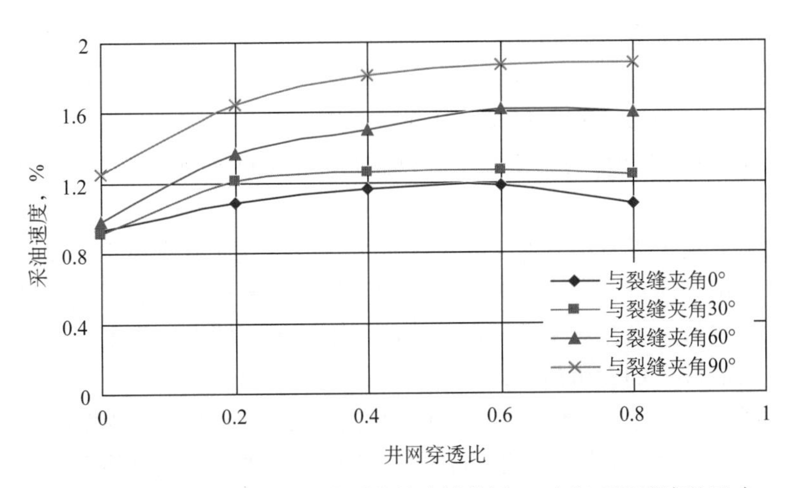

图 4-2-24　压裂裂缝方向对线性交错井网 10 末年采油速度的影响

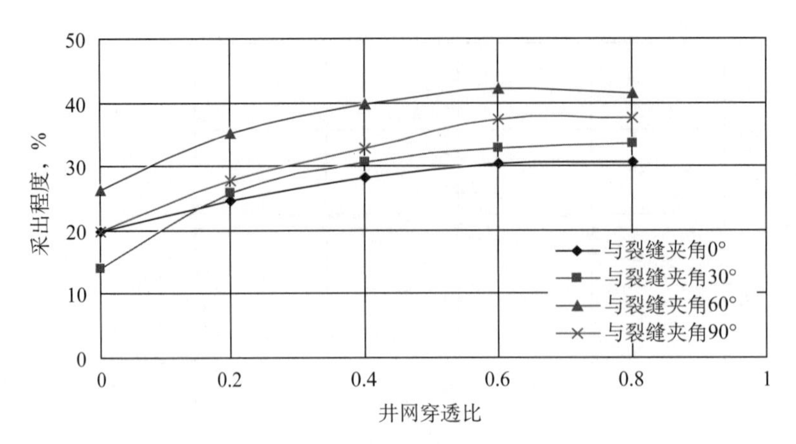

图 4–2–25　压裂裂缝方向对五点井网 10 末年采出程度的影响

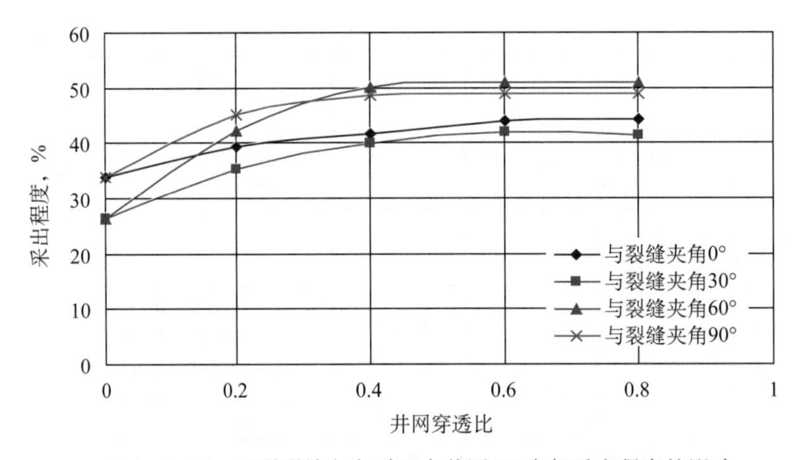

图 4–2–26　压裂裂缝方向对五点井网 20 末年采出程度的影响

水时间提前。因此，对于裂缝性特低渗透油藏，线性正对井网和线性交错井网中水平井方向最好与裂缝垂直。

从图 4–2–25 和图 4–2–26 可以看出，对于五点法井网，当水平井方向与裂缝走向成 60° 夹角时，开发效果最好。分析其原因认为，井身方向与裂缝走向间夹角 60° 时，两水平井在同一裂缝上，容易形成较大水线，分别对两边的生产井进行驱替，从而达到比较好的开发效果。夹角为 0° 和 30° 时，由于水沿裂缝的快速突进而使生产井水淹时间提前，造成采出程度偏低。

从三种井网的对比可以看出，对于特低渗透天然裂缝性油藏应用水平井注采井网进行开发时，五点法井网在所有三种水平井井网中的开发效果最好，尤其是当水平井与裂缝成 60° 的时候，效果更好。当然对于不同的井排距，不同的裂缝发育程度，这一角度值会发生变化，不一定都是 60° 的夹角最好。

（2）合理井排距范围。综合 10 年和 20 年采出程度、地层压力保持水平以及采油速度等开发指标，得到天然裂缝性油藏五点法井网的最优井排距和油藏渗透率的关系，如图 4–2–27 所示。

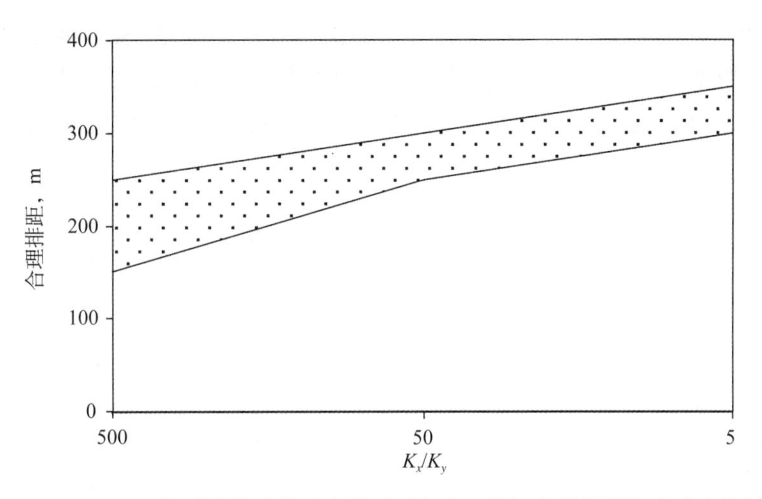

图 4–2–27　天然裂缝性油藏五点井网（含人工缝）合理排距与渗透率的关系

可以看出，在 K_x/K_y=500、K_x/K_y=50、K_x/K_y=5 时分别对应的合理排距为 150 ~ 250m，250 ~ 300m 和 300 ~ 350m。

三、直井—水平井混合井网及与裂缝的匹配关系

1. 基础井网形式

根据以往井网研究的筛选结果和现场实际的应用需要，重点探讨较常用的直井—水平井混合五点井网和七点井网，如图 4–2–28 和图 4–2–29 所示。

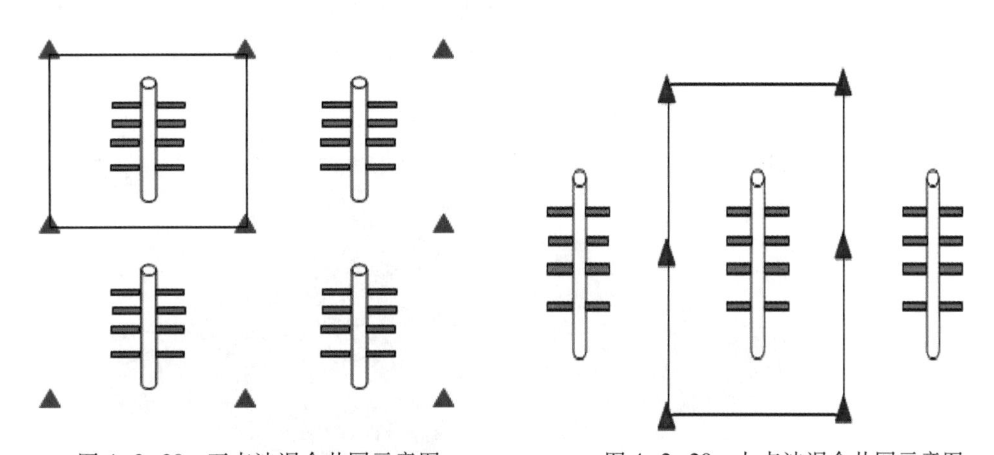

图 4–2–28　五点法混合井网示意图　　　图 4–2–29　七点法混合井网示意图

2. 不等缝长、不等缝间距优化设计理念

由于水平井井筒、多段分布的压裂裂缝、注水井位置等多因素的相互影响，水平井注采井网相对于直井井网而言，裂缝优化更为复杂。水平井注采井网更容易发生注水波及前沿到达某条裂缝而使整个水平井含水率急剧升高，因此，对于多段压裂的水平井而言，裂缝与井网的优化问题非常重要，其裂缝长度和注水量的优化需要考虑不等长布缝，注水量不均匀分布的思路，这样可在一定程度上避免水平井含水急剧上升的风险，提高产量和最终采出程度。

针对L井区五点法和七点法两种混合注采井网形式（图4-2-30、图4-2-31），建立了油藏数值模拟模型，分别对两种井网进行了裂缝条数、长度、位置等水平井压裂水力参数的优化。以累计产油量及含水率为优化的指标，以获得切实可行的裂缝优化参数，从而指导水平井分段压裂设计和施工。

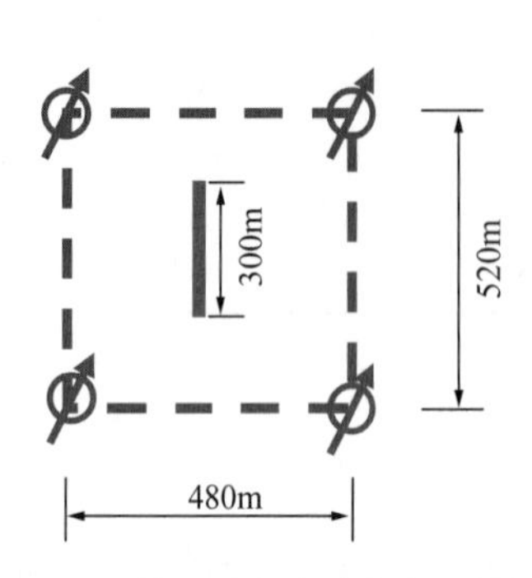

图4-2-30 L井区五点法混合注采井网形式

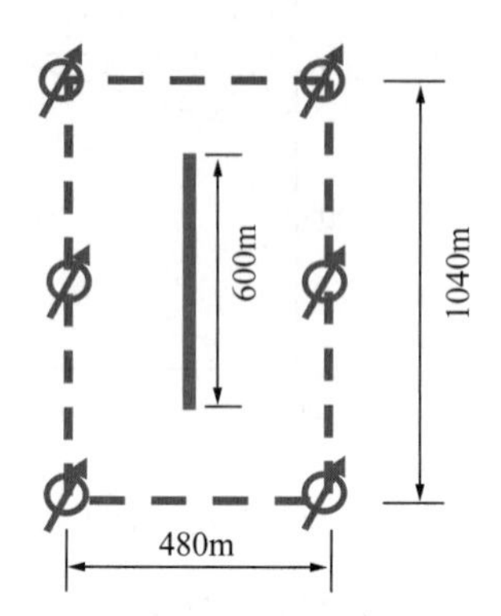

图4-2-31 L井区七点法混合注采井网形式

1）五点法混合井网形式水力裂缝优化

五点法混合井网，周围4口直井注水，中间1口水平井生产，水平井水平段长度为300m，井网面积为520m×480m。水驱含油饱和度分布图如图4-2-32所示，注入水由四周向中央的水平井推进，由于水平井进行了压裂改造，水驱前缘会首先到达水平井外侧水力裂缝。因此，在此种井网形式下，优化水平井外侧裂缝的长度及其位置对于延长无水采油期、控制含水过快上升就很关键。同时，裂缝条数以及中间裂缝长度的优化，对提高驱替效果也有必要。基于上面的考虑，对五点法混合井网水力裂缝参数进行了优化。

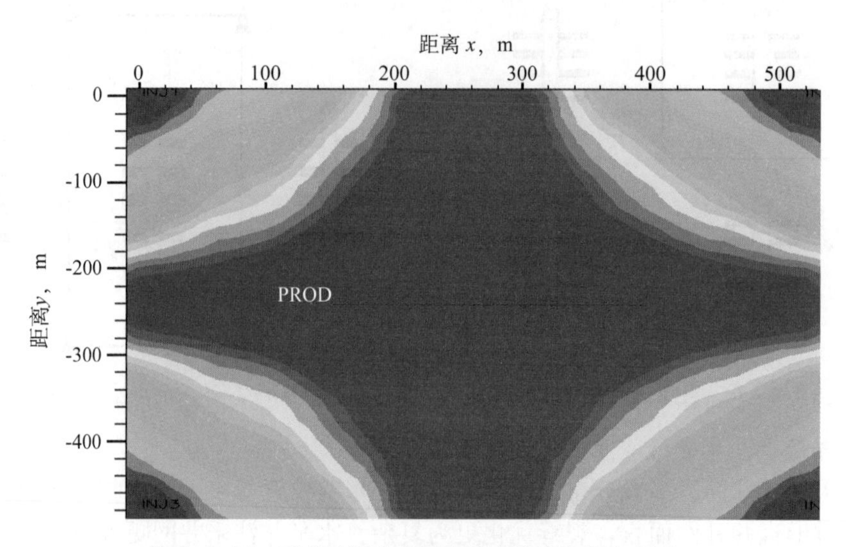

图4-2-32 五点法混合井网水驱含油饱和度分布图

（1）裂缝长度。如果压裂水平井的裂缝等缝长分布，裂缝长度在20～240m区间内变化时，累计产油量会随着裂缝长度的增加先急剧升高，在缝长达到120m后接近峰值，而后小幅增加，如图4-2-33所示。因此，可认为从累计产油量的角度来分析，裂缝长度存在一个优化值，在该井网条件下，优化裂缝长度为 120 ~ 150m。

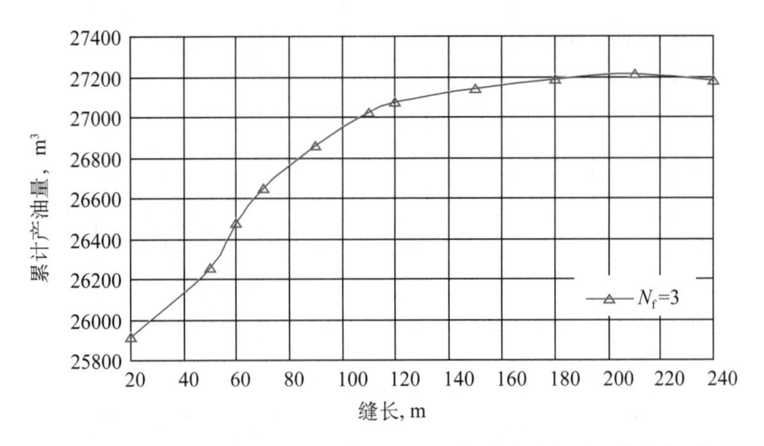

图 4-2-33　五点法混合井网裂缝等缝长分布时累计产油量与缝长关系曲线

该井网四周角井注水，水线更容易突破靠近注水井的外裂缝，因此，外裂缝长度应相对较短以延迟见水时间，如图 4-2-34 所示。

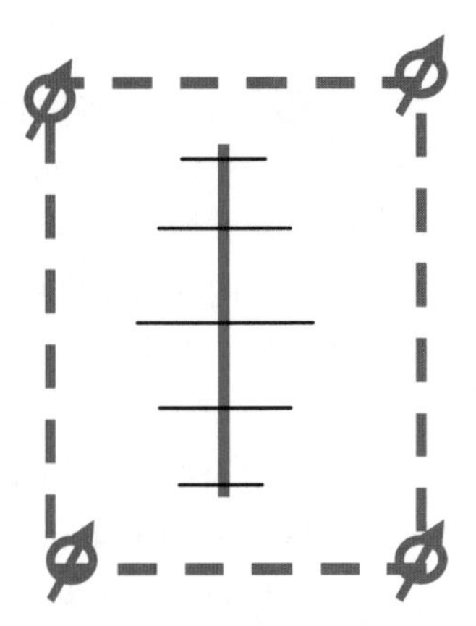

图 4-2-34　五点法混合井网不等长裂缝分布图

根据裂缝均匀分布时的优化结果，将内裂缝长度设置为 150m，考察外裂缝长度变化对累计产油量和含水率的影响，如图 4-2-35 和图 4-2-36 所示，累计产油量随着外裂缝长度的变化很敏感，外裂缝长度 110m 附近累计产油量达到一个明显的峰值，说明从累计产油量的角度讲在该井网条件下外裂缝长度 110m 为较优值；此外，比较 110m 和 150m 时含水率情况，可以看出较短的裂缝长度下无水采油期更长、含水率相对更低。综合而言，在五点法混合井网形式下，裂缝长度设置时应为内裂缝较长、外裂缝较短，优化结果为内裂缝长 150m、外裂缝长 110m，这样既可以获得较高的累计产油量，又能有较长的无水采油期。

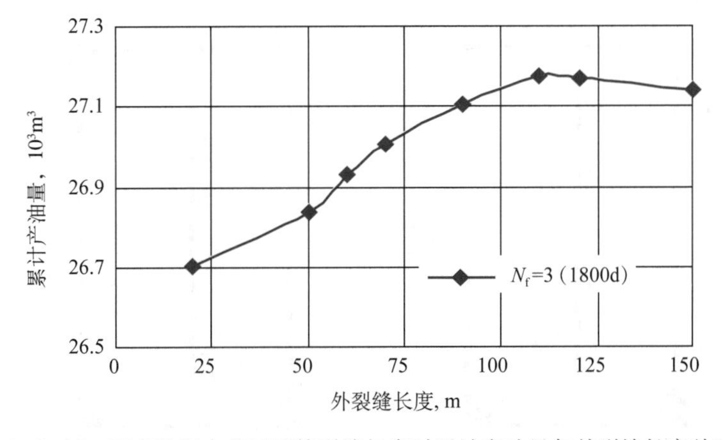

图 4-2-35　五点法混合井网不等裂缝长度时累计产油量与外裂缝长度关系曲线

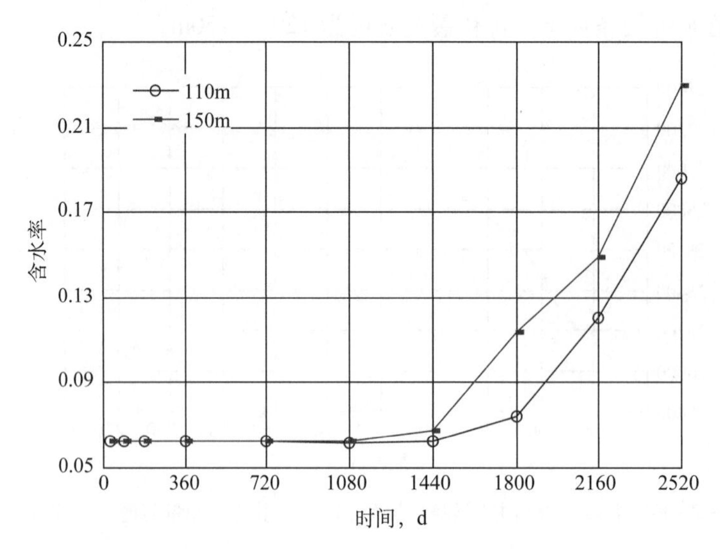

图 4-2-36　五点法混合井网不等裂缝长度时含水率与外裂缝长度关系曲线

(2) 裂缝间距。确定优化的裂缝条数及裂缝长度后，应该考虑裂缝位置的优化，如图 4-2-37 和图 4-2-38 所示。计算结果表明，裂缝间距对累计产油量和含水率有很大影响，在五点法混合井网下，当内外裂缝的间距变化时，采油井的含水率随着内外裂缝间距的增大而增大，在内外裂缝间距 75m 以下时含水率较低、含水率增幅较小。因此，兼顾累计产油量和含水率，优化内外裂缝间距为 75m。

2）七点法混合井网形式水力裂缝优化

七点法混合井网，周围 6 口直井注水，中间 1 口水平井生产，水平井水平段长度为 600m，井网面积为 1040m × 480m。水驱含油饱和度分布如图 4-2-39 所示，可以看出，两口中间注水井距离水平井筒的距离较 4 口边角的注水井更近，水驱前缘从中间注水井到达水平井裂缝系统的时间更短，表明在此种井网条件下，水平井多裂缝系统的优化结果既不同于弹性开采的裂缝优化，也不同于五点法水平井混合井网的裂缝优化，而有其特殊性。因此，在此井网条件下，中间注水井对水力参数的影响应重点考虑。

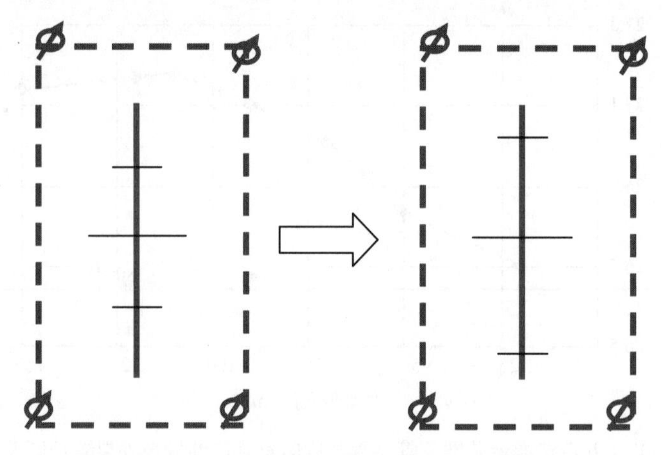

图 4-2-37　五点法混合井网裂缝位置优化示意图

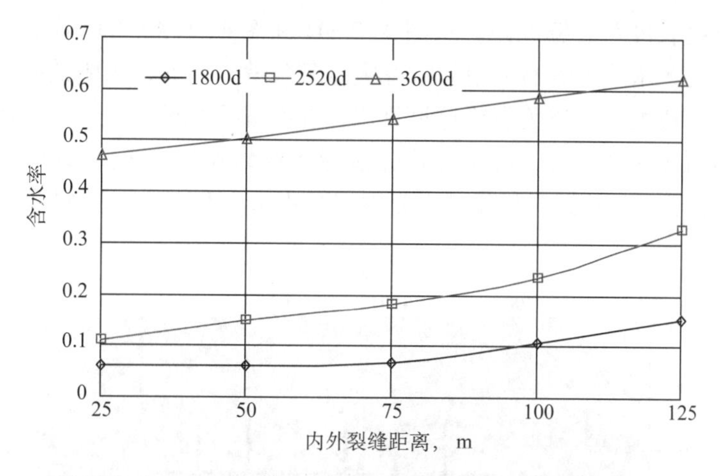

图 4-2-38　五点法混合井网含水率与内外裂缝间距关系曲线

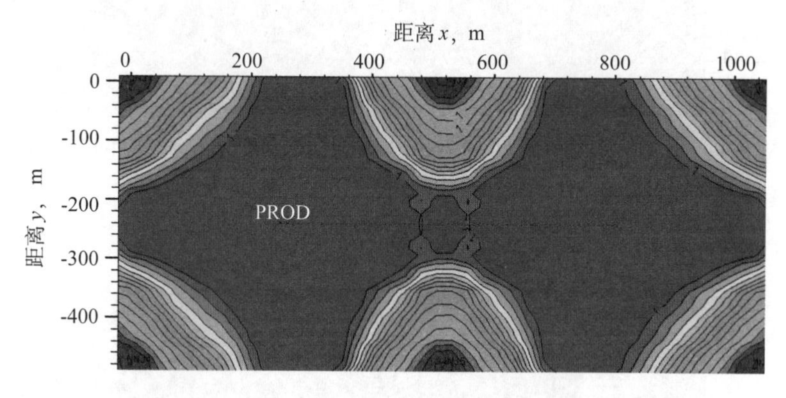

图 4-2-39　七点法混合井网水驱含油饱和度分布图

（1）裂缝条数和裂缝长度。七点法混合井网中 6 口水井到裂缝系统的距离相差较大，注水前缘突破裂缝的时间也相应有较大差异，中间水井由于距离较近对裂缝系统的影响也更为突出。为减少中间水井的影响，裂缝设置为偶数条均匀分布。从图 4-2-40 可以看出，对于七点法混合井网的情况，优化裂缝条数为 6 ～ 8 条，缝长在 120m 时累计产油量达到峰值，优化的裂缝长度为 120m。

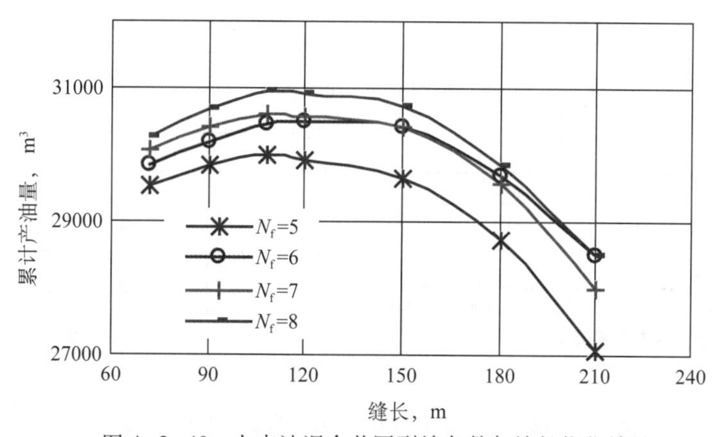

图 4-2-40　七点法混合井网裂缝条数与缝长优化结果

（2）中间裂缝长度与裂缝间距。从图 4–2–41 和图 4–2–42 可以看出，由于中间水井距离裂缝系统较近，水线更容易从中间水井突进到裂缝，因此，水驱效率以及无水采油期受中间水井的影响较大。为避免裂缝过早见水，在裂缝系统设置上，要求离中间水井较近的裂缝较短、位置上远离水井。在前面优化裂缝条数为 6 条、缝长 120m 的基础上，以此为原则优化内裂缝长度和位置，优化结果分别如图 4–2–43、图 4–2–44 所示。

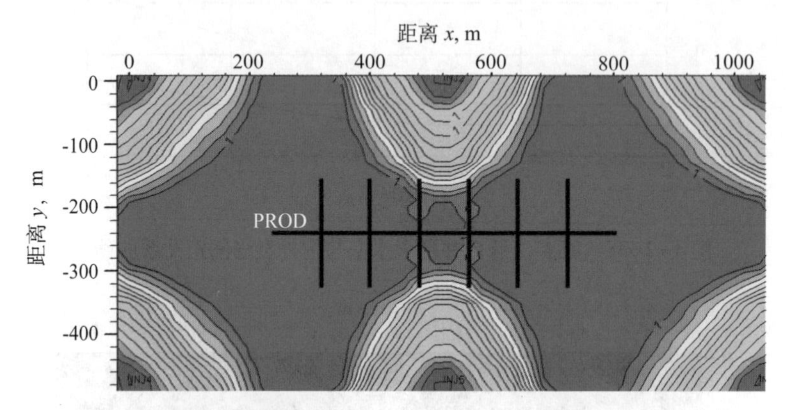

图 4–2–41　裂缝等间距等缝长分布时含油饱和度分布图（3 年）

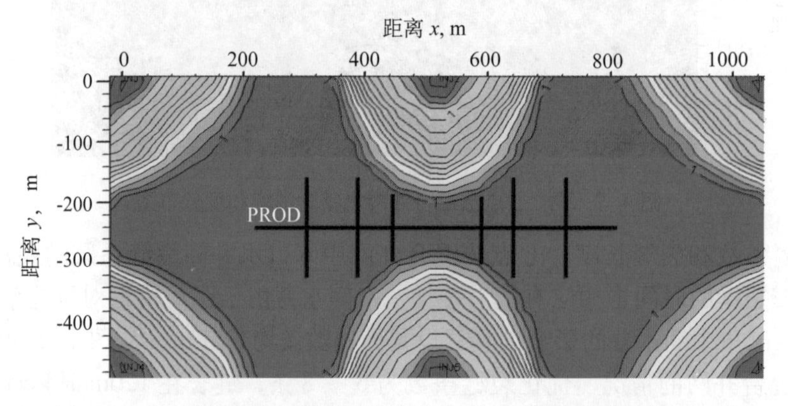

图 4–2–42　裂缝不等间距不等缝长分布时含油饱和度分布图（3 年）

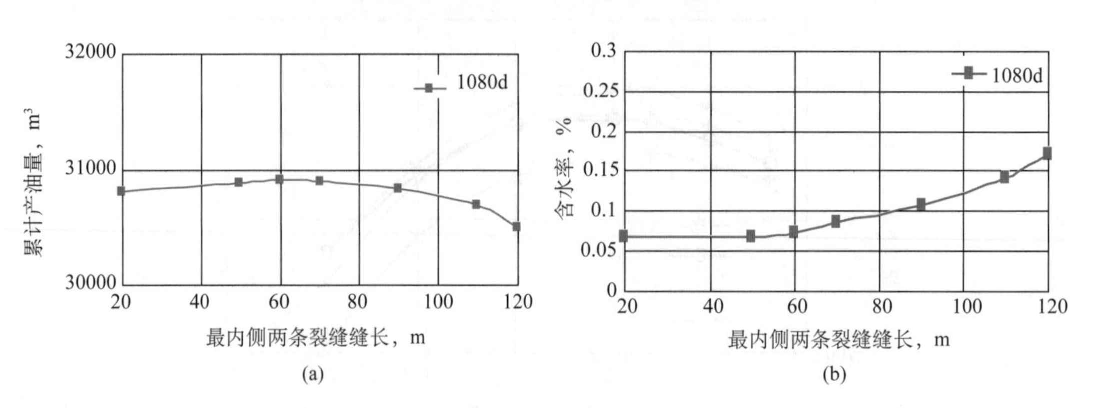

图 4–2–43　七点法混合井网中间裂缝长度优化结果

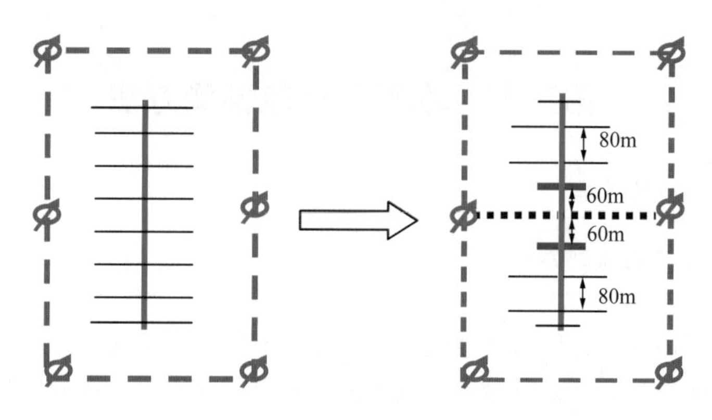

图 4–2–44　七点法混合井网中间裂缝位置优化结果

由图 4–2–43 可知，内裂缝长度在 60m 附近累计产油量达到峰值，同时内裂缝长度 60m 以下时含水率较低，因此确定七点法混合井网条件下优化的内裂缝长度为 60m。同样，对内裂缝位置进行优化，水平井开采时兼顾获得较高的累计采油量以及较低的含水率，优化最内侧两条裂缝相对于中间水井对称分布，间距为 120m，如图 4–2–44 所示。

（3）中间水井注水量。在七点法混合井网条件下，6 口注水井与水平井成非对称分布，即每口注水井离水平井的直线距离不等，中间注水井离水平井较近，中间水井的注水量对压裂水平井的开采具有很大影响，尤其影响裂缝的见水时间。根据优化的结果，中间水井注水量 10 ～ 15m³/d 时能兼顾获得较大的采油量以及较低含水率，如图 4–2–45 和图 4–2–46 所示。

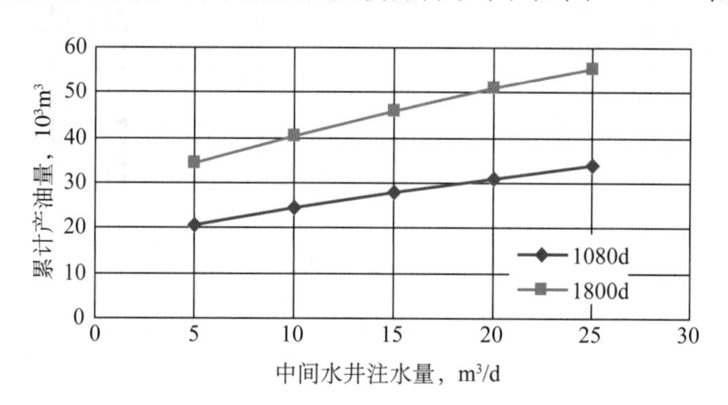

图 4–2–45　七点法混合井网中间注水量与累计产油量的关系

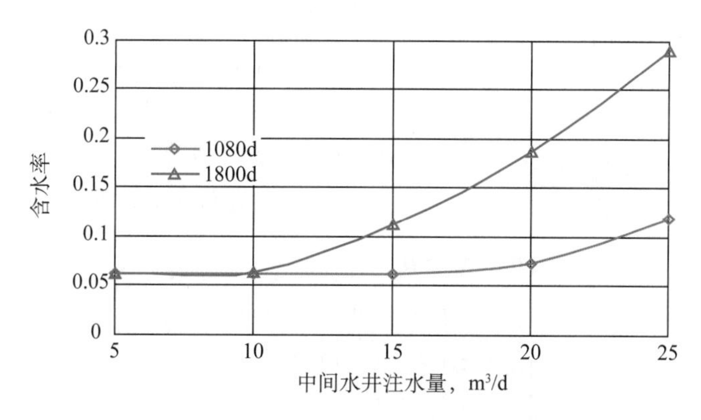

图 4–2–46　七点法混合井网中间注水量与含水率的关系

第三节　水平井产能预测方法

一、稳态产能预测方法

1. 水平井单井产能预测公式

1）垂直裂缝井产能公式

假设在一恒压边界的特低渗透油藏中，存在一条贯穿整个油藏厚度的垂直裂缝。将整个渗流场划分为两部分：一是油藏—裂缝渗流，垂直裂缝简化为线源，则油井生产时在地层中发生平面二维椭圆渗流，即形成以油井为中心、以裂缝端点为焦点的共轭等压椭圆柱面和双曲面流线族；二是裂缝—井筒渗流，此时流体在裂缝系统内发生 Darcy 线性流动。如图 4−3−1 所示。

该储层和流体的物性参数如下：油藏厚度 h，初始渗透率 K_0，原始地层压力 p_i，流体初始密度 ρ_0，流体初始黏度 μ_0，启动压力梯度 G，井的产量 Q，油藏折算半径 r_e，裂缝半长 x_f，裂缝渗透率 K_f，裂缝宽度 w_f。并规定以上所有物理量都采用 Darcy 混合单位制。

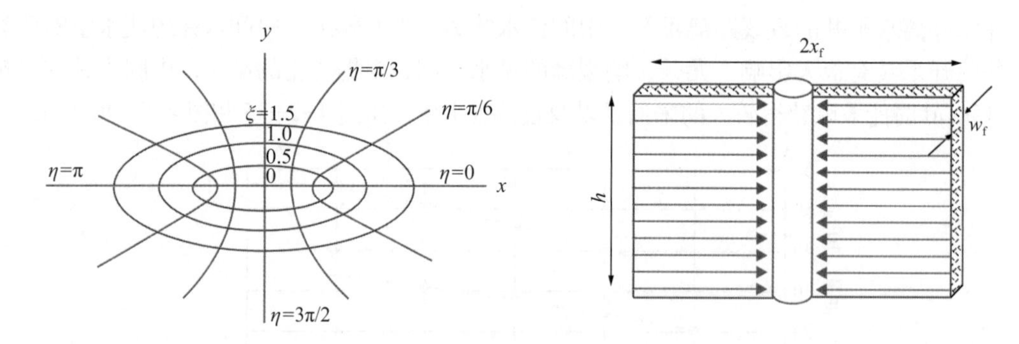

图 4−3−1　垂直裂缝井流动形态示意图

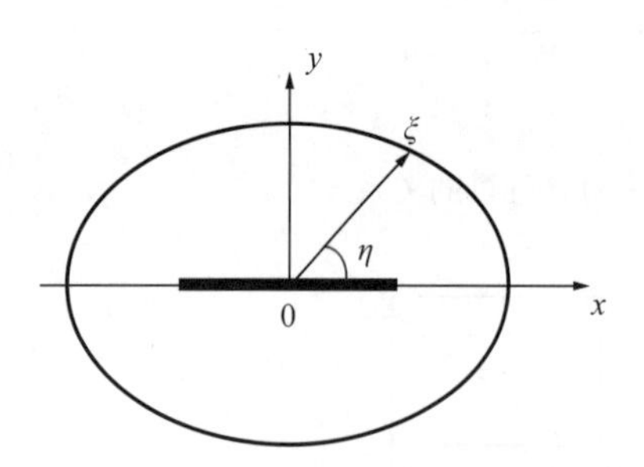

图 4−3−2　垂直裂缝井直角坐标系和椭圆坐标系的关系

（1）油藏—裂缝系统的流动（无限导流垂直裂缝井）。建立如图 4−3−2 所示的直角坐标系和椭圆坐标系。

直角坐标系和椭圆坐标系的变换关系为：

$$\begin{cases} x = a \cdot \cos\eta \\ y = b \cdot \sin\eta \end{cases} \quad \begin{cases} a = x_f \cdot \cosh\xi \\ b = x_f \cdot \sinh\xi \end{cases} \tag{4-3-1}$$

式中　a，b——分别为等压椭圆的长半轴和短半轴，可通过下式求得：

$$\begin{cases} b_i^2 + x_f^2 = a_i^2 \\ a_i = x_f \left[\dfrac{1}{2} + \sqrt{\dfrac{1}{4} + \left(\dfrac{r_e}{x_f} \right)^4} \right]^{\frac{1}{2}} \end{cases} \tag{4-3-2}$$

因此，等压椭圆族和双曲流线族的几何方程为：

$$\begin{cases}\dfrac{x^2}{a^2}+\dfrac{y^2}{b^2}=1\\ \dfrac{x^2}{x_{\mathrm{f}}^2\cos^2\eta}-\dfrac{y^2}{x_{\mathrm{f}}^2\sin^2\eta}=1\end{cases} \tag{4-3-3}$$

椭圆柱体的体积为：

$$V=\pi abh=\pi x_{\mathrm{f}}^2 h\cdot\sinh\xi\cdot\cosh\xi \tag{4-3-4}$$

在 y 方向椭圆柱过流断面的面积可以近似表示为：

$$A=2\cdot 2a\cdot h=4x_{\mathrm{f}}h\cdot\cosh\xi \tag{4-3-5}$$

则其平均质量流速：

$$\overline{v}=\frac{Q}{A}=\frac{Q}{4x_{\mathrm{f}}h\cosh\xi} \tag{4-3-6}$$

平均短半轴半径为：

$$\overline{y}=\frac{2}{\pi}\int_0^{\frac{\pi}{2}}y\cdot\mathrm{d}\eta=\frac{2x_{\mathrm{f}}}{\pi}\sinh\xi \tag{4-3-7}$$

由非达西定律，有：

$$\overline{v}=\frac{\rho K}{\mu}\left(\frac{\mathrm{d}p}{\mathrm{d}\overline{y}}-G\right)=\frac{1}{2}\left[\frac{\mathrm{d}m(p)}{\mathrm{d}\overline{y}}-\alpha Gm\right] \tag{4-3-8}$$

式中

$$m(p)=\frac{\rho K}{\mu}=\frac{\rho_0 K_0}{\mu_0}\cdot\exp\left[\alpha\left(p-p_i\right)\right] \tag{4-3-9}$$

因此，由式（4–3–6）和式（4–3–8）得：

$$\frac{Q}{4x_{\mathrm{f}}h\cosh\xi}=\frac{1}{\alpha}\left[\frac{\mathrm{d}m(p)}{\mathrm{d}\overline{y}}-\alpha Gm\right] \tag{4-3-10}$$

将式（4–3–7）代入式（4–3–10）得到：

$$\frac{\mathrm{d}m}{\mathrm{d}\xi}-\frac{2\alpha Gx_{\mathrm{f}}}{\pi}\cosh\xi\cdot m=\frac{\alpha Q}{2\pi h} \tag{4-3-11}$$

求解该非线性常微分方程，得到：

$$m(p)=\frac{\alpha Q}{2\pi h}\int_{\xi_{\mathrm{i}}}^{\xi}\exp\left[\frac{2\alpha Gx_{\mathrm{f}}}{\pi}\left(\sinh\xi-\sinh u\right)\right]\mathrm{d}u+m\left(p_{\mathrm{i}}\right)\cdot\exp\left[\frac{2\alpha Gx_{\mathrm{f}}}{\pi}\left(\sinh\xi-\sinh\xi_{\mathrm{i}}\right)\right] \tag{4-3-12}$$

因此，裂缝—井筒的压力分布公式为：

$$p = p_{\mathrm{i}} + \frac{1}{\alpha}\ln\left\{\frac{2Q\mu_0}{2\pi\rho_0 K_0 h}\int_{\xi_{\mathrm{i}}}^{\xi}\exp\left[\frac{2\alpha G x_{\mathrm{f}}}{\pi}\left(\sinh\xi - \sinh u\right)\right]\mathrm{d}u + \exp\left[\frac{2\alpha G x_{\mathrm{f}}}{\pi}\left(\sinh\xi - \sinh\xi_{\mathrm{i}}\right)\right]\right\} \tag{4-3-13}$$

如果外边界非恒压于原始地层压力，而是为任意定压边界 $p=p_{\mathrm{e}}$，则式（4-3-13）变为：

$$p = p_{\mathrm{i}} + \frac{1}{\alpha}\ln\left\{\frac{\alpha Q\mu_0}{2\pi\rho_0 K_0 h}\int_{\xi_{\mathrm{i}}}^{\xi}\exp\left[\frac{2\alpha G x_{\mathrm{f}}}{\pi}\left(\sinh\xi - \sinh u\right)\right]\mathrm{d}u + \exp\left[\alpha\left(p_{\mathrm{e}} - p_{\mathrm{i}}\right)\right]\cdot \exp\left[\frac{2\alpha G x_{\mathrm{f}}}{\pi}\left(\sinh\xi - \sinh\xi_{\mathrm{i}}\right)\right]\right\} \tag{4-3-14}$$

因此，可以得到无限导流垂直裂缝井的产能公式：

$$Q = \frac{2\pi\rho_0 K_0 h_0}{\alpha\mu_0}\cdot\frac{\exp\left[\alpha\left(p_{\mathrm{w}} - p_{\mathrm{i}}\right)\right] - \exp\left[\alpha\left(p_{\mathrm{e}} - p_{\mathrm{i}}\right)\right]\cdot\exp\left[\frac{2\alpha G x_{\mathrm{f}}}{\pi}\left(\sinh\xi_{\mathrm{w}} - \sinh\xi_{\mathrm{i}}\right)\right]}{\int_{\xi_{\mathrm{i}}}^{\xi_{\mathrm{w}}}\exp\left[\frac{2\alpha G x_{\mathrm{f}}}{\pi}\left(\sinh\xi_{\mathrm{w}} - \sinh u\right)\right]\mathrm{d}u} \tag{4-3-15}$$

（2）裂缝—井筒系统的流动（有限导流垂直裂缝井）。裂缝—井筒的流动符合线性 Darcy 定律。根据裂缝处耦合流动关系，有：

$$2w_{\mathrm{f}}h\left(K_{\mathrm{f}}\frac{\rho}{\mu}\bigg|_{\xi=\xi_{\mathrm{w}}\approx 0}\cdot\frac{\partial^2 p_{\mathrm{f}}}{\partial\eta^2}\right) + 4x_{\mathrm{f}}h\left(\frac{\rho K}{\mu}\cdot\frac{\partial p}{\partial\xi}\right)\bigg|_{\xi=\xi_{\mathrm{w}}\approx 0} = 0 \tag{4-3-16}$$

通过 $K\big|_{\xi=\xi_{\mathrm{w}}\approx 0} = K_0$ 作线性化处理，得到裂缝内流体渗流的控制方程：

$$\frac{\partial^2 p_{\mathrm{f}}}{\partial\eta^2} + \frac{2}{C_{\mathrm{fD}}}\cdot\frac{\partial p}{\partial\xi}\bigg|_{\xi=\xi_{\mathrm{w}}\approx 0} = 0 \qquad \left(0<\eta<\frac{\pi}{2}\right) \tag{4-3-17}$$

式中

$$C_{\mathrm{fD}} = \frac{K_{\mathrm{f}} w_{\mathrm{f}}}{K_0 x_{\mathrm{f}}}$$

称为无量纲导流能力。

裂缝定产条件：

$$\frac{\partial p_{\mathrm{f}}}{\partial\eta}\bigg|_{\eta=\frac{\pi}{2}} = -\frac{\pi}{C_{\mathrm{fD}}}\left[\frac{Q\mu_0}{2\pi h\rho_0 K_0} + \frac{2G x_{\mathrm{f}}}{\pi}m\left(p\right)\big|_{\xi=\xi_{\mathrm{w}}\approx 0}\right] \tag{4-3-18}$$

裂缝端点处封闭条件：

$$\frac{\partial p_{\mathrm{f}}}{\partial \eta}\bigg|_{\eta=0}=0 \tag{4-3-19}$$

根据式（4-3-12），令数学定解问题式（4-3-17）至式（4-3-19）的试探解

$$p=p_{\mathrm{f}}\cdot\frac{A}{B} \tag{4-3-20}$$

式中

$$A=\frac{\alpha Q\mu_0}{2\pi h\rho_0 K_0}\int_{\xi_{\mathrm{i}}}^{\xi}\exp\left[\frac{2\alpha Gx_{\mathrm{f}}}{\pi}\left(\sinh\xi-\sinh u\right)\right]\mathrm{d}u$$
$$+\exp\left[\alpha\left(p_{\mathrm{e}}-p_{\mathrm{i}}\right)\right]\cdot\exp\left[\frac{2\alpha Gx_{\mathrm{f}}}{\pi}\left(\sinh\xi-\sinh\xi_{\mathrm{i}}\right)\right]$$

$$B=\frac{1}{\alpha}\ln\left\{\frac{\alpha Q\mu_0}{2\pi h\rho_0 K_0}\int_{\xi_{\mathrm{i}}}^{0}\exp\left[-\frac{2\alpha Gx_{\mathrm{f}}}{\pi}\sinh u\right]\mathrm{d}u\right.$$
$$\left.+\exp\left[\alpha\left(p_{\mathrm{e}}-p_{\mathrm{i}}\right)\right]\cdot\exp\left[-\frac{2\alpha Gx_{\mathrm{f}}}{\pi}\sinh\xi_{\mathrm{i}}\right]\right\}$$

将式（4-3-20）带入泛定方程式（4-3-17）中，得到关于 p_{f} 的常微分方程：

$$\frac{\partial^2 p_{\mathrm{f}}}{\partial \eta^2}+\frac{2}{C_{\mathrm{fD}}}\cdot\frac{\dfrac{Q\mu_0}{2\pi h\rho_0 K_0}+\dfrac{2Gx_{\mathrm{f}}}{\pi}m\left(p\right)\Big|_{\xi=\xi_{\mathrm{w}}\approx 0}}{B}\cdot p_{\mathrm{f}}=0 \tag{4-3-21}$$

二阶线性常微分方程式（4-3-21）的解为：

$$p_{\mathrm{f}}=p_{\mathrm{i}}-\frac{\pi}{C_{\mathrm{fD}}\nu}\left[\frac{Q\mu_0}{2\pi h\rho_0 K_0}+\frac{2Gx_{\mathrm{f}}}{\pi}m\left(p\right)\Big|_{\xi=\xi_{\mathrm{w}}\approx 0}\right]\frac{\cosh\left(\nu\eta\right)}{\sinh\left(\dfrac{\pi\nu}{2}\right)} \tag{4-3-22}$$

式中

$$\nu^2=-\frac{2}{C_{\mathrm{fD}}}\cdot\frac{\dfrac{Q\mu_0}{2\pi h\rho_0 K_0}+\dfrac{2Gx_{\mathrm{f}}}{\pi}m\left(p\right)\Big|_{\xi=\xi_{\mathrm{w}}\approx 0}}{B}$$

因此，其井底压力为：

$$p_{\mathrm{w}}=p_{\mathrm{i}}-\frac{\pi}{C_{\mathrm{fD}}\nu}\left[\frac{Q\mu_0}{2\pi h\rho_0 K_0}+\frac{2Gx_{\mathrm{f}}}{\pi}m\left(p\right)\Big|_{\xi=\xi_{\mathrm{w}}\approx 0}\right]\coth\left(\frac{\pi\nu}{2}\right) \tag{4-3-23}$$

这样，求解超越方程式（4-3-23）即可计算有限导流垂直裂缝井的产能。

以上计算中，方程中 ξ_{i} 根据式（4-3-1）和式（4-3-2）确定，ξ_{f}=0。

特别地，如果令 K_{f} 足够大，即不考虑裂缝内流体渗流阻力，则式（4-3-23）可以转化为式（4-3-15）。

进一步，令 α=0，即不考虑压力敏感性的影响，式（4−3−15）可以简化为：

$$Q = \frac{2\pi\rho_0 K_0 h}{\mu_0} \cdot \frac{\left(p_e - p_w\right) + \dfrac{2Gx_f}{\pi}\left(\sinh\xi_w - \sinh\xi_i\right)}{\xi_i - \xi_w} \tag{4-3-24}$$

令 G=0，即不考虑启动压力梯度的影响，式（4−3−15）可以简化为：

$$Q = \frac{2\pi\rho_0 K_0 h \exp\left[\alpha\left(p_e - p_i\right)\right]}{\alpha\mu_0} \cdot \frac{1 - \exp\left[\alpha\left(p_w - p_e\right)\right]}{\xi_i - \xi_w} \tag{4-3-25}$$

令 α=0，G=0，即压力敏感性和启动压力梯度都不考虑时，式（4−3−15）可以简化为：

$$Q = \frac{2\pi\rho_0 K_0 h}{\mu_0} \cdot \frac{p_e - p_w}{\xi_i - \xi_w} \tag{4-3-26}$$

式（4−3−24）、式（4−3−25）和式（4−3−26）与宋付权的研究结果相一致，反映该式的正确性，以及应用更具有广泛性。

2）水平井产能公式

假设在一恒压边界的特低渗透油藏中，存在一口单支水平井。将整个渗流场划分为两部分：一是近水平井筒附近的椭球渗流，将水平井简化为线源，油井生产时在地层中形成对称的共焦点的等压旋转椭球面和双曲面流线族；二是远井地带的椭圆柱体渗流，远井地层中发生平面二维椭圆渗流，即形成以油井为中心、以椭球端点为焦点的共轭等压椭圆柱面和双曲面流线族。如图 4−3−3 所示。

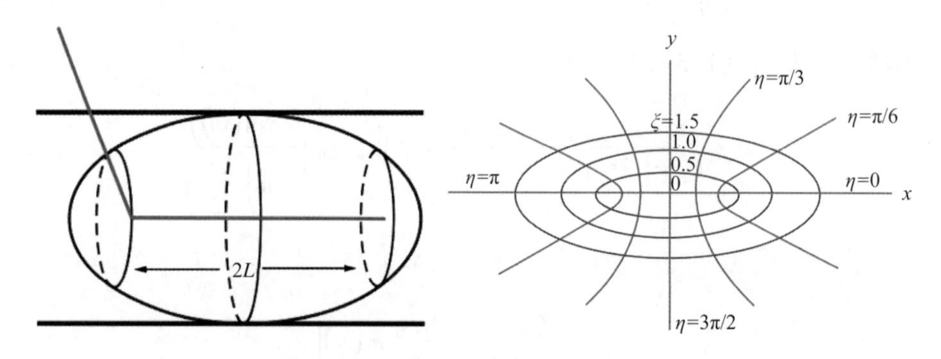

图 4−3−3　水平井流动形态示意图

该储层和流体的物性参数如下：油藏厚度 h，初始渗透率 K_0，原始地层压力 p_i，流体初始密度 ρ_0，流体初始黏度 μ_0，启动压力梯度 G，井的产量 Q，油藏折算半径 r_e，水平段长度 $2L$。并规定以上所有物理量都采用 Darcy 混合单位制。

（1）近水平井筒的椭球渗流。建立如图 4−3−4 所示的直角坐标系和椭圆坐标系。

直角坐标系和椭圆坐标系的变换关系为：

$$\begin{cases} x = a \cdot \cos\eta \\ r = \sqrt{y^2 + z^2} = b \cdot \sin\eta \end{cases} \quad \begin{cases} a = L \cdot \cosh\xi \\ b = L \cdot \sinh\xi \end{cases} \tag{4-3-27}$$

式中　a，b——分别为等压椭球的长半轴和短半轴。

可通过下式求得：

$$\begin{cases} b_e = h \\ a_e = \sqrt{b_e^2 + L^2} \end{cases} \tag{4-3-28}$$

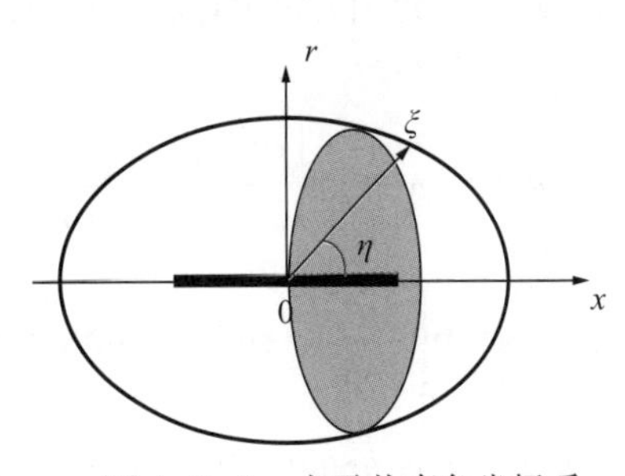

图 4-3-4　水平井直角坐标系和椭圆坐标系的关系

旋转椭球体的体积为：

$$V = \frac{4}{3}\pi ab^2 = \frac{4}{3}\pi L^3 \sinh^2 \xi \cosh \xi \tag{4-3-29}$$

将 r 方向椭球过流断面的面积近似为圆柱的表面积：

$$A = 2a\left(2\pi\overline{r}\right) = 8L^2 \sinh \xi \cosh \xi \tag{4-3-30}$$

式中　$\overline{r}$——平均短半轴半径。

有：

$$\overline{r} = \frac{2}{\pi}\int_0^{\frac{\pi}{2}} r \cdot \mathrm{d}\eta = \frac{2b}{\pi} = \frac{2L\sinh \xi}{\pi} \tag{4-3-31}$$

则其平均质量流速为：

$$\overline{v} = \frac{Q}{A} = \frac{Q}{8L^2 \sinh \xi \cosh \xi} \tag{4-3-32}$$

由非达西定律，有：

$$\overline{v} = \frac{\rho k}{\mu}\left(\frac{\mathrm{d}p}{\mathrm{d}\overline{r}} - G\right) = \frac{1}{\alpha}\left[\frac{\mathrm{d}m(p)}{\mathrm{d}\overline{r}} - \alpha G m\right] \tag{4-3-33}$$

式中

$$m(p) = \frac{\rho k}{\mu} = \frac{\rho_0 K_0}{\mu_0} \cdot \exp\left[\alpha\left(p - p_i\right)\right] \tag{4-3-34}$$

因此，由式（4-3-31）、式（4-3-32）和式（4-3-33）得：

$$\frac{Q}{8L^2 \sinh \xi \cosh \xi} = \frac{1}{\alpha}\left[\frac{\mathrm{d}m(p)}{\mathrm{d}\overline{r}} - \alpha G m\right] \tag{4-3-35}$$

即

$$\frac{\mathrm{d}m}{\mathrm{d}\xi} - \frac{2\alpha GL}{\pi}\cosh \xi \cdot m = \frac{\alpha Q}{4\pi L \sinh \xi} \tag{4-3-36}$$

求解该非线性常微分方程，得到：

$$m(p) = \int_{\xi_w}^{\xi} \frac{\exp\left(-\frac{2\alpha GL}{\pi}\sinh u\right)}{\exp\left(-\frac{2\alpha GL}{\pi}\sinh \xi\right)} \cdot \frac{\alpha Q}{4\pi L \sinh u}\mathrm{d}u + m\left(p_w\right)\frac{\exp\left(-\frac{2\alpha GL}{\pi}\sinh \xi_w\right)}{\exp\left(-\frac{2\alpha GL}{\pi}\sinh \xi\right)} \tag{4-3-37}$$

因此，水平井近井附近的椭球渗流压力分布公式为：

$$p = p_{\mathrm{w}} + \frac{1}{\alpha}\ln\left\{\frac{\alpha Q\mu_0 \exp\left[\alpha\left(p_{\mathrm{i}} - p_{\mathrm{w}}\right)\right]}{4\pi\rho_0 K_0 L}\int_{\xi_{\mathrm{w}}}^{\xi}\frac{\exp\left[\frac{2\alpha GL}{\pi}\left(\sinh\xi - \sinh u\right)\right]}{\sinh u}\mathrm{d}u + \exp\left[\frac{2\alpha GL}{\pi}\left(\sinh\xi - \sinh\xi_{\mathrm{w}}\right)\right]\right\} \tag{4-3-38}$$

则在椭球交界面处的压力分布公式为：

$$p_{\mathrm{j}} = p_{\mathrm{w}} + \frac{1}{\alpha}\ln\left\{\frac{\alpha Q\mu_0 \exp\left[\alpha\left(p_{\mathrm{i}} - p_{\mathrm{w}}\right)\right]}{4\pi\rho_0 K_0 L}\int_{\xi_{\mathrm{w}}}^{\xi_{\mathrm{e}}}\frac{\exp\left[\frac{2\alpha GL}{\pi}\left(\sinh\xi_{\mathrm{e}} - \sinh u\right)\right]}{\sinh u}\mathrm{d}u + \exp\left[\frac{2\alpha GL}{\pi}\left(\sinh\xi_{\mathrm{e}} - \sinh\xi_{\mathrm{w}}\right)\right]\right\} \tag{4-3-39}$$

（2）远井地带的椭圆柱体渗流。水平井远井地带的椭圆柱渗流压力分布公式直接采用式（4−3−14）的结果（用 $\sqrt{h^2+L^2}$ 替换 x_{f}），有：

$$p_{\mathrm{j}} = p_{\mathrm{i}} + \frac{1}{\alpha}\ln\left\{\frac{\alpha Q\mu_0}{2\pi\rho_0 K_0 h}\int_{\xi_{\mathrm{i}}}^{\xi}\frac{\exp\left[\frac{2\alpha G\sqrt{h^2+L^2}}{\pi}\left(\sinh\xi - \sinh u\right)\right]}{\sinh u}\mathrm{d}u + \exp\left[\alpha\left(p_{\mathrm{e}} - p_{\mathrm{i}}\right)\right]\cdot\exp\left[\frac{2\alpha G\sqrt{h^2+L^2}}{\pi}\left(\sinh\xi - \sinh\xi_{\mathrm{i}}\right)\right]\right\} \tag{4-3-40}$$

则在椭球交界面处的压力分布公式为：

$$p_{\mathrm{j}} = p_{\mathrm{i}} + \frac{1}{\alpha}\ln\left\{\frac{\alpha Q\mu_0}{2\pi\rho_0 K_0 h}\int_{\xi_{\mathrm{i}}}^{\xi_{\mathrm{e}}}\exp\left[\frac{2\alpha G\sqrt{h^2+L^2}}{\pi}\left(\sinh\xi_{\mathrm{e}} - \sinh u\right)\right]\mathrm{d}u + \exp\left[\alpha\left(p_{\mathrm{e}} - p_{\mathrm{i}}\right)\right]\cdot\exp\left[\frac{2\alpha G\sqrt{h^2+L^2}}{\pi}\left(\sinh\xi_{\mathrm{e}} - \sinh\xi_{\mathrm{i}}\right)\right]\right\} \tag{4-3-41}$$

（3）水平井产能计算公式。联立式（4−3−39）和式（4−3−41），以及在椭球交界面处压力相等，即 $\xi=\xi_{\mathrm{e}}$ 时，$p=p_{\mathrm{j}}$，得到水平井的产能计算方程：

$$\alpha\left(p_{\mathrm{i}} - p_{\mathrm{w}}\right) = \ln\left\{\frac{\alpha Q\mu_0 \exp\left[\alpha\left(p_{\mathrm{i}} - p_{\mathrm{w}}\right)\right]}{4\pi\rho_0 K_0 L}\int_{\xi_{\mathrm{w}}}^{\xi_{\mathrm{e}}}\frac{\exp\left[\frac{2\alpha GL}{\pi}\left(\sinh\xi_{\mathrm{e}} - \sinh u\right)\right]}{\sinh u}\mathrm{d}u + \exp\left[\frac{2\alpha GL}{\pi}\left(\sinh\xi_{\mathrm{e}} - \sinh\xi_{\mathrm{w}}\right)\right]\right\}$$

$$-\ln\left\{\frac{\alpha Q\mu_0}{2\pi\rho_0 K_0 h}\int_{\xi_i}^{\xi_e}\frac{\exp\left[\frac{2\alpha G\sqrt{h^2+L^2}}{\pi}\left(\sinh\xi_e-\sinh u\right)\right]}{\sinh u}\mathrm{d}u\right.$$
$$\left.+\exp\left[\alpha\left(p_e-p_i\right)\right]\cdot\exp\left[\frac{2\alpha G\sqrt{h^2+L^2}}{\pi}\left(\sinh\xi_e-\sinh\xi_i\right)\right]\right\} \quad (4-3-42)$$

即

$$Q=\frac{2\pi\rho_0 K_0 h}{\alpha\mu_0}\cdot\exp\left[\alpha\left(p_e-p_i\right)\right]$$
$$\times\frac{\exp\left[\frac{2\alpha G\sqrt{h^2+L^2}}{\pi}\left(\sinh\xi_e-\sinh\xi_i\right)\right]-\exp\left[\alpha\left(p_w-p_e\right)\right]\cdot\exp\left[\frac{2\alpha GL}{\pi}\left(\sinh\xi_e-\sinh\xi_w\right)\right]}{\frac{h}{2L}\int_{\xi_w}^{\xi_e}\frac{\exp\left[\frac{2\alpha GL}{\pi}\left(\sinh\xi_e-\sinh u\right)\right]}{\sinh u}\mathrm{d}u-\int_{\xi_i}^{\xi_e}\exp\left[\frac{2\alpha G\sqrt{h^2+L^2}}{\pi}\left(\sinh\xi_e-\sinh u\right)\right]\mathrm{d}u}$$

(4-3-43)

方程中 ξ_e 由式（4-3-28）和式（4-3-27）确定，有：

$$\xi_e=\operatorname{arcosh}\frac{\sqrt{h^2+L^2}}{L}$$

ξ_i 根据式（4-3-1）和式（4-3-2）确定（用 $\sqrt{h^2+L^2}$ 替换式（4-3-2）中的 x_f），有：

$$\xi_i=\operatorname{arcosh}\sqrt{\frac{1}{2}+\sqrt{\frac{1}{4}+\left(\frac{r_e}{\sqrt{h^2+L^2}}\right)^4}}$$

$$\xi_w\approx\operatorname{arsinh}\frac{\pi r_w}{2L}$$

特别地，如果令 α=0，即不考虑压力敏感性的影响，式（4-3-43）可以简化为：

$$Q=\frac{2\pi\rho_0 K_0 h}{\mu_0}\cdot\frac{\left(p_e-p_w\right)-\frac{2G\sqrt{h^2+L^2}}{\pi}\left(\sinh\xi_i-\sinh\xi_e\right)-\frac{2GL}{\pi}\left(\sinh\xi_e-\sinh\xi_w\right)}{\left(\xi_i-\xi_e\right)+\frac{h}{2L}\left[\ln\left(\tanh\frac{\xi_e}{2}\right)-\ln\left(\tanh\frac{\xi_w}{2}\right)\right]}$$

(4-3-44)

令 G=0，即不考虑启动压力梯度的影响，式（4-3-43）可以简化为：

$$Q=\frac{2\pi\rho_0 K_0 h\exp\left[\alpha\left(p_e-p_i\right)\right]}{\alpha\mu_0}\cdot\frac{\exp\left[\alpha\left(p_w-p_e\right)\right]}{\left(\xi_i-\xi_e\right)+\frac{h}{2L}\left[\ln\left(\tanh\frac{\xi_e}{2}\right)-\ln\left(\tanh\frac{\xi_w}{2}\right)\right]} \quad (4-3-45)$$

令 α=0，G=0，即压力敏感性和启动压力梯度都不考虑时，式（4−3−43）可以简化为：

$$Q=\frac{2\pi\rho_0 K_0 h}{\mu_0}\cdot\frac{p_e-p_w}{(\xi_i-\xi_e)+\frac{h}{2L}\left[\ln\left(\tanh\frac{\xi_e}{2}\right)-\ln\left(\tanh\frac{\xi_w}{2}\right)\right]} \tag{4-3-46}$$

式（4−3−46）与 Joshi 公式类似，但有两点区别：一是 Joshi 公式内阻采用等值阻力法计算，本公式采用椭球体计算；二是 Joshi 公式内阻项既在垂直阻力项算过一次，又在水平阻力项算了一部分，有部分重复，因此，理论意义上本公式比 Joshi 公式更为精确。

3）压裂水平井产能公式

当水平井筒方向与最大主应力方向平行时，则压裂裂缝与井筒方向相一致，形成纵向裂缝；当水平井筒方向与最小主应力方向平行时，则压裂裂缝与井筒方向垂直，形成横向裂缝，如图 4−3−5 所示。

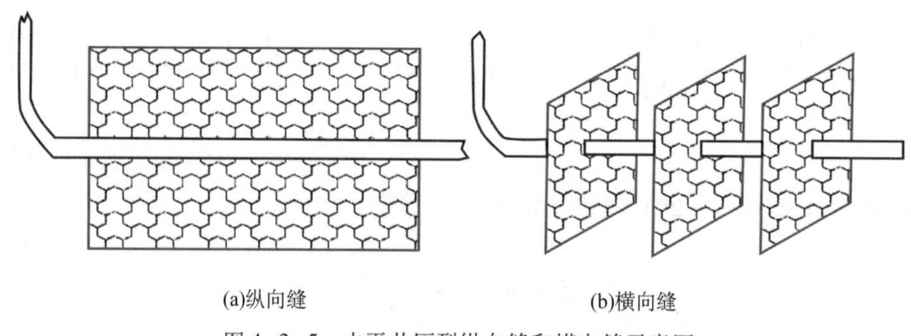

(a)纵向缝　　(b)横向缝

图 4−3−5　水平井压裂纵向缝和横向缝示意图

（1）纵向裂缝水平井产能公式。纵向裂缝水平井的渗流形态与垂直裂缝井相似，只是垂直裂缝井裂缝内的 Darcy 线性流动是水平方向，而纵向裂缝水平井裂缝内的 Darcy 线性流动为垂直方向，如图 4−3−6 所示。因此，在式（4−3−23）的基础上通过在缝内添加附加压力降的方法加以修正即可得到纵向裂缝水平井的产能方程。

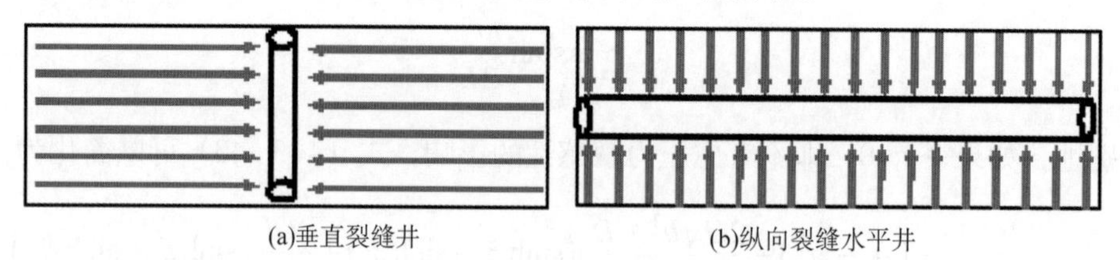

(a)垂直裂缝井　　(b)纵向裂缝水平井

图 4−3−6　垂直裂缝井与纵向裂缝水平井缝内流动差异示意图

流体在垂直裂缝井压裂裂缝内的流动压力降：

$$p-p_w=\frac{Q\mu_0(h/2)}{2\rho_0 K_f w_f h} \tag{4-3-47}$$

流体在水平井纵向压裂裂缝内的流动压力降：

$$p-p_w=\frac{Q\mu_0\left(\frac{h}{2}-r_w\right)}{4\rho_0 K_f x_f w_f} \tag{4-3-48}$$

因此，两种不同渗流方式的附加压力降：

$$\Delta p_{\text{skin}}=\frac{Q\mu_0}{2\rho_0 K_{\text{f}} w_{\text{f}}}\left(\frac{h-2r_{\text{w}}}{4x_{\text{f}}}-\frac{1}{2}\right) \tag{4-3-49}$$

根据式（4−3−23）和式（4−3−49），得到纵向压裂水平井的产能计算方程：

$$p_{\text{w}}=p_{\text{i}}-\frac{\pi}{C_{\text{fD}}\nu}\left[\frac{Q\mu_0}{2\pi h\rho_0 K_0}+\frac{2Gx_{\text{f}}}{\pi}m(p)\Big|_{\xi=\xi_{\text{w}}\approx 0}\right]\coth\left(\frac{\pi\nu}{2}\right)-\frac{Q\mu_0}{2\rho_0 K_{\text{f}} w_{\text{f}}}\left(\frac{h-2r_{\text{w}}}{4x_{\text{f}}}-\frac{1}{2}\right) \tag{4-3-50}$$

超越方程式（4−3−50）的计算方法与有限导流垂直裂缝井相同。

(2) 横向裂缝水平井产能公式。其求解思路是：首先求得横向压裂水平井单条裂缝的产量公式，根据当量井径原理，将其等效为直井的当量井径，进而通过叠加原理，求得带任意压裂裂缝条数的横向压裂水平井产能公式。

①径向聚流效应的表皮因子。对于水平井所穿越的任意一条横向裂缝的渗流形态与垂直裂缝井相似，只是垂直裂缝井裂缝内的 Darcy 线性流动是线性方向，而横向裂缝水平井裂缝内的 Darcy 线性流动分为两个部分：一是近井筒附近的径向流动，二是裂缝内远离井筒的线性流动。因此，流体在水平井横向压裂裂缝内的流动与在有限导流垂直裂缝井压裂裂缝内的流动相比，在井筒附近（半径为 $h/2$）因径向流动而产生附加压力降，这一现象称为径向聚流效应，如图 4−3−7 所示。可以采用表皮因子的方法对这一效应进行定量表征。

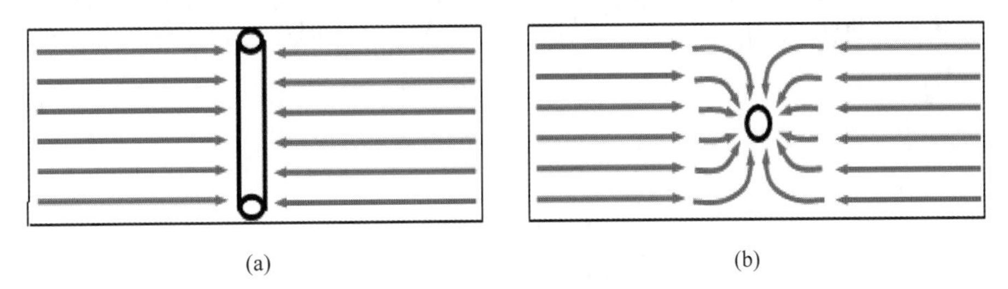

图 4−3−7　径向聚流效应示意图

流体在有限导流垂直裂缝井压裂裂缝内的流动压力降：

$$p-p_{\text{w}}=\frac{Q\mu(h/2)}{2K_{\text{f}} w_{\text{f}} h} \tag{4-3-51}$$

流体在水平井横向压裂裂缝内的流动压力降：

$$p-p_{\text{w}}=\frac{Q\mu}{2\pi K_{\text{f}} w_{\text{f}}}\ln\frac{h}{2r_{\text{w}}} \tag{4-3-52}$$

因此，两种不同渗流方式的附加压力降：

$$\Delta p_{\text{skin}}=\frac{Q\mu}{2\pi Kh}\left[\frac{Kh}{K_{\text{f}} w_{\text{f}}}\left(\ln\frac{h}{2r_{\text{w}}}-\frac{\pi}{2}\right)\right] \tag{4-3-53}$$

则径向聚流效应的表皮因子表达式为：

$$s=\frac{2\pi Kh\Delta p_{\text{skin}}}{Q\mu}=\frac{Kh}{K_{\text{f}}w_{\text{f}}}\left[\ln\left(\frac{h}{2r_{\text{w}}}\right)-\frac{\pi}{2}\right] \tag{4-3-54}$$

根据式（4-3-23）和式（4-3-49），得到横向压裂水平井单条裂缝的产量计算方程：

$$p_{\text{w}}=p_{\text{i}}-\frac{\pi}{C_{\text{fD}}\nu}\left[\frac{Q\mu_0}{2\pi h\rho_0K_0}+\frac{2Gx_{\text{f}}}{\pi}m(p)\Big|_{\xi=\xi_{\text{w}}\approx 0}\right]\coth\left(\frac{\pi\nu}{2}\right)-\frac{Q\mu_0}{2\pi h\rho_0K_0}\left[\frac{K_0h}{K_{\text{f}}w_{\text{f}}}\left(\ln\frac{h}{2r_{\text{w}}}-\frac{\pi}{2}\right)\right] \tag{4-3-55}$$

②当量井径原理。若已知某一复杂井型在复杂条件下的产量公式，可以使之与 Darcy 渗流条件下的普通直井产量公式相比，当产量相等时所得到的等效井筒半径为当量井径，用 r_{equ} 表示。

根据 Darcy 渗流条件下直井的经典 Dupuit 公式，有：

$$Q=\frac{2\pi Kh(p_{\text{e}}-p_{\text{w}})}{\mu\ln\frac{r_{\text{e}}}{r_{\text{w}}}} \tag{4-3-56}$$

因此，将式（4-3-55）与式（4-3-56）作比，可以得到横向压裂水平井单条裂缝的当量井径 r_{equ}。

$$p_{\text{w}}=p_{\text{i}}-\frac{\pi}{C_{\text{fD}}\nu}\left[\frac{p_{\text{e}}-p_{\text{w}}}{\ln(r_{\text{e}}/r_{\text{equ}})}+\frac{2Gx_{\text{f}}}{\pi}m(p)\Big|_{\xi=\xi_{\text{w}}\approx 0}\right]\coth\left(\frac{\pi\nu}{2}\right)-\frac{p_{\text{e}}-p_{\text{w}}}{\ln(r_{\text{e}}/r_{\text{equ}})}\cdot\left[\frac{K_0h}{K_{\text{f}}w_{\text{f}}}\left(\ln\frac{h}{2r_{\text{w}}}-\frac{\pi}{2}\right)\right] \tag{4-3-57}$$

式中

$$\nu^2=-\frac{2}{C_{\text{fD}}}\cdot\frac{\dfrac{p_{\text{e}}-p_{\text{w}}}{\ln(r_{\text{e}}/r_{\text{equ}})}+\dfrac{2Gx_{\text{f}}}{\pi}m(p)\Big|_{\xi=\xi_{\text{w}}\approx 0}}{B}$$

$$B=\frac{1}{\alpha}\ln\left\{\frac{\alpha(p_{\text{e}}-p_{\text{w}})}{\ln(r_{\text{e}}/r_{\text{equ}})}\int_{\xi_{\text{i}}}^{0}\exp\left[-\frac{2\alpha Gx_{\text{f}}}{\pi}\sinh u\right]\text{d}u+\exp\left[\alpha(p_{\text{e}}-p_{\text{i}})\right]\cdot\exp\left[-\frac{2\alpha Gx_{\text{f}}}{\pi}\sinh\xi_{\text{i}}\right]\right\}$$

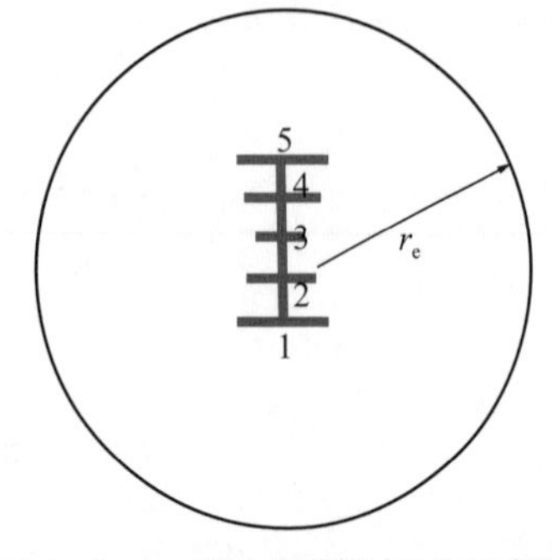

图 4-3-8　横向压裂水平井示意图

③压裂水平井产能计算方法。横向压裂水平井示意图如图 4-3-8 所示。

a. 1 条压裂裂缝情形。1 条压裂裂缝情形采用通过求解式（4-3-50）即可得到。

b. 2 条压裂裂缝情形。假设 2 条裂缝具有完全相同的性质，即具有相同的当量井径和产量。则根据叠加原理，有：

$$\begin{cases} p_{\mathrm{w}} - C = \dfrac{\mu_0 Q_{\mathrm{f}}}{2\pi\rho_0 K_0 h}\ln\left(m r_{\mathrm{equ}}\right) \\ p_{\mathrm{e}} - C = \dfrac{Q\mu_0}{2\pi\rho_0 K_0 h}\ln r_{\mathrm{e}} \\ Q = 2Q_{\mathrm{f}} \end{cases} \tag{4-3-58}$$

求解得到：

$$p_{\mathrm{e}} - p_{\mathrm{w}} = \frac{Q\mu_0}{2\pi\rho_0 K_0 h}\ln\frac{r_{\mathrm{e}}}{\sqrt{m r_{\mathrm{equ}}}} \tag{4-3-59}$$

式中　m——两条裂缝间距。

通过求解式（4-3-59）即可得到压裂水平井带 2 条横向裂缝时的产能。

c. 3 条压裂裂缝情形。假设第 1、第 3 条裂缝具有完全相同的性质，即具有相同的当量井径 r_{equ1} 和产量 Q_{f1}，第 2 条裂缝的当量井径为 r_{equ2}、产量为 Q_{f2}，其间距均为 m，则根据叠加原理，有：

$$\begin{cases} p_{\mathrm{w}} - C = \dfrac{\mu_0}{2\pi\rho_0 K_0 h}\left[Q_{\mathrm{f1}}\ln\left(2m r_{\mathrm{equ1}}\right) + Q_{\mathrm{f2}}\ln m\right] \\ p_{\mathrm{w}} - C = \dfrac{\mu_0}{2\pi\rho_0 K_0 h}\left(Q_{\mathrm{f1}}\ln m^2 + Q_{\mathrm{f2}}\ln r_{\mathrm{equ2}}\right) \\ p_{\mathrm{e}} - C = \dfrac{Q\mu_0}{2\pi\rho_0 K_0 h}\ln r_{\mathrm{e}} \\ Q = 2Q_{\mathrm{f1}} + Q_{\mathrm{f2}} \end{cases} \tag{4-3-60}$$

求解得到：

$$p_{\mathrm{e}} - p_{\mathrm{w}} = \frac{Q\mu_0}{2\pi\rho_0 K_0 h}\ln\frac{r_{\mathrm{e}}}{\left(2m r_{\mathrm{equ1}}\right)^{\kappa} m^{\tau}} \tag{4-3-61}$$

式中

$$\kappa = \frac{\ln\dfrac{r_{\mathrm{equ2}}}{m}}{2\ln\dfrac{r_{\mathrm{equ2}}}{m} + \ln\dfrac{2r_{\mathrm{equ1}}}{m}}$$

$$\tau = \frac{\ln\dfrac{2r_{\mathrm{equ1}}}{m}}{2\ln\dfrac{r_{\mathrm{equ2}}}{m} + \ln\dfrac{2r_{\mathrm{equ1}}}{m}}$$

通过求解式（4-3-61）即可得到压裂水平井带 3 条横向裂缝时的产能。

d. 4 条压裂裂缝情形。假设第 1、第 4 条裂缝具有完全相同的性质，即具有相同的当量井径 r_{equ1} 和产量 Q_{f1}，第 2、第 3 条裂缝具有完全相同的性质，即具有相同的当量井径

r_{equ2} 和产量 Q_{f2}，其间距均为 m。则根据叠加原理，有：

$$\begin{cases} p_w - C = \dfrac{\mu_0}{2\pi\rho_0 K_0 h}\left[Q_{f1}\ln\left(3mr_{equ1}\right) + Q_{f2}\ln\left(2m^2\right)\right] \\ p_w - C = \dfrac{\mu_0}{2\pi\rho_0 K_0 h}\left[Q_{f1}\ln\left(2m^2\right) + Q_{f2}\ln\left(mr_{equ2}\right)\right] \\ p_e - C = \dfrac{Q\mu_0}{2\pi\rho_0 K_0 h}\ln r_e \\ Q = 2Q_{f1} + 2Q_{f2} \end{cases} \tag{4-3-62}$$

求解得到：

$$p_e - p_w = \frac{Q\mu_0}{2\pi\rho_0 K_0 h}\ln\frac{r_e}{\left(3mr_{equ1}\right)^{\kappa}\left(2m^2\right)^{\tau}} \tag{4-3-63}$$

式中

$$\kappa = \frac{\ln\dfrac{r_{equ2}}{2m}}{2\left(\ln\dfrac{r_{equ2}}{2m} + \ln\dfrac{3r_{equ1}}{2m}\right)}$$

$$\tau = \frac{\ln\dfrac{3r_{equ1}}{2m}}{2\left(\ln\dfrac{r_{equ2}}{2m} + \ln\dfrac{3r_{equ1}}{2m}\right)}$$

通过求解式（4−3−63）即可得到压裂水平井带 4 条横向裂缝时的产能。

$$\begin{cases} p_w - C = \dfrac{\mu_0}{2\pi\rho_0 K_0 h}\left[Q_{f1}\ln\left(4mr_{equ1}\right) + Q_{f2}\ln\left(3m^2\right) + Q_{f3}\ln\left(2m\right)\right] \\ p_w - C = \dfrac{\mu_0}{2\pi\rho_0 K_0 h}\left[Q_{f1}\ln\left(3m^2\right) + Q_{f2}\ln\left(2mr_{equ2}\right) + Q_{f3}\ln\left(m\right)\right] \\ p_w - C = \dfrac{\mu_0}{2\pi\rho_0 K_0 h}\left[Q_{f1}\ln\left(4m^2\right) + Q_{f2}\ln\left(m^2\right) + Q_{f3}\ln\left(r_{equ3}\right)\right] \\ p_e - C = \dfrac{Q\mu_0}{2\pi\rho_0 K_0 h}\ln r_e \\ Q = 2Q_{f1} + 2Q_{f2} + Q_{f3} \end{cases} \tag{4-3-64}$$

e. 5 条压裂裂缝情形。假设第 1、第 5 条裂缝具有完全相同的性质，即具有相同的当量井径 r_{equ1} 和产量 Q_{f1}，第 2、第 4 条裂缝具有完全相同的性质，即具有相同的当量井径 r_{equ2} 和产量 Q_{f2}，第 3 条裂缝的当量井径为 r_{equ3}、产量为 Q_{f3}，其间距均为 m，则根据叠加原理，由式（4−3−64）求解得到：

$$p_e - p_w = \frac{Q\mu_0}{2\pi\rho_0 K_0 h} \ln \frac{r_e}{\left(4mr_{\text{equ1}}\right)^{\kappa}\left(3m^2\right)^{\tau}\left(2m\right)^{\omega}} \tag{4-3-65}$$

式中

$$\kappa = \frac{\ln\frac{2r_{\text{equ2}}}{3m}\ln\frac{r_{\text{equ3}}}{2m} - \ln3\ln2}{2\left(\ln\frac{2r_{\text{equ2}}}{3m}\ln\frac{r_{\text{equ3}}}{2m} - \ln3\ln2\right) + 2\left(\ln\frac{4r_{\text{equ1}}}{3m}\ln\frac{r_{\text{equ3}}}{2m} + \ln\frac{r_{\text{equ1}}}{m}\ln2\right) + \left(\ln\frac{r_{\text{equ1}}}{m}\ln\frac{2r_{\text{equ2}}}{3m} + \ln\frac{4r_{\text{equ1}}}{3m}\ln3\right)}$$

$$\tau = \frac{\ln\frac{4r_{\text{equ1}}}{3m}\ln\frac{r_{\text{equ3}}}{2m} + \ln\frac{r_{\text{equ1}}}{m}\ln2}{2\left(\ln\frac{2r_{\text{equ2}}}{3m}\ln\frac{r_{\text{equ3}}}{2m} - \ln3\ln2\right) + 2\left(\ln\frac{4r_{\text{equ1}}}{3m}\ln\frac{r_{\text{equ3}}}{2m} + \ln\frac{r_{\text{equ1}}}{m}\ln2\right) + \left(\ln\frac{r_{\text{equ1}}}{m}\ln\frac{2r_{\text{equ2}}}{3m} + \ln\frac{4r_{\text{equ1}}}{3m}\ln3\right)}$$

$$\omega = \frac{\ln\frac{r_{\text{equ1}}}{m}\ln\frac{2r_{\text{equ2}}}{3m} + \ln\frac{4r_{\text{equ1}}}{3m}\ln3}{2\left(\ln\frac{2r_{\text{equ2}}}{3m}\ln\frac{r_{\text{equ3}}}{2m} - \ln3\ln2\right) + 2\left(\ln\frac{4r_{\text{equ1}}}{3m}\ln\frac{r_{\text{equ3}}}{2m} + \ln\frac{r_{\text{equ1}}}{m}\ln2\right) + \left(\ln\frac{r_{\text{equ1}}}{m}\ln\frac{2r_{\text{equ2}}}{3m} + \ln\frac{4r_{\text{equ1}}}{3m}\ln3\right)}$$

通过求解式（4−3−65）即可得到压裂水平井带 5 条横向裂缝时的产能。

如果继续增加裂缝条数，其求解思路与上面完全相同。只是超过 6 条裂缝时，解析求解线性代数方程组比较繁琐，因此这里不再冗述。

采用同样的方法可以计算水平段射孔时的产能。

因此，该方法可以计算水平段射孔 m 段、具有 n 条横向裂缝的水平井产能。

2. 水平井井网产能预测公式

1）水平井面积井网产能计算公式

（1）求解思想。

①渗流场劈分原理。以水平井—直井五点混合井网为例进行说明。从图 4−3−9 可以看出，可以将整个面积井网单元的渗流场劈分为 3 个子渗流场，即直井周围的平面径向渗流场、远离水平井地带的椭圆柱体渗流场和近水平井筒附近的椭球渗流场。不考虑渗流场交界面的形状，只记交界面处的压力：径向渗流场与水平井远部椭圆柱渗流场交界面处压力为 p_r，水平井远部椭圆柱渗流场与近井筒椭球渗流场交界面处压力为 p_j。

因此，只要根据直井、水平井、垂直裂缝井等不同井型的产能计算公式，在注采平衡条件下进行联立求解，消去交界面处压力，即可得到各种组合形式的井网产能计算方程。

关于水平井和垂直裂缝井的产能计算公式在前面已有详细推导，这里仅简要说明普通直井的径向渗流产能计算方法。

②考虑启动压力梯度和压敏效应的直井径向渗流产能公式。

考虑启动压力梯度和压敏效应的平面径向渗流控制方程：

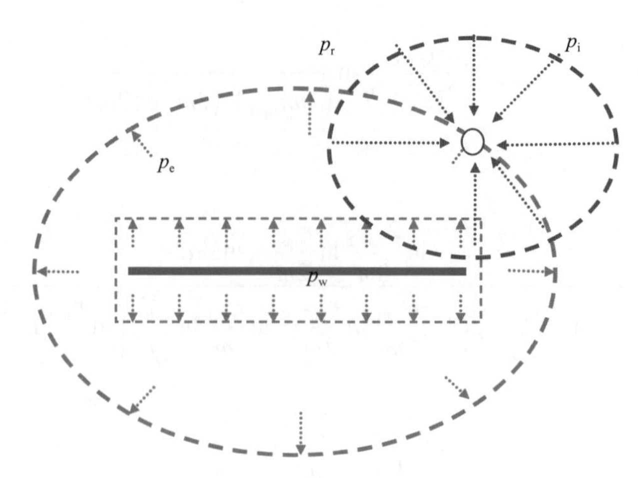

图 4-3-9　五点法面积井网单元渗流场简化俯视图

$$\frac{1}{r}\nabla\cdot\left[r\rho\frac{K}{\mu}(\nabla p-G)\right]=0 \tag{4-3-66}$$

记拟压力函数为：

$$m(p)=\exp\left[\alpha\left(p-p_{\mathrm{i}}\right)\right]=\frac{\mu_0}{\rho_0 K_0}\cdot\frac{\rho K}{\mu} \tag{4-3-67}$$

将其带入式（4-3-66），写成径向渗流形式为：

$$\frac{\mathrm{d}^2 m}{\mathrm{d}r^2}+\frac{1}{r}\frac{\mathrm{d}m}{\mathrm{d}r}-\alpha G\left(\frac{\mathrm{d}m}{\mathrm{d}r}+\frac{m}{r}\right)=0 \tag{4-3-68}$$

若令

$$\xi=\frac{\mathrm{d}m}{\mathrm{d}r}-\alpha Gm \tag{4-3-69}$$

则式（4-3-68）可以化简为：

$$r\frac{\mathrm{d}\xi}{\mathrm{d}r}+\xi=0 \tag{4-3-70}$$

式（4-3-70）的解为：

$$\xi=\frac{c_1}{r} \tag{4-3-71}$$

由式（4-3-69）和式（4-3-71）得到：

$$\frac{\mathrm{d}m}{\mathrm{d}r}-\alpha Gm-\frac{c_1}{r}=0 \tag{4-3-72}$$

设

$$\zeta=m\exp(-\alpha Gr) \tag{4-3-73}$$

则式（4-3-72）变为：

$$\frac{\mathrm{d}\zeta}{\mathrm{d}r}-\frac{c_1}{r}\exp\left(-\alpha Gr\right)=0 \tag{4-3-74}$$

求解式（4-3-74）得到：

$$\zeta=c_1\cdot\int_{r_e}^{r}\frac{\exp\left(-\alpha Gr\right)}{r}\mathrm{d}r+c_2 \tag{4-3-75}$$

即

$$m=\exp\left(\alpha Gr\right)\cdot\left[c_1\cdot\int_{r_e}^{r}\frac{\exp\left(-\alpha Gr\right)}{r}\mathrm{d}r+c_2\right] \tag{4-3-76}$$

因此压力分布方程为：

$$p=p_i+\frac{1}{\alpha}\cdot\ln\left\{\exp\left(\alpha Gr\right)\cdot\left[c_1\cdot\int_{r_e}^{r}\frac{\exp\left(-\alpha Gr\right)}{r}\mathrm{d}r+c_2\right]\right\} \tag{4-3-77}$$

通过内外定压边界条件 $p=p_i$（$r=r_e$）和 $p=p_w$（$r=r_w$），可以确定常数 c_1 和 c_2：

$$c_1=\frac{\exp\left[-\alpha\left(p_i-p_w+Gr_w\right)\right]-\exp\left(-\alpha Gr_e\right)}{\int_{r_e}^{r_w}\frac{\exp\left(-\alpha Gr\right)}{r}\mathrm{d}r}$$

或

$$c_1=\frac{\exp\left[-\alpha\left(p_i-p_w+Gr_w\right)\right]-\exp\left(-\alpha Gr_e\right)}{-E_i\left(-\alpha Gr_e\right)+E_i\left(-\alpha Gr_w\right)} \tag{4-3-78}$$

$$c_2=\exp\left(-\alpha Gr_e\right) \tag{4-3-79}$$

因此，一维径向非线性稳态渗流的压力分布公式为：

$$p=p_i+Gr+\frac{1}{\alpha}\cdot\ln\left\{c_1\cdot\left[-\mathrm{Ei}\left(-\alpha Gr_e\right)+\mathrm{Ei}\left(-\alpha Gr\right)\right]+c_2\right\} \tag{4-3-80}$$

式中

$$-\mathrm{Ei}\left(-x\right)=\int_{x}^{+\infty}\frac{\mathrm{e}^{-u}}{u}\mathrm{d}u$$

是幂积分函数，当 $x<0.01$ 时，有：

$$-\mathrm{Ei}\left(-x\right)\approx-\ln\left(0.781x\right)$$

当 $x\geqslant10$ 时，有：

$$-\mathrm{Ei}\left(-x\right)\approx0$$

根据非达西定律，得到考虑启动压力梯度和压敏效应的平面径向渗流产量公式：

$$Q=\frac{2\pi\rho_0K_0h}{\mu_0}\cdot\frac{\exp\left[-\alpha\left(p_i-p_w+Gr_w\right)\right]-\exp\left(-\alpha Gr_e\right)}{\alpha\cdot\int_{r_e}^{r_w}\frac{\exp\left(-\alpha Gr\right)}{r}\mathrm{d}r} \tag{4-3-81}$$

如果外边界非恒压于原始地层压力，而是为任意定压边界 $p=p_e$（$r=r_e$），则通过式（4-3-80）可以确定常数 c_1 和 c_2 为：

$$c_1=\frac{\exp\left[-\alpha\left(p_i-p_w+Gr_w\right)\right]-\exp\left[-\alpha\left(p_e-p_i\right)-\alpha Gr_e\right]}{\int_{r_e}^{r_w}\frac{\exp\left(-\alpha Gr\right)}{r}dr} \tag{4-3-82}$$

$$c_2=\exp\left[\alpha\left(p_e-p_i\right)-\alpha Gr_e\right] \tag{4-3-83}$$

此时，式（4-3-81）变为：

$$Q=\frac{2\pi\rho_0K_0h}{\mu_0}\cdot\frac{\exp\left[-\alpha\left(p_i-p_w+Gr_w\right)\right]-\exp\left[\alpha\left(p_e-p_i\right)-\alpha Gr_e\right]}{\alpha\cdot\int_{r_e}^{r_w}\frac{\exp\left(-\alpha Gr\right)}{r}dr} \tag{4-3-84}$$

特别地，当 $\alpha=0$ 时，式（4-3-84）求极限得到：

$$Q=\frac{2\pi\rho_0K_0h}{\mu_0}\cdot\frac{\left[p_e-p_w-G\left(r_e-r_w\right)\right]}{\ln\frac{r_e}{r_w}} \tag{4-3-85}$$

当 $G=0$ 时，式（4-3-84）求极限得到：

$$Q=\frac{2\pi\rho_0K_0h\exp\left[\alpha\left(p_e-p_i\right)\right]}{\mu_0}\cdot\frac{1-\exp\left[-\alpha\left(p_e-p_w\right)\right]}{\alpha\cdot\ln\frac{r_e}{r_w}} \tag{4-3-86}$$

当 $\alpha=0$，$G=0$ 时，式（4-3-84）求极限得到：

$$Q=\frac{2\pi\rho_0K_0h}{\mu_0}\cdot\frac{\left(p_e-p_w\right)}{\ln\frac{r_e}{r_w}} \tag{4-3-87}$$

式（4-3-85）、式（4-3-86）和式（4-3-87）与精典渗流力学教材、宋付权等计算结果相一致，反映该公式（4-3-84）的正确性和更普遍使用性。

（2）水平井—直井面积井网产能计算公式。

直井注水、水平井采油是油田常用的井网形式，这里主要推导五点、七点、九点等三类井网的产能公式，井网示意图如图 4-3-10 所示。

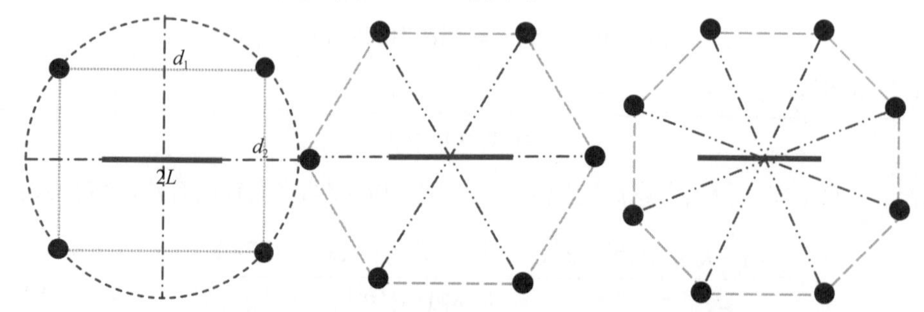

图 4-3-10　五点、七点、九点混合面积井网示意图

①五点法井网产能公式。根据式（4−3−84），得到直井的注水量公式：

$$Q_{\mathrm{inj}}=\frac{2\pi\rho_{\mathrm{w0}}K_{\mathrm{w0}}h}{\mu_{\mathrm{w0}}}\cdot\frac{\exp\left[-\alpha_{\mathrm{w}}\left(p_{\mathrm{i}}-p_{\mathrm{r}}+G_{\mathrm{w}}r_{\mathrm{w}}\right)\right]-\exp\left[-\alpha_{\mathrm{w}}\left(p_{\mathrm{e}}-p_{\mathrm{i}}\right)-\alpha_{\mathrm{w}}G_{\mathrm{w}}\frac{\sqrt{d_1^2+d_2^2}}{2}\right]}{\alpha\cdot\int_{\frac{\sqrt{d_1^2+d_2^2}}{2}}^{r_{\mathrm{w}}}\frac{\exp\left(-\alpha_{\mathrm{w}}G_{\mathrm{w}}r\right)}{r}\mathrm{d}r}\tag{4-3-88}$$

根据式（4−3−43），得到水平采油井的产量公式：

$$Q_{\mathrm{o}}=\frac{2\pi\rho_{\mathrm{o0}}K_{\mathrm{o0}}h}{\alpha_{\mathrm{o}}\mu_{\mathrm{o0}}}\cdot\exp\left[\alpha_{\mathrm{o}}\left(p_{\mathrm{r}}-p_{\mathrm{i}}\right)\right]$$
$$\times\frac{\exp\left[\frac{2\alpha_{\mathrm{o}}G_{\mathrm{o}}\sqrt{h^2+L^2}}{\pi}\left(\sinh\xi_{\mathrm{e}}-\sinh\xi_{\mathrm{i}}\right)\right]-\exp\left[\alpha_{\mathrm{o}}\left(p_{\mathrm{w}}-p_{\mathrm{r}}\right)\right]\cdot\exp\left[\frac{2\alpha_{\mathrm{o}}G_{\mathrm{o}}L}{\pi}\left(\sinh\xi_{\mathrm{e}}-\sinh\xi_{\mathrm{w}}\right)\right]}{\frac{h}{2L}\int_{\xi_{\mathrm{w}}}^{\xi_{\mathrm{e}}}\frac{\exp\left[\frac{2\alpha_{\mathrm{o}}G_{\mathrm{o}}L}{\pi}\left(\sinh\xi_{\mathrm{e}}-\sinh u\right)\right]}{\sinh u}\mathrm{d}u-\int_{\xi_{\mathrm{i}}}^{\xi_{\mathrm{e}}}\exp\left[\frac{2\alpha_{\mathrm{o}}G_{\mathrm{o}}\sqrt{h^2+L^2}}{\pi}\left(\sinh\xi_{\mathrm{e}}-\sinh u\right)\right]\mathrm{d}u}\tag{4-3-89}$$

式中

$$\xi_{\mathrm{e}}=\operatorname{arcosh}\frac{\sqrt{h^2+L^2}}{L}$$

$$\xi_{\mathrm{i}}=\operatorname{arcosh}\sqrt{\frac{1}{2}+\sqrt{\frac{1}{4}+\left(\frac{d_2/2}{\sqrt{h^2+L^2}}\right)^4}}$$

$$\xi_{\mathrm{w}}\approx\operatorname{arsinh}\frac{\pi r_{\mathrm{w}}}{2L}$$

由于五点井网注采井数比为 1∶1，由注采平衡可知 $Q_{\mathrm{inj}}=Q_{\mathrm{o}}$。因此，通过联立由式（4−3−88）和式（4−3−89）组成的二元方程组即可计算水平井—直井混合五点面积井网的产能。

特别地，如果不考虑压敏效应，可以得到显式解，即

考虑启动压力梯度情形：

$$Q_{\mathrm{o}}=\frac{\left(p_{\mathrm{e}}-p_{\mathrm{w}}\right)-G_{\mathrm{w}}\left(\frac{\sqrt{d_1^2+d_2^2}}{2}-r_{\mathrm{w}}\right)-\left[\frac{2G_{\mathrm{o}}\sqrt{h^2+L^2}}{\pi}\left(\sinh\xi_{\mathrm{i}}-\sinh\xi_{\mathrm{e}}\right)+\frac{2G_{\mathrm{o}}L}{\pi}\left(\sinh\xi_{\mathrm{e}}-\sinh\xi_{\mathrm{w}}\right)\right]}{\frac{\mu_{\mathrm{w0}}\ln\frac{\sqrt{d_1^2+d_2^2}}{2r_{\mathrm{w}}}}{2\pi\rho_{\mathrm{w0}}K_{\mathrm{w0}}h}+\frac{\mu_{\mathrm{o0}}\left\{\left(\xi_{\mathrm{i}}-\xi_{\mathrm{e}}\right)+\frac{h}{2L}\left[\ln\left(\tanh\frac{\xi_{\mathrm{e}}}{2}\right)-\ln\left(\tanh\frac{\xi_{\mathrm{w}}}{2}\right)\right]\right\}}{2\pi\rho_{\mathrm{o0}}K_{\mathrm{o0}}h}}\tag{4-3-90}$$

不考虑启动压力梯度情形：

$$Q_o = \frac{\left(p_e - p_w\right)}{\dfrac{\mu_{w0}\ln\dfrac{\sqrt{d_1^2+d_2^2}}{2r_w}}{2\pi\rho_{w0}K_{w0}h} + \dfrac{\mu_{o0}\left\{\left(\xi_i - \xi_e\right) + \dfrac{h}{2L}\left[\ln\left(\tanh\dfrac{\xi_e}{2}\right) - \ln\left(\tanh\dfrac{\xi_w}{2}\right)\right]\right\}}{2\pi\rho_{o0}K_{o0}h}} \tag{4-3-91}$$

如果油水具有相同流度，则式（4-3-90）和式（4-3-91）分别与王晓冬、葛家理研究结果相一致，反映该方法的正确性和更具普遍性。

②七点法井网产能公式。直井的注水量公式：

$$Q_{inj} = \frac{2\pi\rho_{w0}K_{w0}h}{\mu_{w0}} \cdot \frac{\exp\left[-\alpha_w\left(p_i - p_r + G_w r_w\right)\right] - \exp\left[\alpha_w\left(p_e - p_i\right) - \alpha_w G_w d\right]}{\alpha \cdot \int_d^{r_w} \dfrac{\exp\left(-\alpha_w G_w r\right)}{r} dr} \tag{4-3-92}$$

水平采油井的产量公式采用式（4-3-89），但式中

$$\xi_i = \operatorname{arcosh}\sqrt{\frac{1}{2} + \sqrt{\frac{1}{4} + \left(\frac{\sqrt{3}d/2}{\sqrt{h^2+L^2}}\right)^4}}$$

由于七点井网注采井数比为 2：1，由注采平衡可知 $2Q_{inj}=Q_o$。因此，通过联立由式（4-3-92）和式（4-3-89）组成的二元方程组即可计算水平井—直井混合七点面积井网的产能。同时也可以计算出反七点井网的产能。

特别地，如果不考虑压敏效应，可以得到显式解，即

考虑启动压力梯度情形：

$$Q_o = \frac{\left(p_e - p_w\right) - G_w\left(d - r_w\right) - \left[\dfrac{2G_o\sqrt{h^2+L^2}}{\pi}\left(\sinh\xi_i - \sinh\xi_e\right) + \dfrac{2G_oL}{\pi}\left(\sinh\xi_e - \sinh\xi_w\right)\right]}{\dfrac{\mu_{w0}\dfrac{1}{2}\ln\dfrac{d}{r_w}}{2\pi\rho_{w0}K_{w0}h} + \dfrac{\mu_{o0}\left\{\left(\xi_i - \xi_e\right) + \dfrac{h}{2L}\left[\ln\left(\tanh\dfrac{\xi_e}{2}\right) - \ln\left(\tanh\dfrac{\xi_w}{2}\right)\right]\right\}}{2\pi\rho_{o0}K_{o0}h}} \tag{4-3-93}$$

不考虑启动压力梯度情形：

$$Q_o = \frac{\left(p_e - p_w\right)}{\dfrac{\mu_{w0}\dfrac{1}{2}\ln\dfrac{d}{r_w}}{2\pi\rho_{w0}K_{w0}h} + \dfrac{\mu_{o0}\left\{\left(\xi_i - \xi_e\right) + \dfrac{h}{2L}\left[\ln\left(\tanh\dfrac{\xi_e}{2}\right) - \ln\left(\tanh\dfrac{\xi_w}{2}\right)\right]\right\}}{2\pi\rho_{o0}K_{o0}h}} \tag{4-3-94}$$

如果油水具有相同流度，则式（4-3-93）和式（4-3-94）分别与王晓冬、葛家理研究结果相一致。

③九点法井网产能公式。直井的注水量公式：

$$Q_{\text{inj}}=\frac{2\pi\rho_{\text{w0}}K_{\text{w0}}h}{\mu_{\text{w0}}}\cdot\frac{\exp\left[-\alpha_{\text{w}}\left(p_{\text{i}}-p_{\text{r}}+G_{\text{w}}r_{\text{w}}\right)\right]-\exp\left[\alpha_{\text{w}}\left(p_{\text{e}}-p_{\text{i}}\right)-\alpha_{\text{w}}G_{\text{w}}\dfrac{4d}{\pi}\right]}{\alpha\cdot\int_{\frac{4d}{\pi}}^{r_{\text{w}}}\dfrac{\exp\left(-\alpha_{\text{w}}G_{\text{w}}r\right)}{r}\text{d}r} \tag{4-3-95}$$

水平采油井的产量公式采用式（4−3−89），但式中

$$\xi_{\text{i}}=\operatorname{arcosh}\sqrt{\frac{1}{2}+\sqrt{\frac{1}{4}+\left(\frac{4d/\pi}{\sqrt{h^2+L^2}}\right)^4}}$$

由于九点井网注采井数比为 8∶3，由注采平衡可知 $8Q_{\text{inj}}=3Q_{\text{o}}$。因此，通过联立由式（4−3−95）和式（4−3−89）组成的二元方程组即可计算水平井—直井混合九点面积井网的产能。同时也可以计算出反九点井网的产能。

特别地，如果不考虑压敏效应，可以得到显式解，即

考虑启动压力梯度情形：

$$Q_{\text{o}}=\frac{\left(p_{\text{e}}-p_{\text{w}}\right)-G_{\text{w}}\left(\dfrac{4d}{\pi}-r_{\text{w}}\right)-\left[\dfrac{2G_{\text{o}}\sqrt{h^2+L^2}}{\pi}\left(\sinh\xi_{\text{i}}-\sinh\xi_{\text{e}}\right)+\dfrac{2G_{\text{o}}L}{\pi}\left(\sinh\xi_{\text{e}}-\sinh\xi_{\text{w}}\right)\right]}{\dfrac{\mu_{\text{w0}}\dfrac{3}{8}\ln\dfrac{4d}{\pi r_{\text{w}}}}{2\pi\rho_{\text{w0}}K_{\text{w0}}h}+\dfrac{\mu_{\text{o0}}\left\{\left(\xi_{\text{i}}-\xi_{\text{e}}\right)+\dfrac{h}{2L}\left[\ln\left(\tanh\dfrac{\xi_{\text{e}}}{2}\right)-\ln\left(\tanh\dfrac{\xi_{\text{w}}}{2}\right)\right]\right\}}{2\pi\rho_{\text{o0}}K_{\text{o0}}h}} \tag{4-3-96}$$

不考虑启动压力梯度情形：

$$Q_{\text{o}}=\frac{\left(p_{\text{e}}-p_{\text{w}}\right)}{\dfrac{\mu_{\text{w0}}\dfrac{3}{8}\ln\dfrac{4d}{\pi r_{\text{w}}}}{2\pi\rho_{\text{w0}}K_{\text{w0}}h}+\dfrac{\mu_{\text{o0}}\left\{\left(\xi_{\text{i}}-\xi_{\text{e}}\right)+\dfrac{h}{2L}\left[\ln\left(\tanh\dfrac{\xi_{\text{e}}}{2}\right)-\ln\left(\tanh\dfrac{\xi_{\text{w}}}{2}\right)\right]\right\}}{2\pi\rho_{\text{o0}}K_{\text{o0}}h}} \tag{4-3-97}$$

如果油水具有相同流度，则式（4−3−96）和式（4−3−97）分别与王晓冬、葛家理研究结果相一致。

（3）水平井—压裂直井面积井网产能计算公式。

矿场实践中超破裂压力注水往往会使注水井产生裂缝，因此有必要研究压裂直井注水、水平井采油这类井网的产能公式。

①五点法井网产能公式。根据式（4−3−23），得到压裂直井的井底压力公式：

$$p_{\text{r}}=p_{\text{i}}-\frac{\pi}{C_{\text{fD}}\nu}\left[\frac{Q_{\text{inj}}\mu_{\text{w0}}}{2\pi h\rho_{\text{w0}}K_{\text{0f}}}+\frac{2Gx_{\text{f}}}{\pi}m(p)\Big|_{\xi=\xi_{\text{w}}\approx 0}\right]\coth\left(\frac{\pi\nu}{2}\right) \tag{4-3-98}$$

式中

$$v^2 = -\frac{2}{C_{\mathrm{fD}}} \cdot \frac{\dfrac{Q_{\mathrm{inj}}\mu_{\mathrm{w0}}}{2\pi h\rho_{\mathrm{w0}}K_{0\mathrm{f}}} + \dfrac{2Gx_{\mathrm{f}}}{\pi} m(p)\Big|_{\xi=\xi_{\mathrm{w}}\approx 0}}{B}$$

$$\xi_{\mathrm{i}} = \operatorname{arcosh}\sqrt{\frac{1}{2} + \sqrt{\frac{1}{4} + \left(\frac{\sqrt{d_1^{\ 2} + d_2^{\ 2}}}{2x_{\mathrm{f}}}\right)^4}}$$

$$\xi_{\mathrm{f}}=0$$

$$B = \frac{1}{\alpha}\ln\left\{\frac{\alpha Q_{\mathrm{inj}}\mu_{\mathrm{w0}}}{2\pi h\rho_{\mathrm{w0}}K_{0\mathrm{f}}}\int_{\xi_{\mathrm{i}}}^{0}\exp\left[-\frac{2\alpha Gx_{\mathrm{f}}}{\pi}\sinh u\right]\mathrm{d}u + \exp\left[\alpha\left(p_{\mathrm{e}} - p_{\mathrm{i}}\right)\right]\cdot\exp\left[-\frac{2\alpha Gx_{\mathrm{f}}}{\pi}\sinh\xi_{\mathrm{i}}\right]\right\}$$

水平采油井的产量公式采用式（4−3−89），式中

$$\xi_{\mathrm{i}} = \operatorname{arcosh}\sqrt{\frac{1}{2} + \sqrt{\frac{1}{4} + \left(\frac{d_2/2}{\sqrt{h^2 + L^2}}\right)^4}}$$

由于五点井网注采井数比为1∶1，由注采平衡可知$Q_{\mathrm{inj}}=Q_{\mathrm{o}}$。因此，通过联立由式（4−3−98）和式（4−3−89）组成的二元方程组即可计算水平井—压裂直井混合五点面积井网的产能。

②七点法井网产能公式。压裂直井的注水量公式采用式（4−3−98），但式中

$$\xi_{\mathrm{i}} = \operatorname{arcosh}\sqrt{\frac{1}{2} + \sqrt{\frac{1}{4} + \left(\frac{d}{x_{\mathrm{f}}}\right)^4}}$$

水平采油井的产量公式采用式（4−3−89），但式中

$$\xi_{\mathrm{i}} = \operatorname{arcosh}\sqrt{\frac{1}{2} + \sqrt{\frac{1}{4} + \left(\frac{\sqrt{3}d/2}{\sqrt{h^2 + L^2}}\right)^4}}$$

由于七点井网注采井数比为2∶1，由注采平衡可知$2Q_{\mathrm{inj}}=Q_{\mathrm{o}}$。因此，通过联立由式（4−3−98）和式（4−3−89）组成的二元方程组即可计算水平井—压裂直井混合七点面积井网的产能。同时也可以计算出反七点井网的产能。

③九点法井网产能公式。压裂直井的注水量公式采用式（4−3−98），但式中

$$\xi_{\mathrm{i}} = \operatorname{arcosh}\sqrt{\frac{1}{2} + \sqrt{\frac{1}{4} + \left(\frac{4d}{\pi x_{\mathrm{f}}}\right)^4}}$$

水平采油井的产量公式采用式（4−3−89），但式中

$$\xi_{\mathrm{i}}=\operatorname{arcosh}\sqrt{\frac{1}{2}+\sqrt{\frac{1}{4}+\left(\frac{4d/\pi}{\sqrt{h^{2}+L^{2}}}\right)^{4}}}$$

由于九点井网注采井数比为 8∶3，由注采平衡可知 $8Q_{\mathrm{inj}}=3Q_{\mathrm{o}}$。因此，通过联立由式（4−3−98）和式（4−3−89）组成的二元方程组即可计算水平井—压裂直井混合九点面积井网的产能。同时也可以计算出反九点井网的产能。

（4）整体水平井面积井网产能计算公式。

这里推导较为常见的线性正对、线性交错和七点水平井整体井网的产能公式，井网示意图如图 4−3−11 所示。

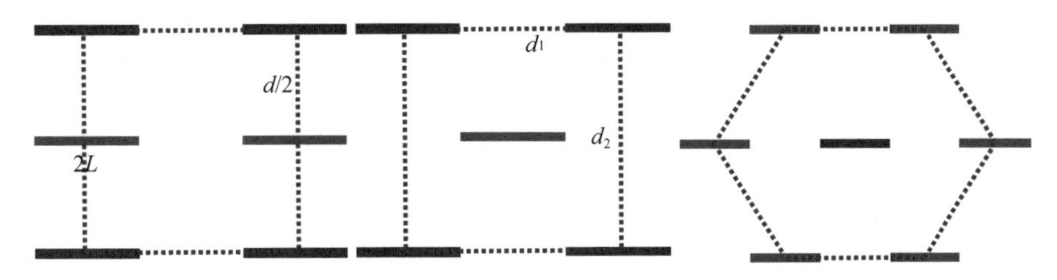

图 4−3−11　线性正对、线性交错、七点水平井整体井网示意图

①线性正对井网产能公式。根据式（4−3−43），得到水平井的注水量公式：

$$Q_{\mathrm{inj}}=\frac{2\pi\rho_{\mathrm{w0}}K_{\mathrm{w0}}h}{\alpha_{\mathrm{w}}\mu_{\mathrm{w0}}}\cdot\exp\left[\alpha_{\mathrm{w}}\left(p_{\mathrm{e}}-p_{\mathrm{i}}\right)\right]\times\frac{\exp\left[\frac{2\alpha_{\mathrm{w}}G_{\mathrm{w}}\sqrt{h^{2}+L^{2}}}{\pi}\left(\sinh\xi_{\mathrm{e}}-\sinh\xi_{\mathrm{i}}\right)\right]-\exp\left[\alpha_{\mathrm{w}}\left(p_{\mathrm{r}}-p_{\mathrm{e}}\right)\right]\cdot\exp\left[\frac{2\alpha_{\mathrm{w}}G_{\mathrm{w}}L}{\pi}\left(\sinh\xi_{\mathrm{e}}-\sinh\xi_{\mathrm{w}}\right)\right]}{\frac{h}{2L}\int_{\xi_{\mathrm{w}}}^{\xi_{\mathrm{e}}}\frac{\exp\left[\frac{2\alpha_{\mathrm{w}}G_{\mathrm{w}}L}{\pi}\left(\sinh\xi_{\mathrm{e}}-\sinh u\right)\right]}{\sinh u}\mathrm{d}u-\int_{\xi_{\mathrm{i}}}^{\xi_{\mathrm{e}}}\exp\left[\frac{2\alpha_{\mathrm{w}}G_{\mathrm{w}}\sqrt{h^{2}+L^{2}}}{\pi}\left(\sinh\xi_{\mathrm{e}}-\sinh u\right)\right]\mathrm{d}u}\tag{4-3-99}$$

式中

$$\xi_{\mathrm{e}}=\operatorname{arcosh}\frac{\sqrt{h^{2}+L^{2}}}{L}$$

$$\xi_{\mathrm{i}}=\operatorname{arcosh}\sqrt{\frac{1}{2}+\sqrt{\frac{1}{4}+\left(\frac{d/2}{\sqrt{h^{2}+L^{2}}}\right)^{4}}}$$

$$\xi_{\mathrm{w}}\approx\operatorname{arsinh}\frac{\pi r_{w}}{2L}$$

水平采油井的产量公式采用式（4–3–89），式中

$$\xi_{\rm i}=\operatorname{arcosh}\sqrt{\frac{1}{2}+\sqrt{\frac{1}{4}+\left(\frac{d/2}{\sqrt{h^2+L^2}}\right)^4}}$$

由于线性正对井网注采井数比为 1∶1，由注采平衡可知 $Q_{\rm inj}=Q_{\rm o}$。因此，通过联立由式（4–3–99）和式（4–3–89）组成的二元方程组即可计算线性正对水平井整体井网的产能。

特别地，如果不考虑压敏效应，可以得到显式解，即

考虑启动压力梯度情形：

$$Q_{\rm o}=\frac{(p_{\rm e}-p_{\rm w})-\left[\frac{2(G_{\rm o}+G_{\rm w})\sqrt{h^2+L^2}}{\pi}(\sinh\xi_{\rm i}-\sinh\xi_{\rm e})+\frac{2(G_{\rm o}+G_{\rm w})L}{\pi}(\sinh\xi_{\rm e}-\sinh\xi_{\rm w})\right]}{\left(\frac{\mu_{\rm o0}}{2\pi\rho_{\rm o0}K_{\rm o0}h}+\frac{\mu_{\rm w0}}{2\pi\rho_{\rm w0}K_{\rm w0}h}\right)\cdot\left\{(\xi_{\rm i}-\xi_{\rm e})+\frac{h}{2L}\left[\ln\left(\tanh\frac{\xi_{\rm e}}{2}\right)-\ln\left(\tanh\frac{\xi_{\rm w}}{2}\right)\right]\right\}} \tag{4–3–100}$$

不考虑启动压力梯度情形：

$$Q_{\rm o}=\frac{p_{\rm e}-p_{\rm w}}{\left(\frac{\mu_{\rm o0}}{2\pi\rho_{\rm o0}K_{\rm o0}h}+\frac{\mu_{\rm w0}}{2\pi\rho_{\rm w0}K_{\rm w0}h}\right)\cdot\left\{(\xi_{\rm i}-\xi_{\rm e})+\frac{h}{2L}\left[\ln\left(\tanh\frac{\xi_{\rm e}}{2}\right)-\ln\left(\tanh\frac{\xi_{\rm w}}{2}\right)\right]\right\}} \tag{4–3–101}$$

如果油水具有相同流度，则式（4–3–101）与张学文、李培研究结果相一致，反映该方法的正确性和更具普遍性。

②线性交错井网产能公式。水平井的注水量公式采用式（4–3–99），但式中

$$\xi_{\rm i}=\operatorname{arcosh}\sqrt{\frac{1}{2}+\sqrt{\frac{1}{4}+\left(\frac{\sqrt{d_1^2+d_2^2}/2}{\sqrt{h^2+L^2}}\right)^4}}$$

水平采油井的产量公式采用式（4–3–89），但式中

$$\xi_{\rm i}=\operatorname{arcosh}\sqrt{\frac{1}{2}+\sqrt{\frac{1}{4}+\left(\frac{d_2/2}{\sqrt{h^2+L^2}}\right)^4}}$$

由于线性交错井网注采井数比为 1∶1，由注采平衡可知 $Q_{\rm inj}=Q_{\rm o}$。因此，通过联立由式（4–3–99）和式（4–3–89）组成的二元方程组即可计算线性交错水平井整体井网的产能。

特别地，如果不考虑压敏效应，可以得到形如式（4–3–100）和式（4–3–101）的显式解。

③七点法井网产能公式。水平井的注水量公式采用式（4–3–99），但式中

$$\xi_{\mathrm{i}}=\operatorname{arcosh}\sqrt{\frac{1}{2}+\sqrt{\frac{1}{4}+\left(\frac{d}{\sqrt{h^2+L^2}}\right)^4}}$$

水平采油井的产量公式采用式（4–3–89），但式中

$$\xi_{\mathrm{i}}=\operatorname{arcosh}\sqrt{\frac{1}{2}+\sqrt{\frac{1}{4}+\left(\frac{\sqrt{3}d/2}{\sqrt{h^2+L^2}}\right)^4}}$$

由于七点井网注采井数比为 2∶1，由注采平衡可知 $2Q_{\mathrm{inj}}=Q_{\mathrm{o}}$。因此，通过联立由式（4–3–99）和式（4–3–89）组成的二元方程组即可计算七点水平井整体井网的产能。同时也可以计算出反七点井网的产能。

特别地，如果不考虑压敏效应，可以得到显式解，即

考虑启动压力梯度情形：

$$Q_{\mathrm{o}}=\frac{(p_{\mathrm{e}}-p_{\mathrm{w}})-\left[\frac{2(G_{\mathrm{o}}+G_{\mathrm{w}})\sqrt{h^2+L^2}}{\pi}(\sinh\xi_{\mathrm{i}}-\sinh\xi_{\mathrm{e}})+\frac{2(G_{\mathrm{o}}+G_{\mathrm{w}})L}{\pi}(\sinh\xi_{\mathrm{e}}-\sinh\xi_{\mathrm{w}})\right]}{\left(\frac{\mu_{\mathrm{o0}}}{2\pi\rho_{\mathrm{o0}}K_{\mathrm{o0}}h}+\frac{\mu_{\mathrm{w0}}}{4\pi\rho_{\mathrm{w0}}K_{\mathrm{w0}}h}\right)\cdot\left\{(\xi_{\mathrm{i}}-\xi_{\mathrm{e}})+\frac{h}{2L}\left[\ln\left(\tanh\frac{\xi_{\mathrm{e}}}{2}\right)-\ln\left(\tanh\frac{\xi_{\mathrm{w}}}{2}\right)\right]\right\}} \tag{4–3–102}$$

不考虑启动压力梯度情形：

$$Q_{\mathrm{o}}=\frac{p_{\mathrm{e}}-p_{\mathrm{w}}}{\left(\frac{\mu_{\mathrm{o0}}}{2\pi\rho_{\mathrm{o0}}K_{\mathrm{o0}}h}+\frac{\mu_{\mathrm{w0}}}{4\pi\rho_{\mathrm{w0}}K_{\mathrm{w0}}h}\right)\cdot\left\{(\xi_{\mathrm{i}}-\xi_{\mathrm{e}})+\frac{h}{2L}\left[\ln\left(\tanh\frac{\xi_{\mathrm{e}}}{2}\right)-\ln\left(\tanh\frac{\xi_{\mathrm{w}}}{2}\right)\right]\right\}} \tag{4–3–103}$$

2）压裂水平井面积井网产能计算公式

低渗透油藏中，水平井往往需要压裂投产，因此研究压裂水平井采油、直井注水的面积井网产能具有重要意义和实用价值。

（1）求解思想。根据综合考虑启动压力梯度和压敏效应影响的直井、垂直裂缝井、横向压裂水平井等公式，与普通直井的 Dupuit 公式进行对比，得到相应井型的当量井径，将其等效为当量井径条件下的普通直井。进而通过沿用普通直井的面积井网公式，即可得到复杂井型井网的产量计算公式。

①不同井型的当量井径。

a. 直井的当量井径。Darcy 渗流条件下普通直井的经典 Dupuit 公式：

$$Q=\frac{2\pi Kh(p_{\mathrm{e}}-p_{\mathrm{w}})}{\mu\ln\frac{r_{\mathrm{e}}}{r_{\mathrm{w}}}} \tag{4–3–104}$$

因此，根据式

$$Q=\frac{2\pi\rho_0 K_0 h}{\mu_0}\cdot\frac{\exp\left[-\alpha\left(p_\mathrm{i}-p_\mathrm{w}+Gr_\mathrm{w}\right)\right]-\exp\left[\alpha\left(p_\mathrm{e}-p_\mathrm{i}\right)-\alpha Gr_\mathrm{e}\right]}{\alpha\cdot\int_{r_\mathrm{e}}^{r_\mathrm{w}}\frac{\exp\left(-\alpha Gr\right)}{r}\mathrm{d}r}$$

与式（4−3−104）作比，可以得到综合考虑启动压力梯度和压敏效应影响的普通直井的当量井径：

$$r_{\mathrm{equ}}^{*}=r_\mathrm{e}\exp\left\{-\frac{\alpha\cdot\left(p_\mathrm{e}-p_\mathrm{w}\right)\cdot\int_{r_\mathrm{e}}^{r_\mathrm{w}}\frac{\exp\left(-\alpha Gr\right)}{r}\mathrm{d}r}{\exp\left[-\alpha\left(p_\mathrm{i}-p_\mathrm{w}+Gr_\mathrm{w}\right)\right]-\exp\left[\alpha\left(p_\mathrm{e}-p_\mathrm{i}\right)-\alpha Gr_\mathrm{e}\right]}\right\} \tag{4-3-105}$$

b. 横向压裂水平井单条裂缝的当量井径。沿用式（4−3−52）的计算结果，可以得到横向压裂水平井单条裂缝的当量井径方程：

$$\begin{aligned}p_\mathrm{w}=p_\mathrm{i}-\frac{\pi}{C_\mathrm{fD}\nu}\left[\frac{p_\mathrm{e}-p_\mathrm{w}}{\ln\left(r_\mathrm{e}/r_\mathrm{equ}\right)}+\frac{2Gx_\mathrm{f}}{\pi}m\left(p\right)\Big|_{\xi=\xi_\mathrm{w}\approx 0}\right]\coth\left(\frac{\pi\nu}{2}\right)\\-\frac{p_\mathrm{e}-p_\mathrm{w}}{\ln\left(r_\mathrm{e}/r_\mathrm{equ}\right)}\cdot\left[\frac{K_0 h}{K_\mathrm{f}w_\mathrm{f}}\left(\ln\frac{h}{2r_\mathrm{w}}-\frac{\pi}{2}\right)\right]\end{aligned} \tag{4-3-106}$$

式中

$$\nu^2=-\frac{2}{C_\mathrm{fD}}\cdot\frac{\frac{p_\mathrm{e}-p_\mathrm{w}}{\ln\left(r_\mathrm{e}/r_\mathrm{equ}\right)}+\frac{2Gx_\mathrm{f}}{\pi}m\left(p\right)\Big|_{\xi=\xi_\mathrm{w}\approx 0}}{B}$$

$$B=\frac{1}{\alpha}\ln\left\{\frac{\alpha\left(p_\mathrm{e}-p_\mathrm{w}\right)}{\ln\left(r_\mathrm{e}/r_\mathrm{equ}\right)}\int_{\xi_\mathrm{i}}^{0}\exp\left[-\frac{2\alpha Gx_\mathrm{f}}{\pi}\sinh u\right]\mathrm{d}u+\exp\left[\alpha\left(p_\mathrm{e}-p_\mathrm{i}\right)\right]\cdot\exp\left[-\frac{2\alpha Gx_\mathrm{f}}{\pi}\sinh\xi_\mathrm{i}\right]\right\}$$

通过求解式（4−3−106），可以得到横向压裂水平井单条裂缝的当量井径。

c. 垂直裂缝井的当量井径。将式（4−3−104）代入式（4−3−23），可以得到垂直裂缝井的当量井径方程：

$$p_\mathrm{w}=p_\mathrm{i}-\frac{\pi}{C_\mathrm{fD}\nu}\left[\frac{p_\mathrm{e}-p_\mathrm{w}}{\ln\left(r_\mathrm{e}/r_{\mathrm{equ}}^{**}\right)}+\frac{2Gx_\mathrm{f}}{\pi}m\left(p\right)\Big|_{\xi=\xi_\mathrm{w}\approx 0}\right]\coth\left(\frac{\pi\nu}{2}\right) \tag{4-3-107}$$

式中

$$\nu^2=-\frac{2}{C_\mathrm{fD}}\cdot\frac{\frac{p_\mathrm{e}-p_\mathrm{w}}{\ln\left(r_\mathrm{e}/r_{\mathrm{equ}}^{**}\right)}+\frac{2Gx_\mathrm{f}}{\pi}m\left(p\right)\Big|_{\xi=\xi_\mathrm{w}\approx 0}}{B}$$

$$B=\frac{1}{\alpha}\ln\left\{\frac{\alpha\left(p_{\mathrm{e}}-p_{\mathrm{w}}\right)}{\ln\left(r_{\mathrm{e}}/r_{\mathrm{equ}}^{**}\right)}\int_{\xi_{\mathrm{i}}}^{0}\exp\left[-\frac{2\alpha Gx_{\mathrm{f}}}{\pi}\sinh u\right]\mathrm{d}u+\exp\left[\alpha\left(p_{\mathrm{e}}-p_{\mathrm{i}}\right)\right]\cdot\exp\left[-\frac{2\alpha Gx_{\mathrm{f}}}{\pi}\sinh\xi_{\mathrm{i}}\right]\right\}$$

通过求解式（4–3–107），可以得到垂直裂缝井的当量井径。

②普通直井井网产能公式。五点、反七点、反九点直井井网的示意图如图 4–3–12 所示。

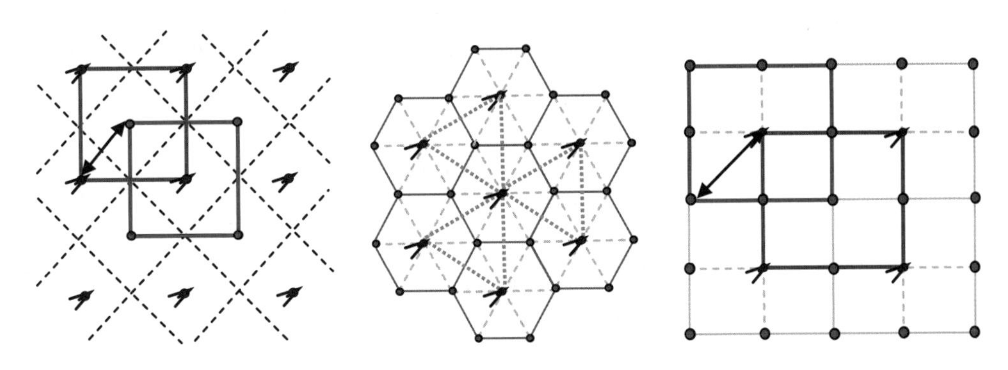

图 4–3–12　五点、反七点、反九点井网示意图

根据 Muskat 等的研究结果，五点直井井网产能公式：

$$Q=\frac{\pi Kh\left(p_{\mathrm{e}}-p_{\mathrm{w}}\right)}{\mu\left(\ln\frac{d}{\sqrt{r_{\mathrm{w1}}r_{\mathrm{w2}}}}-0.6190\right)}\tag{4–3–108}$$

反七点直井井网产能公式：

$$Q=\frac{4\pi Kh\left(p_{\mathrm{e}}-p_{\mathrm{w}}\right)}{\mu\left(3\ln\frac{d}{\sqrt{r_{\mathrm{w1}}r_{\mathrm{w2}}}}-1.7073\right)}\tag{4–3–109}$$

反九点直井井网产能公式：

$$Q=\frac{\pi Kh\left(p_{\mathrm{e}}-p_{\mathrm{w}}\right)}{\mu\left(\frac{1+R}{2+R}\right)\left(\ln\frac{d}{\sqrt{r_{\mathrm{w1}}r_{\mathrm{w2}}}}-0.2724\right)}\tag{4–3–110}$$

式中　R——角井与边井的产量之比；

p_{w}——角井的井底压力。

（2）压裂水平井—直井面积井网产能计算公式。压裂水平井—直井面积井网示意图如图 4–3–13 所示。

①五点法井网产能公式。

a. 1 条压裂裂缝情形。将通过求解式（4–3–105）和式（4–3–106）所得到的当量井

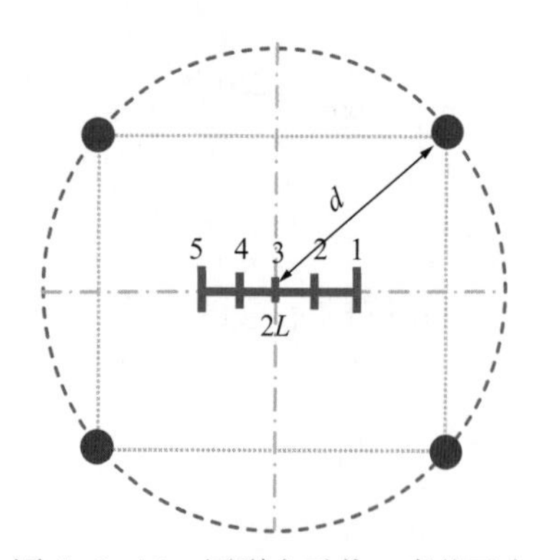

图 4-3-13　压裂水平井—直井五点面积井网示意图

径r_{equ}^*和 r_{equ} 代入式（4-3-108），得到带 1 条压裂裂缝时的井网产量公式：

$$Q=\frac{\pi K_0 h\left(p_{\mathrm{e}}-p_{\mathrm{w}}\right)}{\mu_0\left(\ln\frac{d}{\sqrt{r_{\mathrm{equ}}^* r_{\mathrm{equ}}}}-0.6190\right)} \tag{4-3-111}$$

b. 2 条压裂裂缝情形。假设两条裂缝具有完全相同的性质，即具有相同的当量井径和产量。则根据叠加原理，有：

$$\begin{cases} p_{\mathrm{w}}-C=\dfrac{\mu_0 Q_{\mathrm{f}}}{2\pi K_0 h}\ln\left(m r_{\mathrm{equ}}\right) \\ p_{\mathrm{e}}-C=\dfrac{Q\mu_0}{2\pi K_0 h}\ln d \\ Q=2Q_{\mathrm{f}} \end{cases} \tag{4-3-112}$$

求解得到：

$$p_{\mathrm{e}}-p_{\mathrm{w}}=\frac{Q\mu_0}{2\pi K_0 h}\ln\frac{d}{\sqrt{m r_{\mathrm{equ}}}} \tag{4-3-113}$$

即 2 条裂缝的等效井径为$\sqrt{m r_{\mathrm{equ}}}$，因此代入式（4-3-108），得到压裂水平井带 2 条横向裂缝时的井网产量公式：

$$Q=\frac{\pi K_0 h\left(p_{\mathrm{e}}-p_{\mathrm{w}}\right)}{\mu_0\left(\ln\frac{d}{\sqrt{r_{\mathrm{equ}}^*\sqrt{m r_{\mathrm{equ}}}}}-0.6190\right)} \tag{4-3-114}$$

式中　m——两条裂缝间距。

c. 3 条压裂裂缝情形。假设第 1、第 3 条裂缝具有完全相同的性质，即具有相同的当量井径 r_{equ1} 和产量 Q_{f1}，第 2 条裂缝的当量井径为 r_{equ2}、产量为 Q_{f2}，其间距均为 m。则根据叠加原理，有：

$$\begin{cases} p_{\mathrm{w}}-C=\dfrac{\mu_0}{2\pi K_0 h}\left[Q_{\mathrm{f1}}\ln\left(2m r_{\mathrm{equ1}}\right)+Q_{\mathrm{f2}}\ln m\right] \\ p_{\mathrm{w}}-C=\dfrac{\mu_0}{2\pi K_0 h}\left(Q_{\mathrm{f1}}\ln m^2+Q_{\mathrm{f2}}\ln r_{\mathrm{equ2}}\right) \\ p_{\mathrm{e}}-C=\dfrac{Q\mu_0}{2\pi K_0 h}\ln d \\ Q=2Q_{\mathrm{f1}}+Q_{\mathrm{f2}} \end{cases} \tag{4-3-115}$$

求解得到：

$$p_{\mathrm{e}}-p_{\mathrm{w}}=\frac{Q\mu_0}{2\pi K_0 h}\ln\frac{d}{\left(2mr_{\mathrm{equ1}}\right)^{\kappa}m^{\tau}} \tag{4-3-116}$$

式中

$$\kappa=\frac{\ln\frac{r_{\mathrm{equ2}}}{m}}{2\ln\frac{r_{\mathrm{equ2}}}{m}+\ln\frac{2r_{\mathrm{equ1}}}{m}}$$

$$\tau=\frac{\ln\frac{2r_{\mathrm{equ1}}}{m}}{2\ln\frac{r_{\mathrm{equ2}}}{m}+\ln\frac{2r_{\mathrm{equ1}}}{m}}$$

即 3 条裂缝的等效井径为$\left(2mr_{\mathrm{equ1}}\right)^{\kappa}m^{\tau}$，因此代入式（4−3−108），得到压裂水平井带 3 条横向裂缝时的井网产量公式：

$$Q=\frac{\pi K_0 h\left(p_{\mathrm{e}}-p_{\mathrm{w}}\right)}{\mu_0\left(\ln\frac{d}{\sqrt{r_{\mathrm{equ}}^{*}\left(2mr_{\mathrm{equ1}}\right)^{\kappa}m^{\tau}}}-0.6190\right)} \tag{4-3-117}$$

d. 4 条压裂裂缝情形。假设第 1、第 4 条裂缝具有完全相同的性质，即具有相同的当量井径 r_{equ1} 和产量 Q_{f1}，第 2、第 3 条裂缝具有完全相同的性质，即具有相同的当量井径 r_{equ2} 和产量 Q_{f2}，其间距均为 m。则根据叠加原理，有：

$$\begin{cases} p_{\mathrm{w}}-C=\dfrac{\mu_0}{2\pi K_0 h}\left[Q_{\mathrm{f1}}\ln\left(3mr_{\mathrm{equ1}}\right)+Q_{\mathrm{f2}}\ln\left(2m^2\right)\right] \\ p_{\mathrm{w}}-C=\dfrac{\mu_0}{2\pi K_0 h}\left[Q_{\mathrm{f1}}\ln\left(2m^2\right)+Q_{\mathrm{f2}}\ln\left(mr_{\mathrm{equ2}}\right)\right] \\ p_{\mathrm{e}}-C=\dfrac{Q\mu_0}{2\pi K_0 h}\ln d \\ Q=2Q_{\mathrm{f1}}+2Q_{\mathrm{f2}} \end{cases} \tag{4-3-118}$$

求解得到：

$$p_{\mathrm{e}}-p_{\mathrm{w}}=\frac{Q\mu_0}{2\pi K_0 h}\ln\frac{d}{\left(3mr_{\mathrm{equ1}}\right)^{\kappa}\left(2m^2\right)^{\tau}} \tag{4-3-119}$$

式中

$$\kappa=\frac{\ln\frac{r_{\mathrm{equ2}}}{2m}}{2\left(\ln\frac{r_{\mathrm{equ2}}}{2m}+\ln\frac{3r_{\mathrm{equ1}}}{2m}\right)}$$

$$\tau=\frac{\ln\frac{3r_{\text{equ1}}}{2m}}{2\left(\ln\frac{r_{\text{equ2}}}{2m}+\ln\frac{3r_{\text{equ1}}}{2m}\right)}$$

即 4 条裂缝的等效井径为 $\left(3mr_{\text{equ1}}\right)^{\kappa}\left(2m^{2}\right)^{\tau}$，因此代入式（4−3−103），得到压裂水平井带 4 条横向裂缝时的井网产量公式：

$$Q=\frac{\pi K_0 h\left(p_{\text{e}}-p_{\text{w}}\right)}{\mu_0\left(\ln\frac{d}{\sqrt{r_{\text{equ}}^{*}\left(3mr_{\text{equ1}}\right)^{\kappa}\left(2m^{2}\right)^{\tau}}}-0.6190\right)} \tag{4-3-120}$$

e. 5 条压裂裂缝情形。假设第 1、第 5 条裂缝具有完全相同的性质，即具有相同的当量井径 r_{equ1} 和产量 Q_{f1}，第 2、第 4 条裂缝具有完全相同的性质，即具有相同的当量井径 r_{equ2} 和产量 Q_{f2}，第 3 条裂缝的当量井径为 r_{equ3}、产量为 Q_{f3}，其间距均为 m。则根据叠加原理，有：

$$\begin{cases}p_{\text{w}}-C=\dfrac{\mu_0}{2\pi K_0 h}\left[Q_{\text{f1}}\ln\left(4mr_{\text{equ1}}\right)+Q_{\text{f2}}\ln\left(3m^{2}\right)+Q_{\text{f3}}\ln\left(2m\right)\right]\\ p_{\text{w}}-C=\dfrac{\mu_0}{2\pi K_0 h}\left[Q_{\text{f1}}\ln\left(3m^{2}\right)+Q_{\text{f2}}\ln\left(2mr_{\text{equ2}}\right)+Q_{\text{f3}}\ln\left(m\right)\right]\\ p_{\text{w}}-C=\dfrac{\mu_0}{2\pi K_0 h}\left[Q_{\text{f1}}\ln\left(4m^{2}\right)+Q_{\text{f2}}\ln\left(m^{2}\right)+Q_{\text{f3}}\ln\left(r_{\text{equ3}}\right)\right]\\ p_{\text{e}}-C=\dfrac{Q\mu_0}{2\pi K_0 h}\ln d\\ Q=2Q_{\text{f1}}+2Q_{\text{f2}}+Q_{\text{f3}}\end{cases} \tag{4-3-121}$$

求解得到：

$$p_{\text{e}}-p_{\text{w}}=\frac{Q\mu_0}{2\pi K_0 h}\ln\frac{d}{\left(4mr_{\text{equ1}}\right)^{\kappa}\left(3m^{2}\right)^{\tau}\left(2m\right)^{\omega}} \tag{4-3-122}$$

式中

$$\kappa=\frac{\ln\frac{2r_{\text{equ2}}}{3m}\ln\frac{r_{\text{equ3}}}{2m}-\ln3\ln2}{2\left(\ln\frac{2r_{\text{equ2}}}{3m}\ln\frac{r_{\text{equ3}}}{2m}-\ln3\ln2\right)+2\left(\ln\frac{4r_{\text{equ1}}}{3m}\ln\frac{r_{\text{equ3}}}{2m}+\ln\frac{r_{\text{equ1}}}{m}\ln2\right)+\left(\ln\frac{r_{\text{equ1}}}{m}\ln\frac{2r_{\text{equ2}}}{3m}+\ln\frac{4r_{\text{equ1}}}{3m}\ln3\right)}$$

$$\tau=\frac{\ln\frac{4r_{\text{equ1}}}{3m}\ln\frac{r_{\text{equ3}}}{2m}+\ln\frac{r_{\text{equ1}}}{m}\ln2}{2\left(\ln\frac{2r_{\text{equ2}}}{3m}\ln\frac{r_{\text{equ3}}}{2m}-\ln3\ln2\right)+2\left(\ln\frac{4r_{\text{equ1}}}{3m}\ln\frac{r_{\text{equ3}}}{2m}+\ln\frac{r_{\text{equ1}}}{m}\ln2\right)+\left(\ln\frac{r_{\text{equ1}}}{m}\ln\frac{2r_{\text{equ2}}}{3m}+\ln\frac{4r_{\text{equ1}}}{3m}\ln3\right)}$$

$$\omega=\frac{\ln\frac{r_{\mathrm{equ1}}}{m}\ln\frac{2r_{\mathrm{equ2}}}{3m}+\ln\frac{4r_{\mathrm{equ1}}}{3m}\ln 3}{2\left(\ln\frac{2r_{\mathrm{equ2}}}{3m}\ln\frac{r_{\mathrm{equ3}}}{2m}-\ln 3\ln 2\right)+2\left(\ln\frac{4r_{\mathrm{equ1}}}{3m}\ln\frac{r_{\mathrm{equ3}}}{2m}+\ln\frac{r_{\mathrm{equ1}}}{m}\ln 2\right)+\left(\ln\frac{r_{\mathrm{equ1}}}{m}\ln\frac{2r_{\mathrm{equ2}}}{3m}+\ln\frac{4r_{\mathrm{equ1}}}{3m}\ln 3\right)}$$

即5条裂缝的等效井径为（$4mr_{\mathrm{equ1}}$）$^{\kappa}$（$3m^2$）$^{\tau}$（$2m$）$^{\omega}$，因此带入式（4–3–108），得到压裂水平井带5条横向裂缝时的井网产量公式：

$$Q=\frac{\pi K_0 h\left(p_{\mathrm{e}}-p_{\mathrm{w}}\right)}{\mu_0\left[\ln\frac{d}{\sqrt{r_{\mathrm{equ}}^{*}\left(4mr_{\mathrm{equ1}}\right)^{\kappa}\left(3m^2\right)^{\tau}\left(2m\right)^{\omega}}}-0.6190\right]} \tag{4–3–123}$$

如果继续增加裂缝条数，其求解思路与上面完全相同。只是超过6条裂缝时，解析求解线性代数方程组比较繁琐，因此这里不再赘述。

②七点法井网产能公式。沿用五点法的求解结果，可以推广得到七点法井网的产能公式。

a. 1条压裂裂缝情形。有：

$$Q=\frac{4\pi K_0 h\left(p_{\mathrm{e}}-p_{\mathrm{w}}\right)}{\mu_0\left(3\ln\frac{d}{\sqrt{r_{\mathrm{equ}}^{*}r_{\mathrm{equ}}}}-1.7073\right)} \tag{4–3–124}$$

b. 2条压裂裂缝情形。有：

$$Q=\frac{4\pi K_0 h\left(p_{\mathrm{e}}-p_{\mathrm{w}}\right)}{\mu_0\left(3\ln\frac{d}{\sqrt{r_{\mathrm{equ}}^{*}\sqrt{mr_{\mathrm{equ}}}}}-1.7073\right)} \tag{4–3–125}$$

c. 3条压裂裂缝情形。有：

$$Q=\frac{4\pi K_0 h\left(p_{\mathrm{e}}-p_{\mathrm{w}}\right)}{\mu_0\left[3\ln\frac{d}{\sqrt{r_{\mathrm{equ}}^{*}\left(2mr_{\mathrm{equ1}}\right)^{\kappa}m^{\tau}}}-1.7073\right]} \tag{4–3–126}$$

d. 4条压裂裂缝情形。有：

$$Q=\frac{4\pi K_0 h\left(p_{\mathrm{e}}-p_{\mathrm{w}}\right)}{\mu_0\left[3\ln\frac{d}{\sqrt{r_{\mathrm{equ}}^{*}\left(3mr_{\mathrm{equ1}}\right)^{\kappa}\left(2m^2\right)^{\tau}}}-1.7073\right]} \tag{4–3–127}$$

e. 5 条压裂裂缝情形。有：

$$Q=\frac{4\pi K_0 h\left(p_{\mathrm{e}}-p_{\mathrm{w}}\right)}{\mu_0\left[3\ln\dfrac{d}{\sqrt{r_{\mathrm{equ}}^*\left(4mr_{\mathrm{equ1}}\right)^{\kappa}\left(3m^2\right)^{\tau}\left(2m\right)^{\omega}}}-1.7073\right]} \tag{4-3-128}$$

式（4−3−124）至式（4−3−128）中的当量井径r_{equ}^*和 r_{equ}，以及κ，τ和ω等参数的求法与五点法相应情形相同。

③九点法井网产能公式。同样可以推广得到九点法井网的产能公式。

a. 1 条压裂裂缝情形。有：

$$Q=\frac{\pi K_0 h\left(p_{\mathrm{e}}-p_{\mathrm{w}}\right)}{\mu_0\left(\dfrac{1+R}{2+R}\right)\left(\ln\dfrac{d}{\sqrt{r_{\mathrm{equ}}^* r_{\mathrm{equ}}}}-0.2724\right)} \tag{4-3-129}$$

b. 2 条压裂裂缝情形。有：

$$Q=\frac{\pi K_0 h\left(p_{\mathrm{e}}-p_{\mathrm{w}}\right)}{\mu_0\left(\dfrac{1+R}{2+R}\right)\left(\ln\dfrac{d}{\sqrt{r_{\mathrm{equ}}^*\sqrt{mr_{\mathrm{equ}}}}}-0.2724\right)} \tag{4-3-130}$$

c. 3 条压裂裂缝情形。有：

$$Q=\frac{\pi K_0 h\left(p_{\mathrm{e}}-p_{\mathrm{w}}\right)}{\mu_0\left(\dfrac{1+R}{2+R}\right)\left[\ln\dfrac{d}{\sqrt{r_{\mathrm{equ}}^*\left(2mr_{\mathrm{equ1}}\right)^{\kappa}m^{\tau}}}-0.2724\right]} \tag{4-3-131}$$

d. 4 条压裂裂缝情形。有：

$$Q=\frac{\pi K_0 h\left(p_{\mathrm{e}}-p_{\mathrm{w}}\right)}{\mu_0\left(\dfrac{1+R}{2+R}\right)\left[\ln\dfrac{d}{\sqrt{r_{\mathrm{equ}}^*\left(3mr_{\mathrm{equ1}}\right)^{\kappa}\left(2m^2\right)^{\tau}}}-0.2724\right]} \tag{4-3-132}$$

e. 5 条压裂裂缝情形。有：

$$Q=\frac{\pi K_0 h\left(p_{\mathrm{e}}-p_{\mathrm{w}}\right)}{\mu_0\left(\dfrac{1+R}{2+R}\right)\left[\ln\dfrac{d}{\sqrt{r_{\mathrm{equ}}^*\left(4mr_{\mathrm{equ1}}\right)^{\kappa}\left(3m^2\right)^{\tau}\left(2m\right)^{\omega}}}-0.2724\right]} \tag{4-3-133}$$

式（4−3−129）至式（4−3−133）中的当量井径r_{equ}^*和 r_{equ}，以及κ，τ和ω等参数的求

法与五点法相应情形相同。

(3) 压裂水平井—压裂直井面积井网产能计算公式。尽管现场中很少进行注水井压裂，但由于低渗透油藏需要很高的注水压力，所以有时会超过地层破裂压力，形成裂缝。因此，需要研究压裂水平井采油、压裂直井注水这类井网的产能。

通过式（4−3−106）和式（4−3−107）求得横向压裂水平井单条裂缝以及垂直裂缝井的当量井径 r_{equ} 和 r_{equ}^{**}。沿袭以上的思路和方法可以得到这类混合面积井网的各种产能公式。

①五点法井网产能公式。

a. 1 条压裂裂缝情形。有：

$$Q=\frac{\pi K_0 h\left(p_e-p_w\right)}{\mu_0\left(\ln\dfrac{d}{\sqrt{r_{equ}^{**}r_{equ}}}-0.6190\right)} \tag{4-3-134}$$

b. 2 条压裂裂缝情形。有：

$$Q=\frac{\pi K_0 h\left(p_e-p_w\right)}{\mu_0\left(\ln\dfrac{d}{\sqrt{r_{equ}^{**}\sqrt{mr_{equ}}}}-0.6190\right)} \tag{4-3-135}$$

c. 3 条压裂裂缝情形。有：

$$Q=\frac{\pi K_0 h\left(p_e-p_w\right)}{\mu_0\left[\ln\dfrac{d}{\sqrt{r_{equ}^{**}\left(2mr_{equ1}\right)^{\kappa}m^{\tau}}}-0.6190\right]} \tag{4-3-136}$$

d. 4 条压裂裂缝情形。有：

$$Q=\frac{\pi K_0 h\left(p_e-p_w\right)}{\mu_0\left[\ln\dfrac{d}{\sqrt{r_{equ}^{**}\left(3mr_{equ1}\right)^{\kappa}\left(2m^2\right)^{\tau}}}-0.6190\right]} \tag{4-3-137}$$

e. 5 条压裂裂缝情形。有：

$$Q=\frac{\pi K_0 h\left(p_e-p_w\right)}{\mu_0\left[\ln\dfrac{d}{\sqrt{r_{equ}^{**}\left(4mr_{equ1}\right)^{\kappa}\left(3m^2\right)^{\tau}\left(2m\right)^{\omega}}}-0.6190\right]} \tag{4-3-138}$$

②七点法井网产能公式。

a. 1 条压裂裂缝情形。有：

$$Q=\frac{4\pi K_0 h\left(p_e-p_w\right)}{\mu_0\left(3\ln\frac{d}{\sqrt{r_{equ}^{**}r_{equ}}}-1.7073\right)} \tag{4-3-139}$$

b. 2 条压裂裂缝情形。有：

$$Q=\frac{4\pi K_0 h\left(p_e-p_w\right)}{\mu_0\left(3\ln\frac{d}{\sqrt{r_{equ}^{**}\sqrt{mr_{equ}}}}-1.7073\right)} \tag{4-3-140}$$

c. 3 条压裂裂缝情形。有：

$$Q=\frac{4\pi K_0 h\left(p_e-p_w\right)}{\mu_0\left[3\ln\frac{d}{\sqrt{r_{equ}^{**}\left(2mr_{equ1}\right)^{\kappa}m^{\tau}}}-1.7073\right]} \tag{4-3-141}$$

d. 4 条压裂裂缝情形。有：

$$Q=\frac{4\pi K_0 h\left(p_e-p_w\right)}{\mu_0\left[3\ln\frac{d}{\sqrt{r_{equ}^{**}\left(3mr_{equ1}\right)^{\kappa}\left(2m^2\right)^{\tau}}}-1.7073\right]} \tag{4-3-142}$$

e. 5 条压裂裂缝情形。有：

$$Q=\frac{4\pi K_0 h\left(p_e-p_w\right)}{\mu_0\left[3\ln\frac{d}{\sqrt{r_{equ}^{**}\left(4mr_{equ1}\right)^{\kappa}\left(3m^2\right)^{\tau}\left(2m\right)^{\omega}}}-1.7073\right]} \tag{4-3-143}$$

③九点法井网产能公式。

a. 1 条压裂裂缝情形。有：

$$Q=\frac{\pi K_0 h\left(p_e-p_w\right)}{\mu_0\left(\frac{1+R}{2+R}\right)\left(\ln\frac{d}{\sqrt{r_{equ}^{**}r_{equ}}}-0.2724\right)} \tag{4-3-144}$$

b. 2 条压裂裂缝情形。有：

$$Q=\frac{\pi K_0 h\left(p_e-p_w\right)}{\mu_0\left(\frac{1+R}{2+R}\right)\left(\ln\frac{d}{\sqrt{r_{equ}^{**}\sqrt{mr_{equ}}}}-0.2724\right)} \tag{4-3-145}$$

c. 3 条压裂裂缝情形。有：

$$Q=\frac{\pi K_0 h\left(p_e-p_w\right)}{\mu_0\left(\frac{1+R}{2+R}\right)\left[\ln\frac{d}{\sqrt{r_{equ}^{**}\left(2mr_{equ1}\right)^{\kappa}m^{\tau}}}-0.2724\right]} \tag{4-3-146}$$

d. 4 条压裂裂缝情形。有：

$$Q=\frac{\pi K_0 h\left(p_e-p_w\right)}{\mu_0\left(\frac{1+R}{2+R}\right)\left[\ln\frac{d}{\sqrt{r_{equ}^{**}\left(3mr_{equ1}\right)^{\kappa}\left(2m^2\right)^{\tau}}}-0.2724\right]} \tag{4-3-147}$$

e. 5 条压裂裂缝情形。有：

$$Q=\frac{\pi K_0 h\left(p_e-p_w\right)}{\mu_0\left(\frac{1+R}{2+R}\right)\left[\ln\frac{d}{\sqrt{r_{equ}^{**}\left(4mr_{equ1}\right)^{\kappa}\left(3m^2\right)^{\tau}\left(2m\right)^{\omega}}}-0.2724\right]} \tag{4-3-148}$$

式（4–3–146）至式（4–3–148）中的 κ，τ 和 ω 等参数的求法与压裂水平井—直井五点法面积井网相应情形相同。

同理也可以得到压裂更多条裂缝时的产能公式。

二、不稳态产能预测方法

低渗透油藏压裂水平井开发的矿场实践证实，水平井一般具有较高的初期产能，但产量递减比较快，而且油藏渗透率越低，这种现象越明显。因此，研究压裂水平井的产量递减规律，对于压裂水平井的科学认识及其性能的高效利用至关重要。

以非定常渗流理论为基础，建立压裂水平井的试井分析模型，进而分析不稳态产量递减规律，是研究不稳态时期压裂水平井产量递减规律的主要手段。Horne，Larsen，Genliang Guo，Ozkan 和 Raghavan，以及 Guo 等都对此作过深入研究并取得了出色的成果。但是，这些研究均未考虑启动压力梯度和压敏效应的影响。低渗透油藏由于储层渗透率低，启动压力梯度影响严重，压力传导比较缓慢，不稳态渗流期相对较长。因此，研究无限大地层压裂水平井的产量变化规律，具有一定意义。

首先建立同时考虑启动压力梯度和压敏效应影响的无限大油藏无限导流垂直裂缝井的不稳态渗流理论，进而得到有限导流垂直裂缝井的不稳态渗流压力分布公式，通过添加表皮因子的方法，得到压裂水平井单条裂缝的不稳态井底压力分布公式，最后通过叠加原理，求解任意裂缝条数的压裂水平井不稳态压力。

1. 垂直裂缝井不稳态渗流

1）无限导流垂直裂缝井

无限导流垂直裂缝是指只考虑裂缝外部的椭圆非达西渗流。根据平均质量守恒定律，有：

$$\left[\int_{\xi_w\approx 0}^{\xi_R(t)}(p_i-p)\,\mathrm{d}\left(\pi x_f^2 h\cdot\sinh\xi\cdot\cosh\xi\right)\right]\phi c_t=Qt \tag{4-3-149}$$

即

$$\int_{\xi_w\approx 0}^{\xi_R(t)}(p_i-p)\cosh(2\xi)\mathrm{d}\xi=\frac{Q}{\pi x_f^2 h\phi c_t}t \tag{4-3-150}$$

得到其拟压力的形式的控制方程：

$$\int_{\xi_w\approx 0}^{\xi_R(t)}\ln m(p)\cdot\cosh(2\xi)\mathrm{d}\xi=-\frac{Q\alpha}{\pi x_f^2 h\phi c_t}t \tag{4-3-151}$$

式中

$$m(p)=\exp[-\alpha(p_i-p)]$$

初始条件：

$$m(p)|_{t=0}=1 \tag{4-3-152}$$

内边界条件：

$$\left.\frac{\partial m(p)}{\partial\xi}\right|_{\xi=\xi_w\approx 0}=\frac{\alpha Q\mu_0}{2\pi h\rho_0 k_0}+\frac{2\alpha G x_f}{\pi}m(p)\Big|_{\xi=\xi_w\approx 0} \tag{4-3-153}$$

外边界条件：

$$\left.\frac{\partial m(p)}{\partial\xi}\right|_{\xi=\xi_w\approx 0}=\frac{\alpha Q\mu_0}{2\pi h\rho_0 k_0}+\frac{2\alpha G x_f}{\pi}\cosh\xi_R\cdot m(p)\Big|_{\xi=\xi_R},\quad m(p)\Big|_{\xi=\xi_R}=1 \tag{4-3-154}$$

根据稳态渗流压力解式（4-3-12），令数学定解问题式（4-3-151）至式（4-3-154）的试探解

$$m(p)=\frac{\alpha Q\mu_0}{2\pi h\rho_0 K_0}\int_{\xi_R}^{\xi}\exp\left[\frac{2\alpha G x_f}{\pi}(\sinh\xi-\sinh u)\right]\mathrm{d}u+\exp\left[\frac{2\alpha G x_f}{\pi}(\sinh\xi-\sinh\xi_R)\right] \tag{4-3-155}$$

将式（4-3-155）带入泛定方程式（4-3-151），有：

$$t=-\frac{\pi x_f^2 h\phi c_t}{Q\alpha}\cdot\int_{\xi_w\approx 0}^{\xi_R(t)}\ln\left\{\frac{\alpha Q\mu_0}{2\pi h\rho_0 K_0}\int_{\xi_R}^{\xi}\exp\left[\frac{2\alpha G x_f}{\pi}(\sinh\xi-\sinh u)\right]\mathrm{d}u+\exp\left[\frac{2\alpha G x_f}{\pi}(\sinh\xi-\sinh\xi_R)\right]\right\}\cdot\cosh(2\xi)\mathrm{d}\xi \tag{4-3-156}$$

通过求解超越方程式（4-3-156），得到 ξ_R—t 的关系，代入式（4-3-155），即可得到压力随时间变化的关系式：

$$p = p_i + \frac{1}{\alpha}\ln\left\{\frac{\alpha Q\mu_0}{2\pi h\rho_0 k_0}\int_{\xi_R}^{\xi}\exp\left[\frac{2\alpha Gx_f}{\pi}(\sinh\xi - \sinh u)\right]du + \exp\left[\frac{2\alpha Gx_f}{\pi}(\sinh\xi - \sinh\xi_R)\right]\right\} \tag{4-3-157}$$

因此，其井底压力公式为：

$$p_w = p_i + \frac{1}{\alpha}\ln\left\{\frac{\alpha Q\mu_0}{2\pi h\rho_0 k_0}\int_{\xi_R}^{0}\exp\left[-\frac{2\alpha Gx_f}{\pi}\sinh u\right]du + \exp\left[-\frac{2\alpha Gx_f}{\pi}\sinh\xi_R\right]\right\} \tag{4-3-158}$$

如果不考虑压敏效应，式（4–3–157）和式（4–3–158）分别简化为：

$$p = p_i + \frac{Q\mu_0}{2\pi\rho_0 K_0}(\xi - \xi_R) + \frac{2Gx_f}{\pi}(\sinh\xi - \sinh\xi_R) \tag{4-3-159}$$

$$p_w = p_i + \frac{Q\mu_0}{2\pi h\rho_0 K_0}(\xi_w - \xi_R) + \frac{2Gx_f}{\pi}(\sinh\xi_w - \sinh\xi_R) \tag{4-3-160}$$

式（4–3–159）和式（4–3–160）与宋付权的研究结果相一致，反映该式的正确性，以及应用更具有广泛性。

2）有限导流垂直裂缝井

有限导流垂直裂缝是同时考虑裂缝外部的非达西椭圆渗流和裂缝内部的线性达西渗流。根据裂缝处耦合流动关系，有：

$$2w_f h\left(K_f\frac{\rho}{\mu}\bigg|_{\xi=\xi_w\approx 0}\cdot\frac{\partial^2 p_f}{\partial\eta^2}\right) + 4x_f h\left(\frac{\rho K}{\mu}\cdot\frac{\partial p}{\partial\xi}\right)\bigg|_{\xi=\xi_w\approx 0} = 0 \tag{4-3-161}$$

通过 $K_{\xi=\xi_w\approx 0} = K_0$ 作线性化处理，得到裂缝内流体渗流的控制方程：

$$\frac{\partial^2 p_f}{\partial\eta^2} + \frac{2}{C_{fD}}\cdot\frac{\partial p}{\partial\xi}\bigg|_{\xi=\xi_w\approx 0} = 0 \qquad \left(0<\eta<\frac{\pi}{2}\right) \tag{4-3-162}$$

式中

$$C_{fD} = \frac{k_f w_f}{k_0 x_f}$$

称为无量纲导流能力。

初始条件：

$$p_f|_{t=0}=p_i,\quad m(p)|_{t=0}=1 \tag{4-3-163}$$

裂缝定产条件：

$$\frac{\partial p_f}{\partial\eta}\bigg|_{\eta=\frac{\pi}{2}} = -\frac{\pi}{C_{fD}}\left[\frac{Q\mu_0}{2\pi h\rho_0 K_0} + \frac{2Gx_f}{\pi}m(p)\big|_{\xi=\xi_w\approx 0}\right] \tag{4-3-164}$$

裂缝端点处封闭条件：

$$\left.\frac{\partial p_{\mathrm{f}}}{\partial \eta}\right|_{\eta=0}=0 \tag{4-3-165}$$

根据式（4-3-157）和式（4-3-158），令数学定解问题式（4-3-162）至式（4-3-165）的试探解

$$p=p_{\mathrm{f}}\cdot\frac{\dfrac{\alpha Q\mu_0}{2\pi h\rho_0K_0}\displaystyle\int_{\xi_{\mathrm{R}}}^{\xi}\exp\left[\frac{2\alpha Gx_{\mathrm{f}}}{\pi}(\sinh\xi-\sinh u)\right]\mathrm{d}u+\exp\left[\frac{2\alpha Gx_{\mathrm{f}}}{\pi}(\sinh\xi-\sinh\xi_{\mathrm{R}})\right]}{\dfrac{1}{\alpha}\ln\left\{\dfrac{\alpha Q\mu_0}{2\pi h\rho_0K_0}\displaystyle\int_{\xi_{\mathrm{R}}}^{0}\exp\left[-\frac{2\alpha Gx_{\mathrm{f}}}{\pi}\sinh u\right]\mathrm{d}u+\exp\left[-\frac{2\alpha Gx_{\mathrm{f}}}{\pi}\sinh\xi_{\mathrm{R}}\right]\right\}} \tag{4-3-166}$$

将上式带入泛定方程式（4-3-163）中，得到关于 p_{f} 的常微分方程：

$$\frac{\partial^2 p_{\mathrm{f}}}{\partial\eta^2}+\frac{2}{C_{\mathrm{fD}}}\cdot\frac{\dfrac{Q\mu_0}{2\pi h\rho_0K_0}+\dfrac{2Gx_{\mathrm{f}}}{\pi}m(p)\Big|_{\xi=\xi_{\mathrm{w}}\approx0}}{\dfrac{1}{\alpha}\ln\left\{\dfrac{\alpha Q\mu_0}{2\pi h\rho_0K_0}\displaystyle\int_{\xi_{\mathrm{R}}}^{0}\exp\left[-\frac{2\alpha Gx_{\mathrm{f}}}{\pi}\sinh u\right]\mathrm{d}u+\exp\left[-\frac{2\alpha Gx_{\mathrm{f}}}{\pi}\sinh\xi_{\mathrm{R}}\right]\right\}}\cdot p_{\mathrm{f}}=0 \tag{4-3-167}$$

二阶线性常微分方程（4-3-167）的解为：

$$p_{\mathrm{f}}=p_{\mathrm{i}}-\frac{\pi}{C_{\mathrm{fD}}\nu}\left[\frac{Q\mu_0}{2\pi h\rho_0K_0}+\frac{2Gx_{\mathrm{f}}}{\pi}m(p)\Big|_{\xi=\xi_{\mathrm{w}}\approx0}\right]\frac{\cosh(\nu\eta)}{\sinh\left(\dfrac{\pi\nu}{2}\right)} \tag{4-3-168}$$

式中

$$\nu^2=-\frac{2}{C_{\mathrm{fD}}}\cdot\frac{\dfrac{Q\mu_0}{2\pi h\rho_0K_0}+\dfrac{2Gx_{\mathrm{f}}}{\pi}m(p)\Big|_{\xi=\xi_{\mathrm{w}}\approx0}}{\dfrac{1}{\alpha}\ln\left\{\dfrac{\alpha Q\mu_0}{2\pi h\rho_0K_0}\displaystyle\int_{\xi_{\mathrm{R}}}^{0}\exp\left[-\frac{2\alpha Gx_{\mathrm{f}}}{\pi}\sinh u\right]\mathrm{d}u+\exp\left[-\frac{2\alpha Gx_{\mathrm{f}}}{\pi}\sinh\xi_{\mathrm{R}}\right]\right\}}$$

因此，其井底压力为：

$$p_{\mathrm{w}}=p_{\mathrm{i}}-\frac{\pi}{C_{\mathrm{fD}}\nu}\left[\frac{Q\mu_0}{2\pi h\rho_0K_0}+\frac{2Gx_{\mathrm{f}}}{\pi}m(p)\Big|_{\xi=\xi_{\mathrm{w}}\approx0}\right]\coth\left(\frac{\pi\nu}{2}\right) \tag{4-3-169}$$

式中　ξ_{R}—t 的关系仍由式（4-3-156）确定。

如果不考虑压敏效应，式（4-3-168）和式（4-3-169）分别简化为：

$$p_{\mathrm{f}}=p_{\mathrm{i}}-\frac{\pi}{C_{\mathrm{fD}}\nu}\left(\frac{Q\mu_0}{2\pi h\rho_0K_0}+\frac{2Gx_{\mathrm{f}}}{\pi}\right)\frac{\cosh(\nu\eta)}{\sinh\left(\dfrac{\pi\nu}{2}\right)} \tag{4-3-170}$$

$$p_w=p_i-\frac{\pi}{C_{fD}\nu}\left(\frac{Q\mu_0}{2\pi h\rho_0 K_0}+\frac{2Gx_f}{\pi}\right)\coth\left(\frac{\pi\nu}{2}\right) \tag{4-3-171}$$

式中

$$\nu^2=\frac{2}{C_{fD}}\cdot\frac{\dfrac{Q\mu_0}{2\pi h\rho_0 K_0}+\dfrac{2Gx_f}{\pi}}{\dfrac{Q\mu_0}{2\pi h\rho_0 K_0}\xi_R+\dfrac{2Gx_f}{\pi}\sinh\xi_R}$$

式（4−3−170）和式（4−3−171）与宋付权的研究结果相一致，反映该式的正确性，以及应用更具有广泛性。

2. 压裂水平井不稳态渗流

通过添加附加压力降

$$\Delta p_{skin}=\frac{Q\mu}{2\pi Kh}\left[\frac{Kh}{K_f w_f}\left(\ln\frac{h}{2r_w}-\frac{\pi}{2}\right)\right]$$

可以得到横向压裂水平井单一裂缝压力分布方程：

$$p_w=p_i-\frac{\pi}{C_{fD}\nu}\left(\frac{Q\mu_0}{2\pi h\rho_0 K_0}+\frac{2Gx_f}{\pi}\right)\coth\left(\frac{\pi\nu}{2}\right)-\frac{Q\mu_0}{2\pi h\rho_0 K_0}\left[\frac{K_0 h}{K_f w_f}\left(\ln\frac{h}{2r_w}-\frac{\pi}{2}\right)\right] \tag{4-3-172}$$

因此，对于一口压裂 n 条横向裂缝的压裂水平井，可以通过求解下面的方程组计算任意时刻 t 时的各条裂缝的产量 q_{f1}，q_{f2}，q_{f3}，…，q_{fn}：

$$\begin{cases}\Delta p_{11}(q_{f1})+\Delta p_{21}(q_{f2})+\Delta p_{31}(q_{f3})+\ldots+\Delta p_{n1}(q_{fn})=p_i-p_{w1}\\ \Delta p_{12}(q_{f1})+\Delta p_{22}(q_{f2})+\Delta p_{32}(q_{f3})+\ldots+\Delta p_{n2}(q_{fn})=p_i-p_{w2}\\ \Delta p_{13}(q_{f1})+\Delta p_{23}(q_{f2})+\Delta p_{33}(q_{f3})+\ldots+\Delta p_{n3}(q_{fn})=p_i-p_{w3}\\ \vdots\\ \Delta p_{1n}(q_{f1})+\Delta p_{2n}(q_{f2})+\Delta p_{3n}(q_{f3})+\ldots+\Delta p_{nn}(q_{fn})=p_i-p_{wn}\end{cases} \tag{4-3-173}$$

式中　Δp_{ij}——产量为 q_{fi} 的第 i 条裂缝在第 j 条裂缝处产生的压力降；

p_{wi}——第 i 条裂缝处的井底压力。这里假设 $p_{w1}=p_{w2}=p_{w3}=\cdots=p_{wn}$。

这样方程组中第一个方程即为每条裂缝在第一条裂缝处产生的压力降落的叠加，以下依次类推。

所以，任意时刻 t 时的压裂水平井产量为：

$$Q=q_{f1}+q_{f2}+q_{f3}+\cdots+q_{fn} \tag{4-3-174}$$

即可求得 Q—t 的关系。

三、产能预测方法应用

1. 稳态产能计算

1）单井稳态产能计算

（1）计算条件。油藏基本参数取值为：平均油层厚度 10.5m，平均渗透率 0.85mD，地层原油黏度 5.96mPa · s，地层原油密度 0.73g/cm^3，体积系数 1.32。

水平井长度 400m，泄油半径 200m。生产压差 6MPa。

（2）影响因素分析。从产能公式可以看出，影响水平井产量的因素有很多，这里只分析比较重要的几个。

①启动压力梯度的影响。参数的具体取值见表 4–3–1 算例 1。从计算结果可以看出，启动压力梯度大于 0.01MPa/m 以后，该因素对产量的影响很大。由于启动压力梯度与流度呈幂指关系，因此，当油藏渗透率很低时，启动压力梯度剧增，也相应会严重影响产量。如图 4–3–14 所示。

表 4–3–1　影响因素分析算例取值基础数据表

算例	启动压力梯度 MPa/m	变形系数 MPa^{-1}	裂缝条数 条	裂缝半长 m	无量纲 导流能力	裂缝间距 m
1	—	0	5	120	1	100
2	0	—	5	120	1	100
3	0	0	—	120	1	—
4	0	0	5	—	1	100
5	0	0	5	120	—	100
6	0	0	5	120	1	—

同时，从水平井产量计算结果与 Joshi 公式计算结果对比可以看出，在启动压力梯度为 0 时，该公式与之相吻合，只是由于后者在计算内阻时有部分重复，因此比本书所推导的公式计算值稍小。

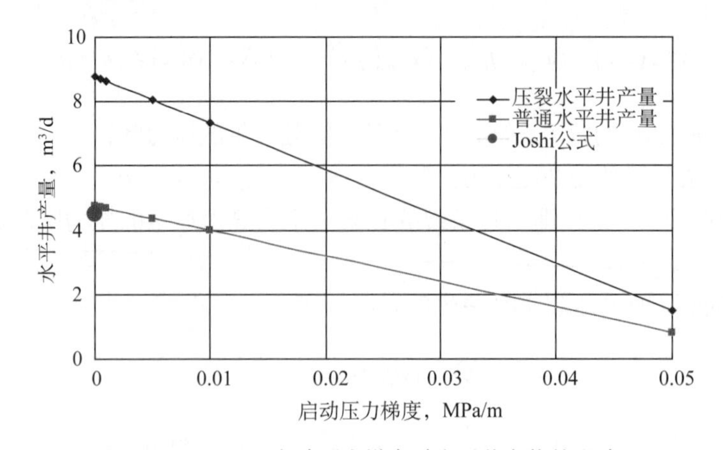

图 4–3–14　启动压力梯度对水平井产能的影响

②变形系数的影响。参数的具体取值见表 4–3–1 算例 2。从计算结果可以看出，变形系数对产量的影响与生产压差有关系，生产压差越大，变形系数对产量的影响越严重。因此，对于变形系数比较大的油藏，需要进行生产压差优化，保证较高的采油指数，满足产量的同时，降低渗流阻力。如图 4–3–15 所示。

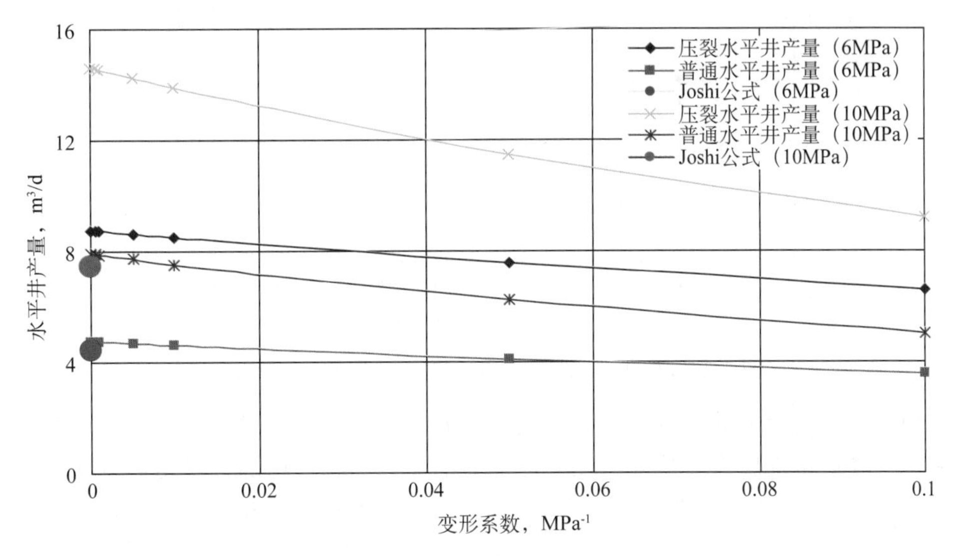

图 4–3–15　变形系数对水平井产能的影响

③压裂裂缝条数的影响。参数的具体取值见表 4–3–1 算例 3。从图 4–3–16 可以看出，当裂缝条数为 1 ~ 5 时，裂缝条数对压裂水平井产量影响很大，当裂缝条数大于 5 时，产量增加幅度明显降低。因此，在该计算条件下，最佳压裂裂缝条数为 4 ~ 5 条。

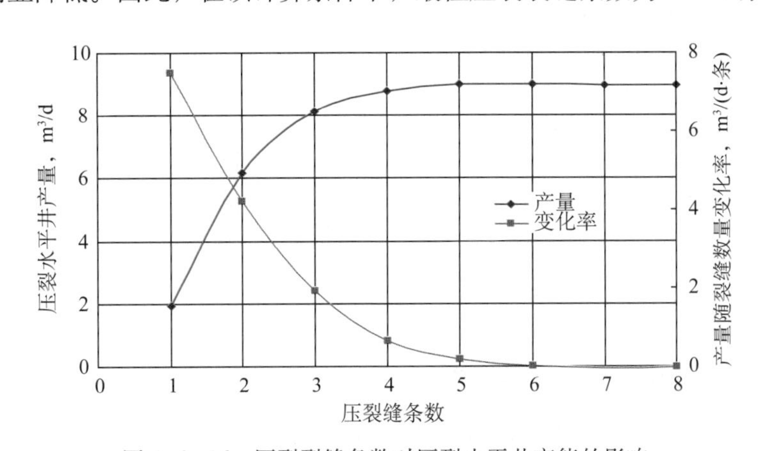

图 4–3–16　压裂裂缝条数对压裂水平井产能的影响

④压裂裂缝长度的影响。参数的具体取值见表 4–3–1 算例 4。从计算结果可以看出，由于油藏渗透率比较低，裂缝长度的变化对压裂水平井产量的影响很大，裂缝长度小于 120m 时，产量随裂缝长度的增幅比较大，之后产量增加逐渐变缓，但总体上，随着压裂裂缝长度的增加，产量明显增加。同时，考虑到配上注水井以后，压裂裂缝过长将会缩短裂缝端点到注水井的距离，而导致注入水沿裂缝快速水窜，引起水平井水淹。因此，综合分

析，在该计算条件下，压裂裂缝长度以 240m 左右为宜。如图 4−3−17 所示。

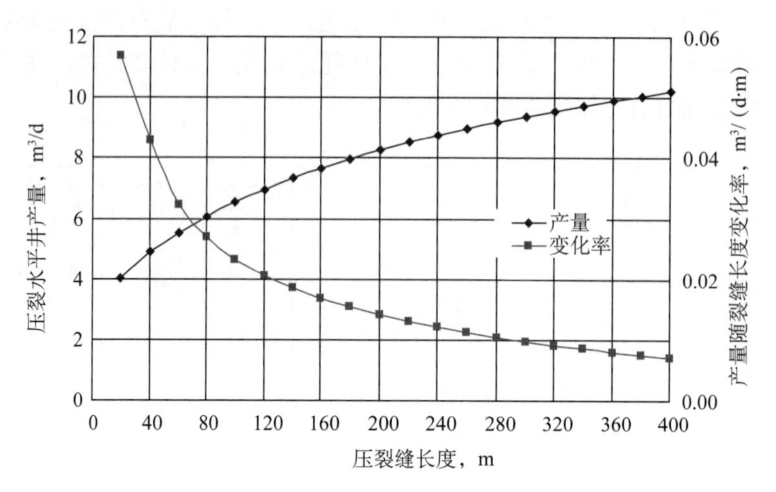

图 4−3−17　压裂裂缝长度对压裂水平井产能的影响

⑤压裂裂缝导流能力的影响。参数的具体取值见表 4−3−1 算例 5。从计算结果可以看出，压裂水平井产量随压裂裂缝无量纲导流能力的增加而明显增加，在无量纲导流能力大于 1 时，产量采油指数增幅下降，无量纲导流能力大于 10 时，产量增幅不明显。因此，压裂要求无量纲导流能力介于 1 ~ 10 之间。该计算结果表明，对于渗透率较低的油藏，压裂裂缝以长裂缝、低导流为佳，这与 Economides 等的观点一致。如图 4−3−18 所示。

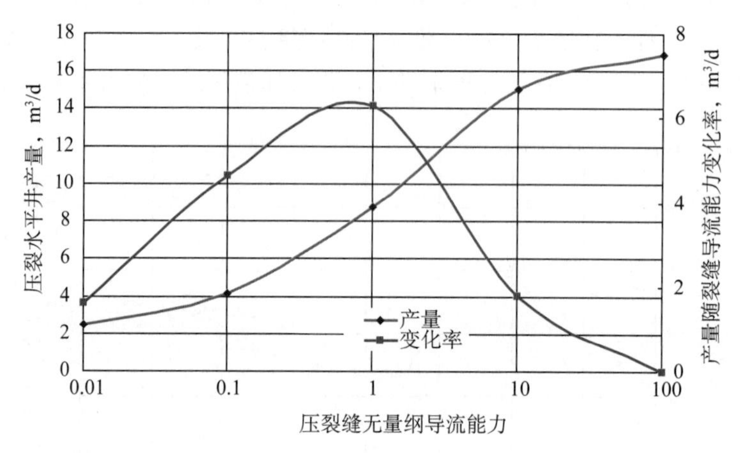

图 4−3−18　压裂裂缝导流能力对压裂水平井产能的影响

这里进一步研究单条裂缝不同位置对产量的贡献。

根据裂缝渗流的流线方程，有：

$$\frac{x^2}{\left[x_{\mathrm{f}}\sin(2\pi\varphi)\right]^2}-\frac{y^2}{\left[x_{\mathrm{f}}\cos(2\pi\varphi)\right]^2}=1 \tag{4-3-175}$$

则通过令式（4−3−175）中 y=0，得到沿裂缝的流量方程：

$$\varphi=\frac{1}{2\pi}\arcsin\left(\frac{x}{x_{\mathrm{f}}}\right) \tag{4-3-176}$$

因此，沿裂缝的流量变化规律为：

$$\frac{x\text{处流通量}}{\text{平均流通量}}=\frac{\dfrac{\mathrm{d}\varphi}{\mathrm{d}x}}{\dfrac{1}{4x_{\mathrm{f}}}}=\frac{2}{\pi\sqrt{1-\left(\dfrac{x}{x_{\mathrm{f}}}\right)^{2}}} \tag{4-3-177}$$

从图 4-3-19 可以看出，单条裂缝不同位置对产量的贡献不同，裂缝端部对产量的贡献最大。由于优化设计的裂缝长度较长，因此，在压裂施工过程中，尤其要注意保证裂缝端部的导流能力。

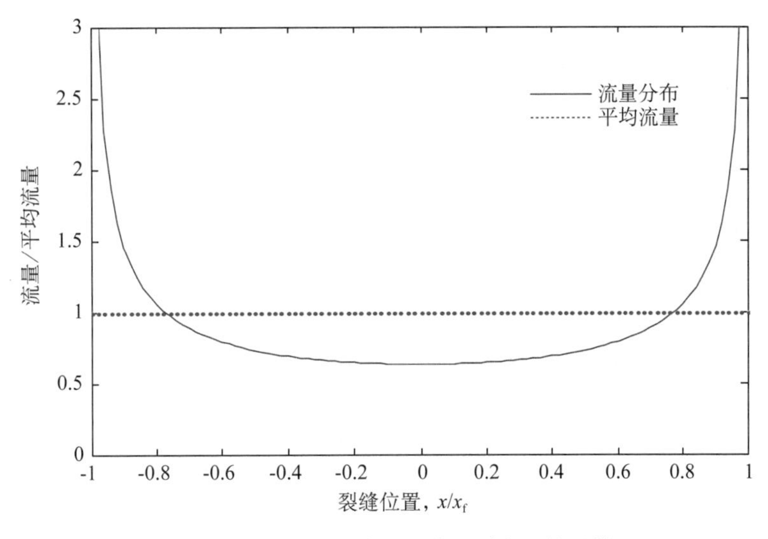

图 4-3-19　裂缝不同位置对产量的贡献

⑥非均匀的影响。按上面的优化结果分析水平井每条裂缝的贡献情况，参数的具体取值见表 4-3-1 算例 6。从计算结果可以看出，最外端两条裂缝所占比例最大。为了均匀采油，可以适当将第 2、第 3 条裂缝向两端靠，并增加第 2、第 3 条裂缝的长度、缩短最外端裂缝长度，实施非均匀压裂，如图 4-3-20 和图 4-3-21 所示。这样既有利于均匀采油，同时又增大了裂缝端点与注水井之间的距离，延缓见水时间。

2）井网稳态产能计算

图 4-3-22 是采用本节所推导的井网产能公式对 22 口水平井产液量的计算结果与实际产液量的对比。可以看出，利用该评价方法所推导的产能计算公式是可靠的，其精度能够满足矿场生产实际的需要。

2. 不稳态产能计算

基本参数取值为：平均油层厚度 10.5m，平均孔隙度 10.6%，平均渗透率 0.85mD，原油压缩系数 $14.2\times10^{-4}\mathrm{MPa}^{-1}$，地层原油黏度 5.96mPa · s，体积系数 1.32。生产压差取 6MPa。

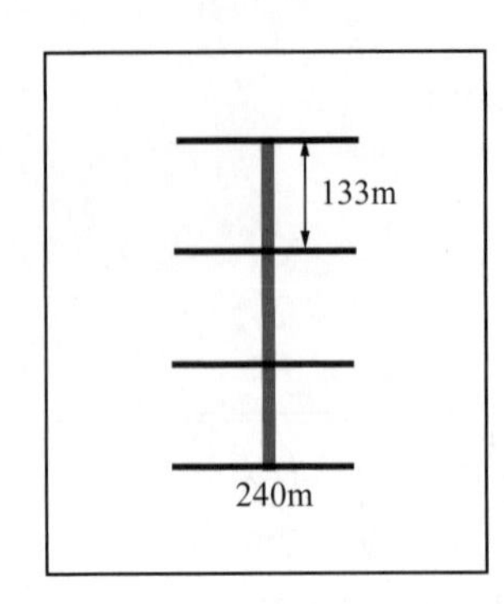

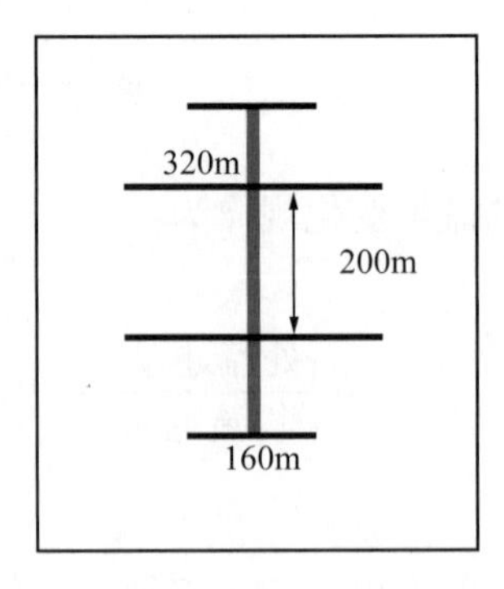

图 4-3-20　非均匀压裂示意图

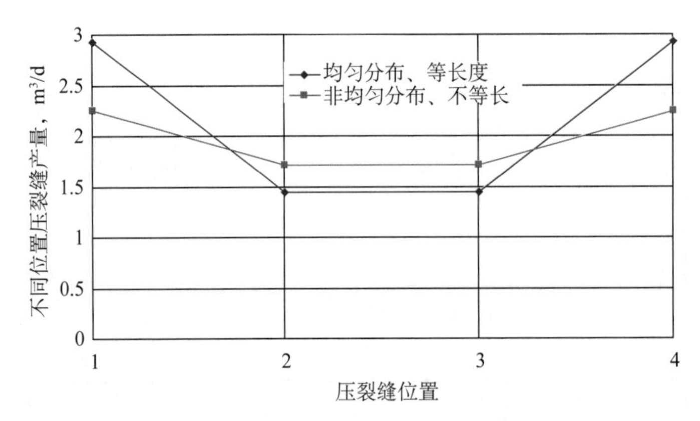

图 4-3-21　压裂裂缝位置和长度对压裂水平井产能的影响

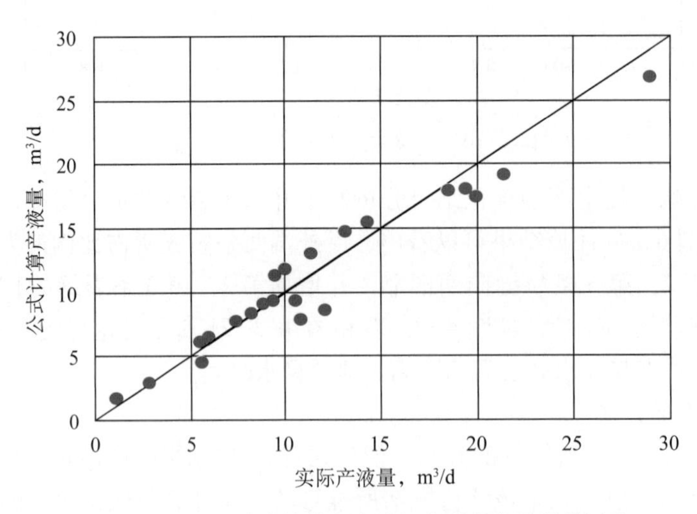

图 4-3-22　公式计算产液量与实际产液量误差对比

如图 4-3-23 至图 4-3-27 所示，从计算结果可以看出：

（1）压裂水平井初期产量比较高，但是递减比较快。主要是由于近裂缝周围渗流阻力小，产量高，随着压力逐渐向外传播，泄油范围增大，渗流阻力变大，产量减小。因此，仅靠初期产量评价压裂水平井开发效果不够科学。

（2）产量很快进入平稳阶段，并且维持较长时间。这一阶段是压裂水平井的主要采油时期，进行有效的能量补充是该段时间的技术关键。

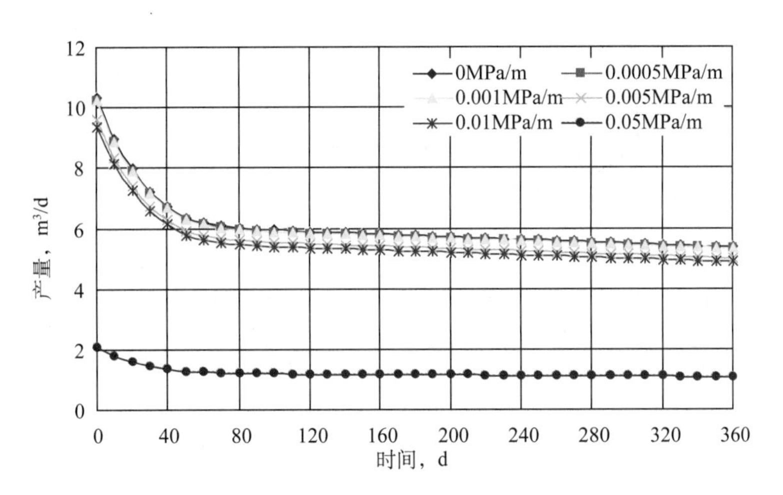

图 4-3-23　启动压力梯度对递减规律的影响

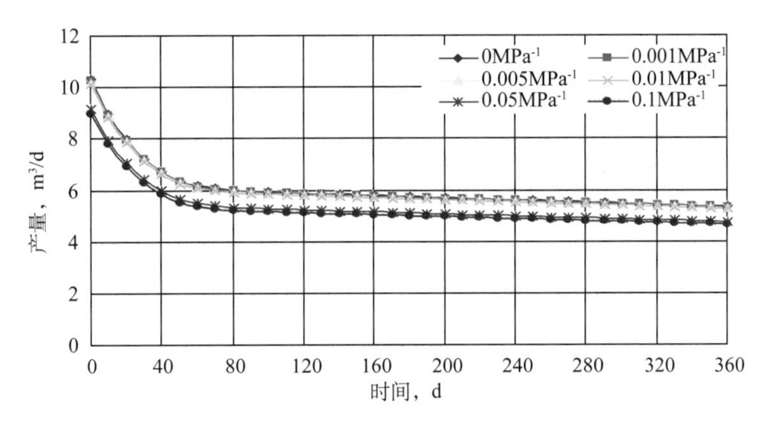

图 4-3-24　变形系数对递减规律的影响

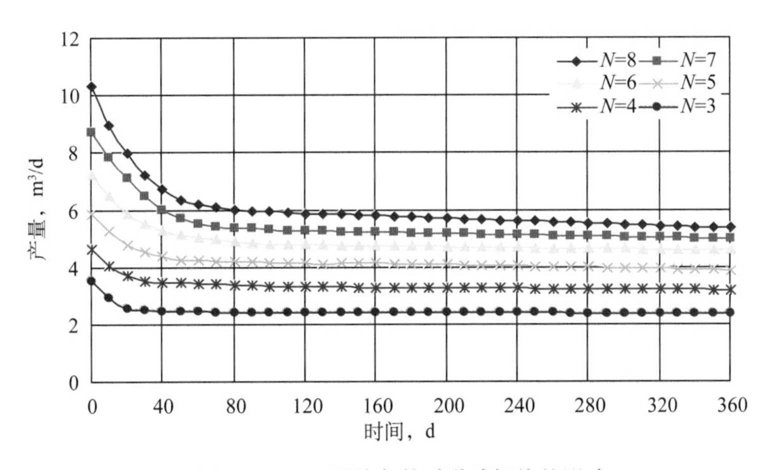

图 4-3-25　裂缝条数对递减规律的影响

（3）启动压力梯度、变形系数、裂缝条数、长度和导流能力对产量递减有一定影响，但仅影响产量的相对大小，并不影响产量变化的相对趋势。

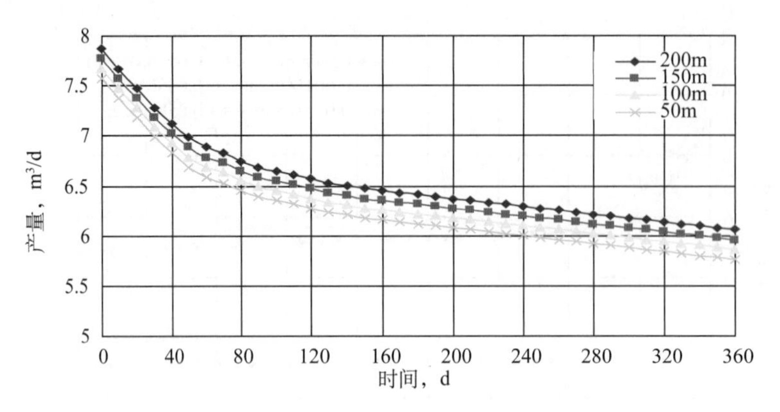

图 4-3-26　裂缝长度对递减规律的影响

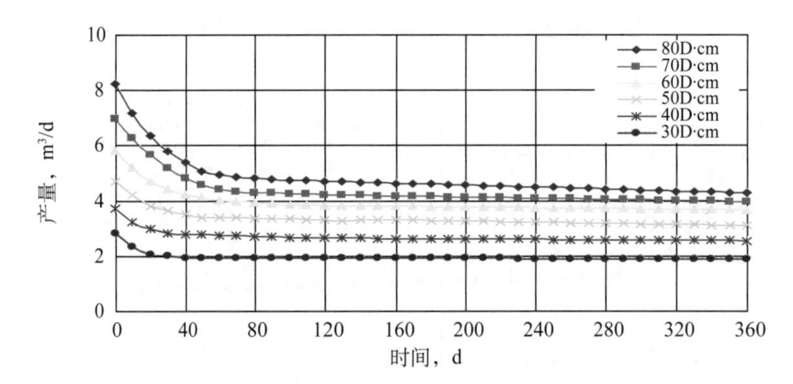

图 4-3-27　裂缝导流能力对递减规律的影响

第五章　水平井分段压裂优化设计

由于多段裂缝的存在，水平井分段压裂设计比直井压裂设计要复杂得多，表现在油藏工程优化考虑的要素以及分段压裂优化的参数远多于直井，同时裂缝建模和模拟及优化过程比直井复杂。本章介绍了水平井分段压裂油藏工程和压裂工艺的优化设计方法与流程，并以4口井为例分别介绍了弹性开采和注采开采条件下水平井分段压裂设计方法。

第一节　水平井油藏工程设计

一、水平井开发适应性论证

1. 水平井适应性论证原则

从技术角度分析，任何能够采用其他方式开采的低渗透油藏都可以采用水平井开采。因此，这里要论证的水平井开发的可行性是指采用水平井开发的优势所在，其原则在于论证水平井开发相对其他井型开发有无经济技术优越性。

2. 水平井适应性论证的主要内容

1）油藏类型是否适合水平井开发

通常认为单一厚层状油藏是最适合水平井开发的，如果内部比较均质，没有明显的隔夹层，则水平井开发尤为有利。开发方案中还应该对油层的纵向沉积韵律、平面沉积相带进行论证，为水平井的轨迹和方位设计提供依据。

对于层状油藏，如果油层分布井段相对集中或者有少数几个主力油层，也可以考虑采用水平井或者穿越多层的分段压裂开发。但是必须论证储量的动用程度，或者明确哪些层用水平井开采，哪些层用直井开采，哪些层采用水平井、直井、定向井相结合的方式开采。对于油层较薄的层状油藏，还必须论证水平井单井控制储量，并与直井的单井控制储量进行对比，说明水平井开采的优势所在。

水平井开发裂缝性低渗透油藏也具有明显优势，但要重点论证水平井轨迹方位与裂缝之间的关系，考虑地应力、天然裂缝、压裂裂缝之间的相互关系及其对水平井开发的影响。

一般认为巨厚油藏和薄互层油藏不适合水平井开发。由于巨厚油藏厚度过大，一般大于50m，水平井与直井开发效果差别不大，至少开发初期没有必要采用水平井开发。薄互层油藏，且没有主力油层，含油井段很长的油藏，若用水平井开发，一是储量动用程度低，二是钻井难度大，不容易中靶。因此相对直井开发而言没有优势，一般不提倡采用水平井开发。

2）水平井开发的技术优势

论证水平井与直井开发的单井产能比、单井和油藏的高峰产量、稳产期、含水上升速度、最终采收率等。

3）水平井开发的经济优势

包括投入产出比、投资回收期等方面与其他井型开发进行对比。

4）储量动用程度

论证水平井开发对油藏储量的动用程度、储量损失状况。

3. 水平井适应性论证的方法

1）类比法

与国内外其他同类型的低渗透油藏成功应用水平井开发的效果进行对比，如果有可供对比的实例，可以作为水平井开发可行性分析的依据。类比的主要内容包括：油藏类型、油藏规模、油层埋深、流体性质、储量丰度等。

2）开发先导试验

在正式开发方案编制之前，对拟采用水平井进行开发的油藏进行水平井开发先导试验，为水平井方案设计提供依据。

3）油藏数值模拟方法

采用先进的三维地质建模软件，在油藏地质特征研究、储层反演和横向预测的基础上，将油藏描述的成果具体体现在三维地质模型当中，并在模型中进行水平井设计，然后利用油藏数值模拟软件对水平井开发效果进行预测分析对比，结合经济评价最终确定是否采用水平井开发。

二、水平井井位、方位和长度优化

1. 水平井井位优化

水平井在油藏中最佳的纵向位置受油层厚度、隔夹层分布、油水界面和油气界面位置等因素的制约；水平井在油藏中最佳的平面位置受油藏规模、构造幅度、油藏类型等因素的制约。通常需要论证的内容包括：

（1）水平轨迹距油层顶面的距离，距油水界面、油气界面的距离；

（2）水平轨迹穿越的油层段比例、隔夹层数量和厚度；

（3）水平段长度与油藏规模的关系。

由于水平井在油层中位置是永久性的，无论何种类型的油藏，打好水平井的关键是根据油藏地质特征正确地设计水平井井段位置，水平井在储层中纵向位置的设计原则是尽可能把水平井放在物性好的位置，尽可能钻遇更多的油层。

许多水平井达不到预期的开发效果，甚至在许多情况下，水平井仅发挥其部分潜力，或只有一小部分井段对生产能力有贡献，其中一个原因是井在油层中的位置不合适。因此，钻一口成功的水平井的前提是优先确定它在目的层的最佳位置，特别是当底水或气顶存在时，水平井的垂向位置更为重要。

研究表明，底水油藏水平井的最优垂向位置为 H_w=0.9 左右；气顶油藏水平井的最优垂向位置为 H_w=0.1 左右；气顶、底水油藏水平井最优垂向位置影响最大的因素是油水密度差与油气密度差，如果油水密度差与油气密度差不大的话，一般来说处于中间位置。边水油藏，水平井的最优垂向位置在油层中部。盒状封闭油藏，垂向渗透率和原油黏度对水平井的垂向最优位置影响较大。

2. 水平井方位优化

水平井的方位优化一般要考虑以下原则：

（1）水平段方向与最大主应力的关系。对于裂缝性低渗透油藏需要论证水平井轨迹方位与最大主应力方向、天然裂缝方向、人工压裂裂缝之间的关系。前提是首先要采取各种手段搞清楚油藏的最大主应力方向、天然裂缝方向和人工压裂裂缝的方向。目前主要考虑水平井段与天然裂缝垂直，同时保证水平井井身轨迹一般采用具有一定弧度的弓形轨迹，增加储层纵向上的控制程度，这样才能保证水平井穿遇更多的裂缝，保证压开的水力裂缝也沿天然裂缝方向垂直水平井段，同时也能防止水平井两端靠近水区，提高水平井的生产能力。

（2）水平段方向与沉积相带、物源方向的关系。在油藏沉积相研究的基础上，水平井轨迹方位与沉积相带延伸方向之间的关系可因不同油藏地质特征而异。对于沉积相带很窄的条带状油藏，特别是低渗透油藏，水平井轨迹，原则上与沉积相带一致比较有利；对于规模比较大的沉积相带，水平井的部署则不一定要遵循这个原则，垂直和平行甚至有一定夹角都有可能，具体如何部署有利要给出论证依据。

水平井的方位与物源方向平行，在一般情况下水平井会落在单一砂体之内，当落在非主体砂体或者含油砂体之外，水平井的初期产能和中后期产能都会很低，甚至无产能；当落在主体含油砂体之内时，水平井的初期产能比较大，但是，由于水平井控制含油（单一砂体）面积较小，水平井的产量递减较快，最终累计产量不大，并且，因为与沉积各向异性渗透率的最大主值方向（物源方向）平行，水平段的高导流能力不能得到充分利用。

如果水平段与物源方向垂直，则水平段有更大的概率穿越多个砂体区域。大量资料表明，只要水平段的一部分落在任意一个主体含油区域内，就可以利用水平段的导流能力控制这个主砂体内流体的流动。这种情况下，水平井的初期以及中后期产能都比较理想，从而保证开发效果。

（3）水平段方向与构造线方向的关系。一般来说，水平段尽量与构造线平行，但是对于油藏规模比较小的屋脊状、条带状油藏，水平井轨迹方位选择余地就很小，在开发方案中应当对此作出论证和说明，有时也选择出垂直构造线布置水平井。水平段尽量与构造线平行，有利于水平轨迹的控制，减少深度误差，有利于防止边水和注入水的舌进，提高水平井效果；水平段垂直于构造线，由于构造变化快以及砂体展布变化等原因，钻井过程中水平井的轨迹摆动幅度大，控制难度大。实际统计资料也表明，水平段垂直于构造线，轨迹控制难度大、精度低，水平段钻遇油层少，边水和注入水容易舌进。

对于平缓的背斜或单斜构造的低渗透油藏，水平井方位选择余地大些，可根据油藏的其他特征，综合考虑水平井轨迹方位。一般来说，剩余油富集于构造高部位，水平井占屋脊，打高点，水平井井身轨迹一般采用具有一定弧度的弓形轨迹。

3. 水平段长度优化

水平段长度优化方法很多，需要根据具体的油藏特征确定优化方法。通常根据数值模拟方法、有效井径方法、经济指标与水平井段长度的关系、油层厚度及单井控制程度与水平井段长度的关系、油藏非均质程度与水平井段长度的关系、油藏天然裂缝与水平井段长度的关系、油藏的工作状态与水平井段长度的关系等确定水平井水平段的最佳长度。

三、水平井井网与缝网的优化设计

目前，我国大部分低渗透油藏采用注水补充能量开发。因此进行注采井网的优化以及与水力裂缝匹配关系的研究是低渗透油藏水平井开发油藏工程设计的核心内容。

1. 水平井井网设计的原则

一个高效的水平井井网应该满足以下条件：

（1）初期产量高，采油速度高；

（2）能量补充好，压力保持水平高，注水见效早，产量递减缓慢；

（3）初期含水低，无水采油期长，含水上升速度慢，最终采收率高；

（4）井网后期调整余地大，灵活性好；

（5）井网密度小，经济效益好。

通过近几年的攻关试验，对水平井井网有了相对比较明确的认识。在水平井井网部署时应遵循以下原则：

（1）行列式排列的水平井井网由于能够形成线性水驱，驱替比较均匀，开发效果比较好，是首选的水平井井网类型。

（2）水平井采油—水平井注水的整体水平井井网开发效果最好，但这类井网水淹风险高，仅适合于均质性相对较好的油藏，且交错排列的整体水平井井网开发效果要好于正对排列的整体水平井井网。

（3）水平井采油—直井注水的五点和七点混合井网开发效果较整体水平井井网稍差，但这两类井网对非均质性较强的油藏有较好的适应性，且调整余地比较大。

（4）油藏渗透率较高时，水平段垂直于最大主应力方向，压裂横向裂缝开发效果较好；相反，水平段平行于最大主应力方向，压裂纵向裂缝开发效果较好。

2. 三维油藏地质模型的建立

油藏地质模型是将油藏的各种地质特征在三维空间分布及变化定性或定量描述出来的地质模型，它是对油气藏的类型、几何形态、规模、内部建筑结构、储层参数和流体分布等地质特征的高度概括，通常由圈闭结构模型、储层地质模型和流体分布模型三个部分组成。为建立油藏地质模型，首先要建立地层格架模型、构造模型、沉积模型、储层参数模型等子模型，油藏地质模型是油藏综合评价、数值模拟、开发方案优选的基础和依据。

1）构造建模

（1）框架模型。地层框架模型是对断层和地层空间组合关系的描述，是在断层模型基础上，根据钻井地质分层，结合地震解释结果建立起的沉积单元的构造模型。

（2）小层框架模型。小层框架模型是指以小层为基本单元的地质模型，小层模型是砂泥岩相模型的基础。等比例层系指较小比例的成因单元（纹层、层），在研究区域被遍布沉积而成，而他们的单层厚度可能会发生侧向变化。这些地层单元的总厚度也是多变的，但其纵向层序在任何一点处则可能保持不变。平行层系指单个较小比例尺的成因单元，厚度并不发生横向变化。由于总体厚度可能变化，所以其纵向层序也会发生变化，一套层系可能会平行于地层单元的底部或顶部。典型的例子是由一套不整合切削的层系。

2）岩相建模

岩相的分布是有其内在规律的，相的空间分布与层序地层之间、相与相之间、相内部的沉积层之间均有一定的成因关系。因此在相建模时，为了建立符合地质实际的储层相模型，需要充分利用这些成因关系。应用层序地层学原理确定等时界面及等时地层框架，并在等时界面限制的模拟单元层（zone）内，依据一定的相模式（相序规律、砂体叠加规律、微相组合方式及各相几何学特征）选取建模参数、建立岩相的三维模型。

3）相控属性建模

储层三维建模的最终目的是建立能够反映地下储层物性（孔隙度、渗透率、含油饱和度、净毛比）空间分布的参数模型。由于地下储层物性分布的非均质性与各向异性，用常规的由少数观测点进行插值的确定性建模，不能够反映物性的空间变化。

三维属性建模采用相控条件下的序贯高斯（SGS）模拟算法，建立孔隙度、渗透率、含油饱和度模型。序贯高斯模拟是建立在序贯模拟上的一个特殊的情况，它是建立在顺序模拟、克里金正态得分转换原理基础上的。只要知道一个随机变量的均值和方差就可以确定其分布，因此它适用于一些分布区域较窄、取值稳定均一、少有奇异值出现的近似服从高斯分布的变量。孔隙度的分布正是具备上述特征，而对于那些数值分布区域大（比如渗透率）的变量，可以通过数据变化使其服从正态分布，进而对其进行模拟。实际工作中采用基于同位协同克里金的相控条件下序贯高斯（SGS）模拟算法，建立孔隙度、含水或含油饱和度模型。

3. 水平井井网与缝网的优化设计

该部分是优化设计的核心内容，包括最佳的井网形式，合理的井排距和水平段长度，最佳的压裂裂缝条数、长度、导流能力等。要实现以上参数的设计采用传统的数值模拟方法或者正交优化设计技术，存在人工工作量大、工时长、计算结果精度低等弊端。这里利用第四章所介绍的基于遗传算法的水平井井网自动优化设计软件进行优化。

1）选取井网形式

首先，选择不同的井网形式，包括直井注水—水平井采油井网、水平井注水—水平井采油井网、水平井注水—直井采油井网等，如图 5-1-1 所示。

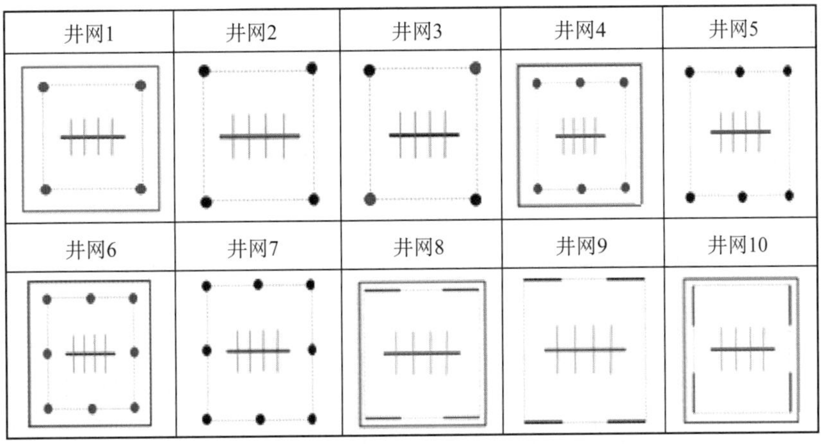

图 5-1-1　井网形式示意图

2）确定优化设计目标

可以选择累计产油量、含水率、阶段采出程度、净现值等不同指标作为最终优化设计的目标函数进行井网和缝网的优化设计。由于经济参数一般存在波动变化，多采用累计产油量或阶段采出程度这两个技术指标作为优化的目标函数。

3）确定最佳的井排距、水平段长度和裂缝参数

确定了目标函数以后，即可优化每种井网所匹配的最佳井排距、水平段长度和裂缝参数。图 5−1−2 是以 20 年采出程度为目标函数，在不同渗透率条件下，所优化的每种井网的最佳井排距、水平段长度，以及与之匹配的压裂裂缝条数、长度、导流能力等参数。

4. 水平井产能预测

根据具体的井网形式，在第四章第三节中选择相应的数学模型，进行水平井不稳态产能预测和稳态产能预测。

通过产能的预测，可以比选不同井网的初期产能、稳定产能、递减速度等指标，进而从技术角度优选出最佳的井网和缝网形式。

编号	井网类型	渗透率 mD	裂缝数条	水平井长度，m	导流能力 D·cm	裂缝半长，m	井距 m	排距 m
1		0.5	6	390	25	105	450	180
		1	5	400	35	87.5	450	190
		5	7	450	40	105	490	270
		10	7	450	40	105	400	300
		20	7	450	40	87.5	490	300
2		0.5	6	420	35	87.5	460	250
		1	4	390	35	105	460	220
		5	4	340	35	102.5	350	300
		10	5	400	40	5	440	300
		20	5	420	40	47.5	490	300
3		0.5	6	450	15	80	250	220
		1	6	440	20	87.5	280	170
		5	6	450	40	105	350	270
		10	7	450	40	105	400	300
		20	7	450	40	105	400	300
4		0.5	7	450	10	92.5	280	220
		1	6	420	40	75	320	190
		10	6	440	40	100	360	260
		10	7	450	40	105	400	300
		20	7	450	35	90	400	280

(a)直井注水—水平井采油的井网形式

编号	井网类型	渗透率 mD	裂缝数 条	水平井长度，m	导流能力 D·cm	裂缝半长，m	井距 m	排距 m
1	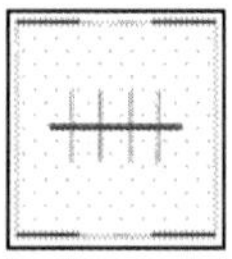	0.5	6	400	40	87.5	400	180
		1	7	450	40	87.5	490	210
		5	7	450	40	105	490	300
		10	5	410	40	47.5	490	300
		20	4	400	5	30	490	300
2	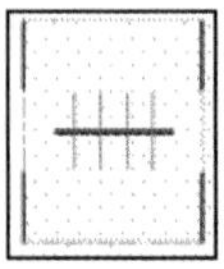	0.5	7	400	25	105	490	390
		1	5	400	40	97.5	470	450
		5	7	450	40	105	490	490
		10	4	380	20	67.5	490	490
		20	4	370	10	30	490	460
3	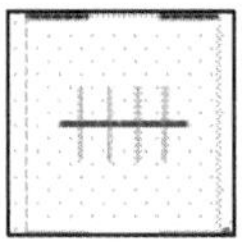	0.5	4	320	25	87.5	490	170
		1	1	350	35	77.5	490	160
		5	1	400	5	97.5	490	230
		10	1	300	5	67.5	490	300
		20	1	320	10	47.5	420	260

(b)水平井注水—水平井采油的井网形式

编号	井网类型	渗透率 mD	裂缝数 条	水平井长度，m	导流能力 D·cm	裂缝半长，m	井距 m	排距 m
1	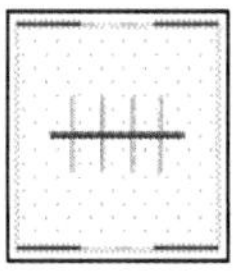	0.5	6	400	40	87.5	400	180
		1	7	450	40	87.5	490	210
		5	7	450	40	105	490	300
		10	5	410	40	47.5	490	300
		20	4	400	5	30	490	300
2	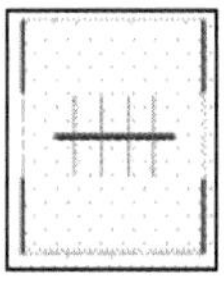	0.5	7	400	25	105	490	390
		1	5	400	40	97.5	470	450
		5	7	450	40	105	490	490
		10	4	380	20	67.5	490	490
		20	4	370	10	30	490	460
3	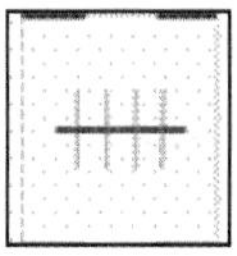	0.5	4	320	25	87.5	490	170
		1	1	350	35	77.5	490	160
		5	1	400	5	97.5	490	230
		10	1	300	5	67.5	490	300
		20	1	320	10	47.5	420	260

(c)水平井注水—直井采油的井网形式

图 5-1-2 不同井网类型的最佳井网和缝网的匹配关系

四、水平井油藏工程方案

1. 经济分析

1）评价方法

油气田开发经济评价方法是采用近 30 年来国际上通常采用的最先进的动态评价方法。考虑我们国家的国情，以动态评价方法为主，辅以静态评价方法。对油气田开发项目投入产出的各种经济因素进行调查、预测、计算及论证时，运用动态分析与静态分析相结合以动态为主，定量分析与定性分析相结合以定量为主，宏观效益分析与微观效益分析相结合以宏观效益分析为主的方法。油气田开发经济评价由于地质因素尚存在不确定性，造成油气田地质储量—产量—销售收入的不确定性；由于开采方式多样性，管理水平的高低不同，造成操作费的不确定性；由于国际油价随政治形势的变化波动很大，造成原油销售价格的不确定性。所以我们对油气田开发方案经济评价时，还要进行不确定因素分析，主要是进行敏感性分析。油气田开发是一项门类繁多的系统工程，为了使设计方案更加复合油气田地下、地面等情况，应采用多方案多目标综合决策技术。我国油田大多数为陆相沉积，对油气田开发技术经济指标进行经济界限的计算。

2）开发投资预测

油田开发投资包括钻开发井投资、地面建设投资、投资方向和流动资金。

3）操作费用及采油成本的预测

操作费由生产成本构成，采油成本由操作费、折旧费和储量使用费构成。

4）销售收入计算

油田销售收入等于油气产量乘以油气商品率，再乘以油气销售价格。

5）现金流量计算

现金流量由现金流入、现金流出、净现金流量、累计净现金流量组成。

6）风险分析

（1）敏感性分析。敏感性分析是研究现金流起重要作用的几个主要因素——油气产量、油气价格、开发投资和操作费等发生变化对方案经济效果的影响，或者投资的某些项目和操作费的某些项目等发生变化对方案经济效果的影响。通过敏感性分析，找出哪个方案敏感性最大，哪个因素影响最大，为多方案综合决策提供依据。

（2）几项开发指标经济极限的计算。包括单井经济极限产量、单井控制经济极限可采储量、油田开发经济极限井网密度等。

7）综合决策

最佳方案的综合决策方法很多，有主成分分析法、层次分析法、模糊数学法、关联矩阵法、评价锥法、价值工程法和乘法模型法等，我们在多方案优选时，最常采用价值工程法和乘法模型法。

2. 推荐方案

根据上面的经济评价方法，筛选投资回收期最短、内部收益率最高的方案作为推荐方案。

图 5−1−3 是某区块推荐的水平井方案部署图。该区平均渗透率为 0.5mD，采用水平井

采油—直井注水的五点混合井网形式，水平井单井初始平均产能为 8.0t/d。建成初期生产能力 4×10^4t/a，开发初期采油速度 1.5%，投产 15 年后累计产油量为 62×10^4t，采出程度为 22.3%。

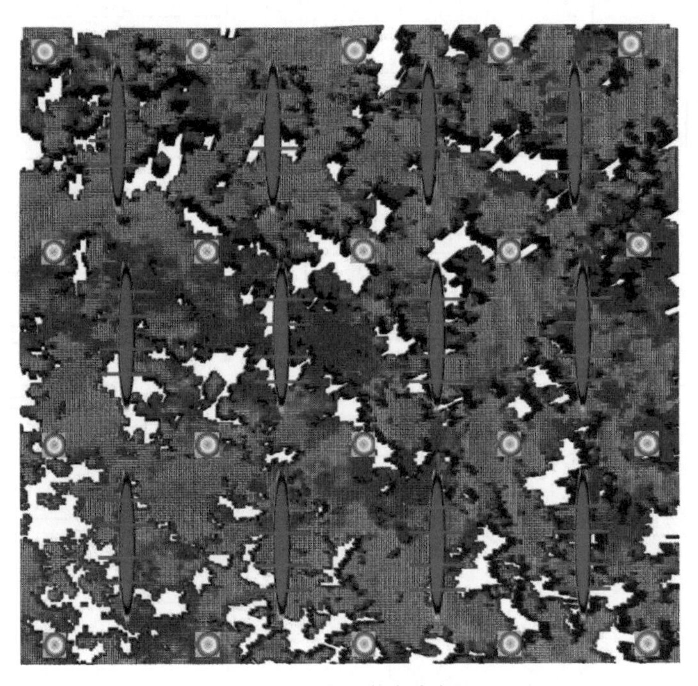

图 5-1-3　水平井方案部署图

第二节　水平井分段压裂工艺设计

本节主要介绍了水平井分段压裂方案设计流程、应用压裂优化设计软件进行施工参数优化以及压裂材料优选方法。

一、分段压裂设计流程

水平井分段压裂优化设计一般步骤如下：(1) 综合考虑水平井段储层条件、井筒条件优选压裂段；(2) 根据油气藏类型、储层地质条件、井眼轨迹、井筒条件和地质要求优选分段压裂工艺，满足有效实施分段压裂、操作简便、安全环保、便于压后生产作业的要求；(3) 根据优选的分段压裂工艺、储层改造要求优选射孔方式；(4) 根据油藏数值模拟确定的水力裂缝参数，应用压裂优化设计软件，进行裂缝模拟，确定优化的排量、前置液量、支撑剂量、支撑剂浓度、顶替液量和压裂泵注程序等施工参数；(5) 对优化的裂缝参数和施工参数进行经济评价，确定满足经济要求的施工参数；(6) 根据选择的分段压裂工艺要求、施工压力和套管条件优选压裂管柱、工具和井口装置，并进行强度校核，以确保施工安全；(7) 优选压裂液和支撑剂；(8) 形成压裂设计文本。优化压裂方案程序框图如图 5-2-1 所示。

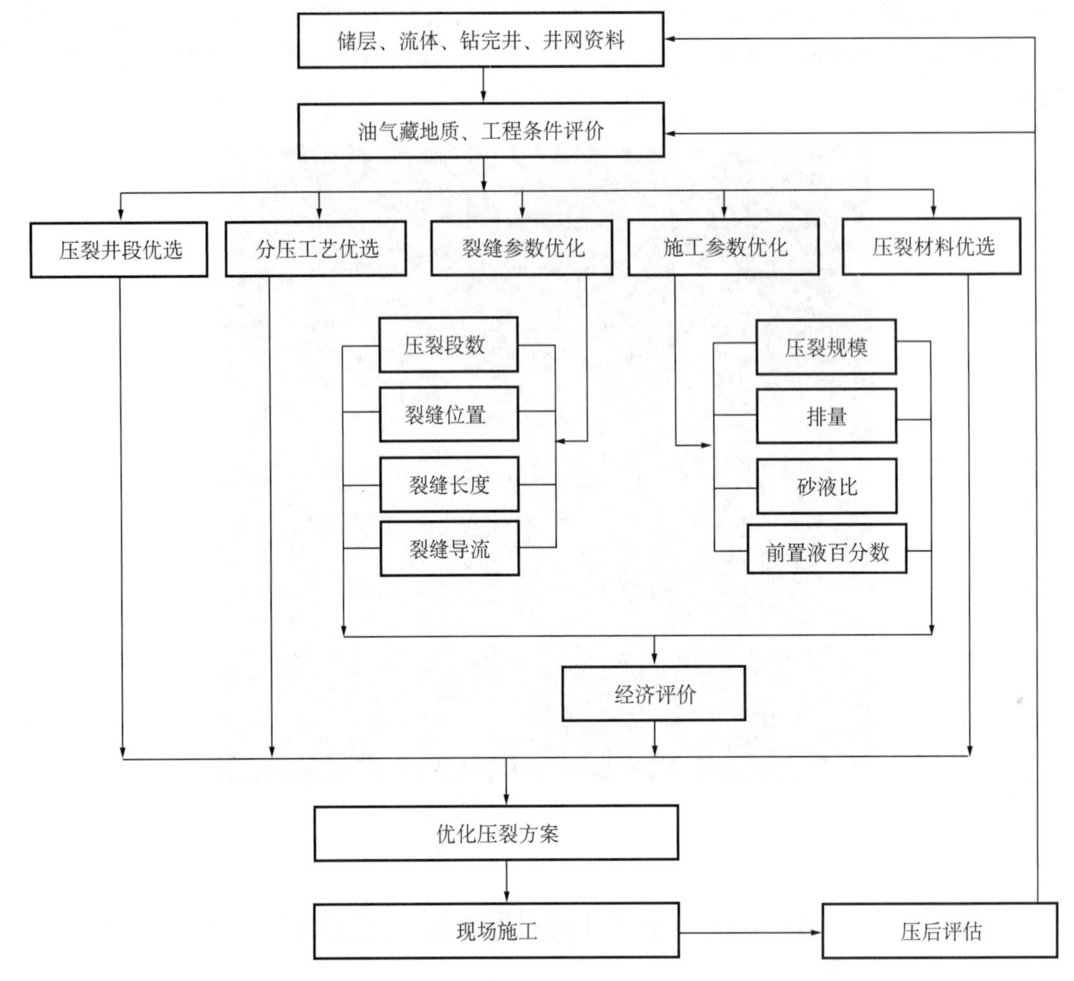

图 5-2-1　优化压裂方案程序框图

上述框图中在完成油气藏地质、工程条件评价之后，有 5 项主要工作，分别是压裂井段优选、分压工艺优选、裂缝参数优化、施工参数优化、压裂材料优选，其中弹性开采和注采井网条件下裂缝参数优化在本书第三章和第四章已作阐述，施工参数优化以及压裂材料优选将在后述内容中提及，因此，这里只对压裂井段优选和分压工艺优选作一说明。

首选是水平井压裂井段的优选。弹性开采条件下水平井压裂主要考虑油气显示明显、便于裂缝启裂与延伸的井段，因此优选依据主要为测井以及沿井筒地应力分布资料。油气显示明显储层的主要判据为：电性显示油层明显，GR 值低、电阻率高；录井显示好，岩性描述为含油饱满、总烃含量高，岩屑显示含油砂岩含量高、荧光显示好、热解结果值高等。存在注采井网的情况下，压裂井段的优选不仅要考虑油气显示和地应力分布情况，同时，要充分考虑注水井的影响，使压裂段与注水井要保持合理间距，以避免水井与裂缝之间过早连通。

其次是水平井分压工艺的优选。目前，针对低渗透油气藏主要发展了 4 套分段压裂工艺技术，分别为双封单卡、套管内封隔器滑套、水力喷砂和裸眼封隔器分段压裂技术。选择分压工艺时，应综合考虑油气藏类型、储层地质条件、井眼轨迹、井筒条件、完井方式、固井质量、射孔要求等因素，使工艺既能有效实施分段压裂，又能满足操作简便，便于压后生产作业的需求。

二、施工参数优化

通过油藏数值模拟方法得到优化的水力裂缝参数后，需要进行缝模拟以获取优化的施工参数。下面介绍常用的压裂优化设计软件以及如何通过软件建立裂缝模拟模型，实现施工参数优化。

1. 裂缝模拟软件及建模方法

1）常用软件简介

常用的压裂优化设计软件有FracproPT、StimPlan、Meyer、Gohfer、TerraFrac和FracCADE等，表5−2−1对它们的功能进行了对比，其中水平井压裂优化设计方面，FracpoPT、StimPlan和Meyer软件应用较多。下面对各软件作一简介。

表5−2−1　常用压裂软件功能对比表

软件名称	压裂模拟	自动设计	小型压裂分析	压裂防砂模拟	酸化压裂模拟	产能预测	净现值最优化	独特功能
FracProPT	√	√	√	√	√	√	√	集总模型
StimPlan	√	√	√	√	×	√	√	压力分析、防砂
Meyer	√	√	√	√	√	√	√	注水井压裂
Gohfer	√	√	√	√	√	√	√	复杂应力场/数据库
TerraFrac	√	×	×	×	×	×	×	复杂裂缝模拟
FracCADE	√	√	√	√	√	×	√	压裂防砂

（1）FracproPT是美国Pinnacle公司开发的压裂设计与分析软件，该软件采用集总参数模型，可实现模型的快速计算，现场应用方便，目前在国内广泛应用。该软件在版本FracproPT2010中新增了水平井压裂模拟功能，可进行均质和非均质储层的水平井压裂模拟。图5−2−2为该软件模拟水平井压裂裂缝剖面图。

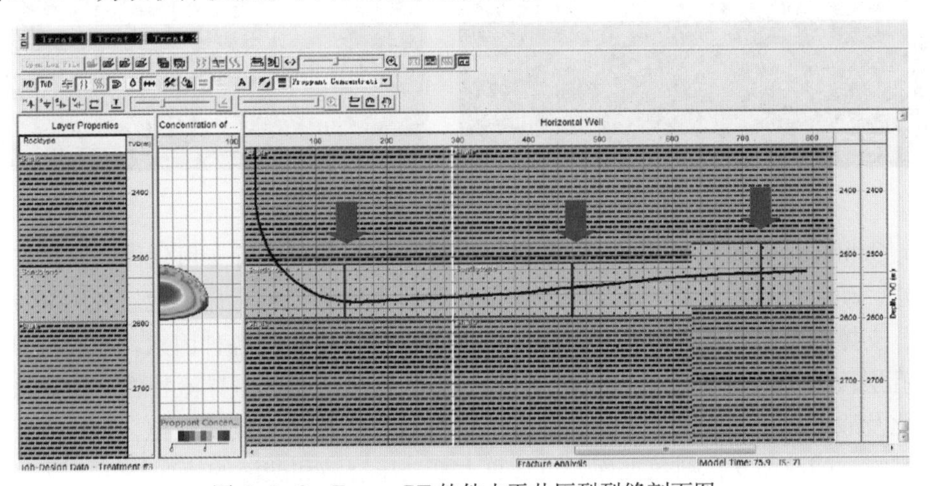

图5−2−2　FracproPT软件水平井压裂裂缝剖面图

（2）StimPlan 是美国 NSI 公司研发的一款压裂设计和分析软件，采用全三维模型。该软件在版本 StimPlan5.51H 中实现了水平井压裂模拟功能，在 StimPlan6.0 版本中增加了页岩气压裂模拟模块。软件的三维显示功能较强，在水平井压裂裂缝模拟方面应用较为广泛。图 5–2–3 为该软件水平井压裂裂缝剖面三维显示图。

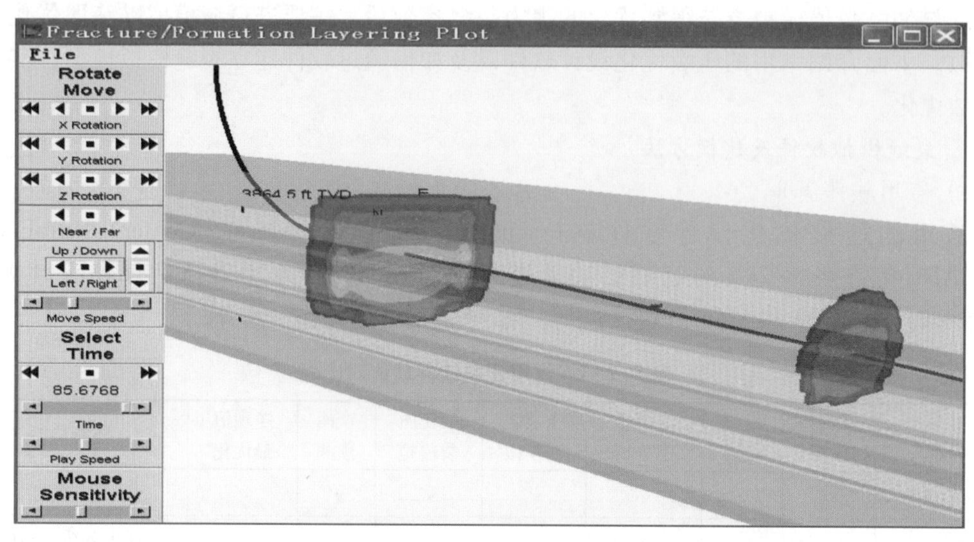

图 5–2–3　StimPlan 软件水平井压裂裂缝剖面三维显示图

（3）Meyer 是美国 Meyer&Associates 公司研制的一款用于压裂 / 酸压工程设计和分析的软件，在最新版本中增加了页岩气及煤层气网络裂缝模拟功能，在页岩气压裂设计和模拟方面应用较为广泛。图 5–2–4 为该软件离散裂缝网络模拟图。

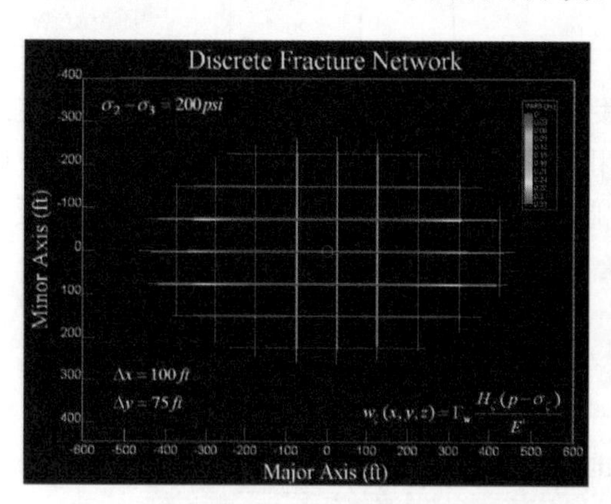

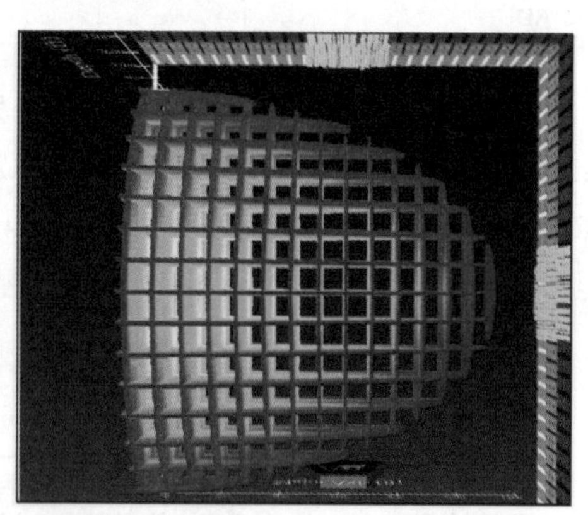

图 5–2–4　Meyer 软件离散裂缝网络模拟图

（4）Gohfer 是美国 Stim–Lab 公司研发的压裂酸化设计分析专用软件，采用三维网格结构算法，动态计算和模拟三维裂缝的扩展，计算过程中充分考虑了地层各向异性多相多维流动、支撑剂输送、压裂液流变性及动态滤失、酸岩反应等各种因素，能够计算和模拟多个射孔层段的非对称裂缝扩展。基于 Stim–Lab 公司长期从事导流特性、压裂液、支撑制、酸化及酸液等相关研究所获得的经验、研究成果和第一手测试数据，软件中配置了丰富的压裂液、酸液和支撑剂数据库，可计算大部分压裂液和酸液的流变特性。图 5–2–5 为该软件储层特征设置界面。

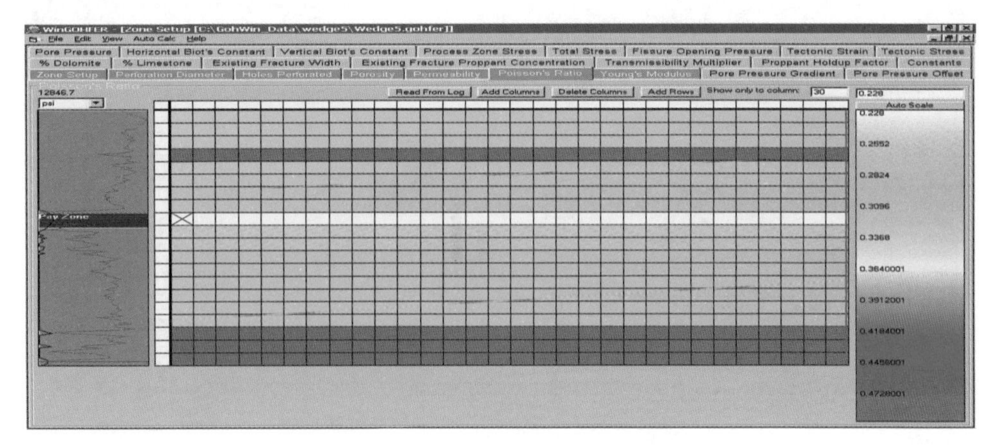

图 5-2-5　Gohfer 软件储层特征设置界面

(5) TerraFrac 软件是由美国以岩石力学研究而闻名的 TerraTek 公司研制的，其主要功能是三维压裂裂缝模拟，模型采用有限元解法使得该软件可模拟复杂裂缝形态。软件对岩石力学特征研究较为深入，压裂分析功能较弱。

(6) FracCADE 是 Schlumberger 公司研制的一款压裂优化设计软件，主要在其本公司使用。

2) 建模方法

以应用较为广泛的 StimPlan6.0 软件为例，分步说明应用压裂设计软件建立水平井压裂裂缝模拟模型的方法。

(1) 建立地应力和岩石力学参数剖面。启动软件后，在主界面右下角点击“Logs”键（图 5-2-6），进入测井曲线分析界面，导入测井文本数据。选中某条测井曲线，点右键设置属性（图 5-2-7），计算岩石力学参数和分层地应力（图 5-2-8），并通过“Transfer Layers To StimPlan”动作将分层结果发送到 StimPlan 压裂模拟器（图 5-2-9）。

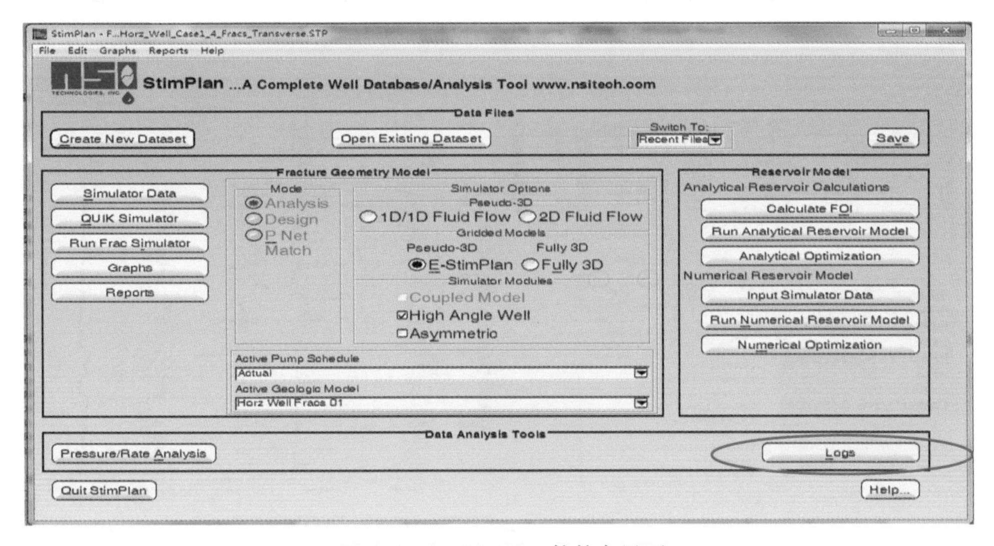

图 5-2-6　StimPlan 软件主界面

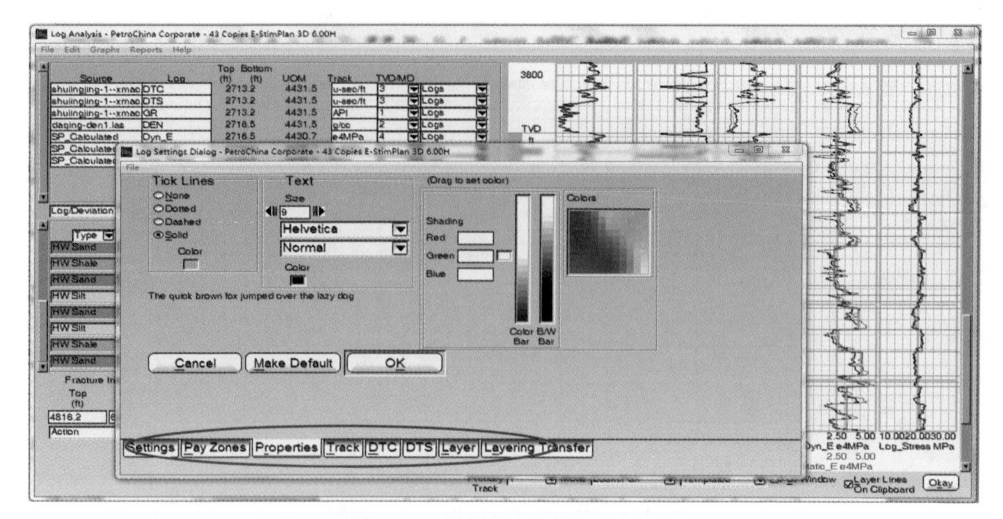

图 5-2-7 测井曲线属性设置界面

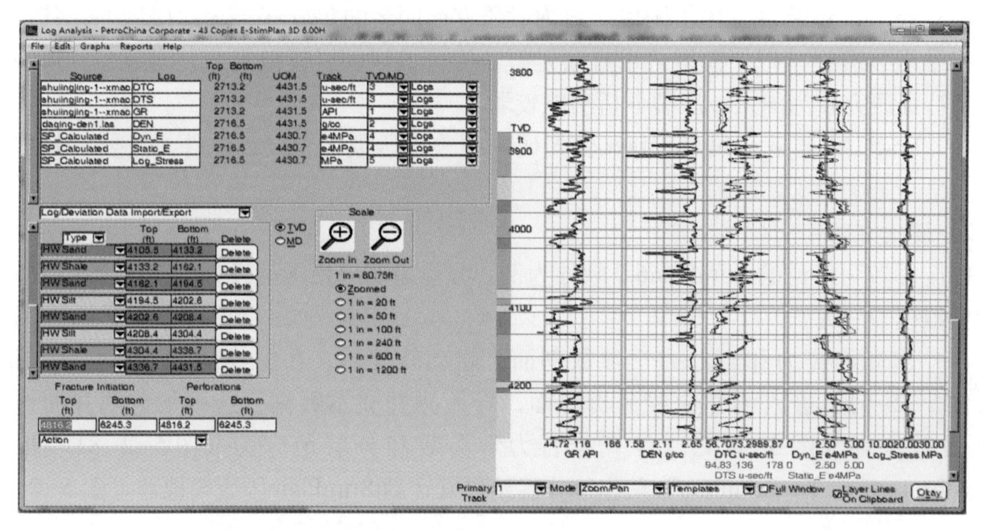

图 5-2-8 地应力剖面显示图

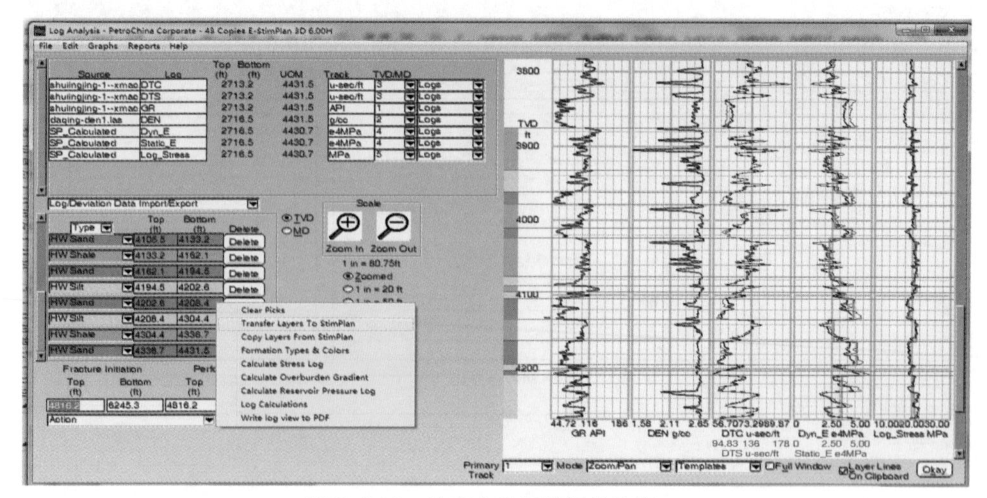

图 5-2-9 地应力分层数据传输窗口

（2）设置井的基本信息，导入井眼轨迹数据。点击主界中“Simulator Data”（图 5–2–10），进入模型参数输入界面（图 5–2–11），在界面下方的第一个选项卡“Well Data”中输入模拟井的基本信息并点击界面右上角的“Deviation Data”导入水平井井眼轨迹数据（图 5–2–12）。

（3）设置分层信息，选择裂缝类型，输入射孔段数据。在“Geologic Layering”选项卡中设置储层分层数据（图 5–2–13）；点击“Perforations”进入射孔段设置界面（图 5–2–14），在该界面选择裂缝形态，输入射孔数据。点击“Graphical Input”可以图形显示分层及射孔数据（图 5–2–15）。

（4）设置天然裂缝滤失情况。有天然裂缝存在时，点击“Nat Frac Loss”设置天然裂缝滤失情况（图 5–2–16）。

（5）选择液体体系，设置压裂液数据。点击“Fluid Data”进入压裂液编辑界面（图 5–2–17），通过数据库选择或者编辑压裂液数据。

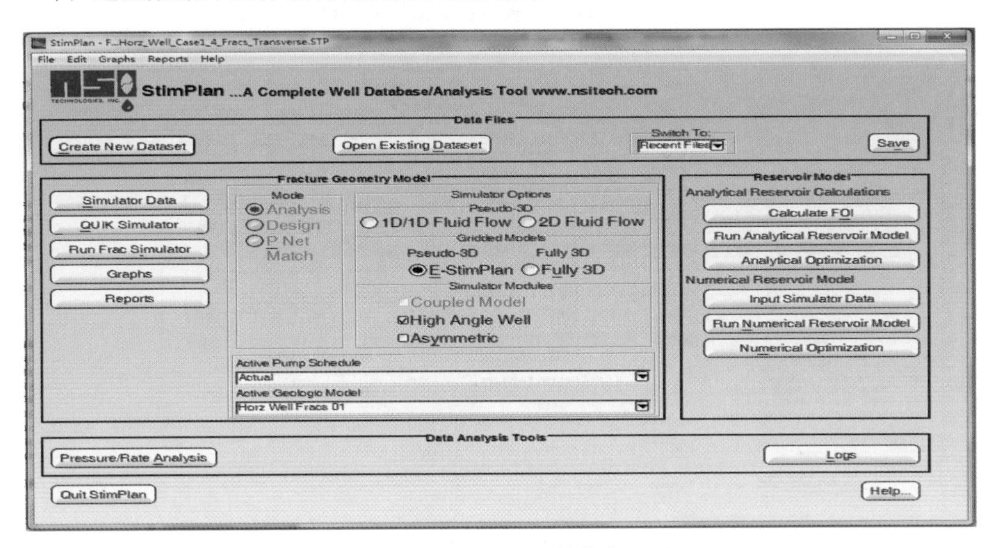

图 5–2–10　Stimplan 软件主界面

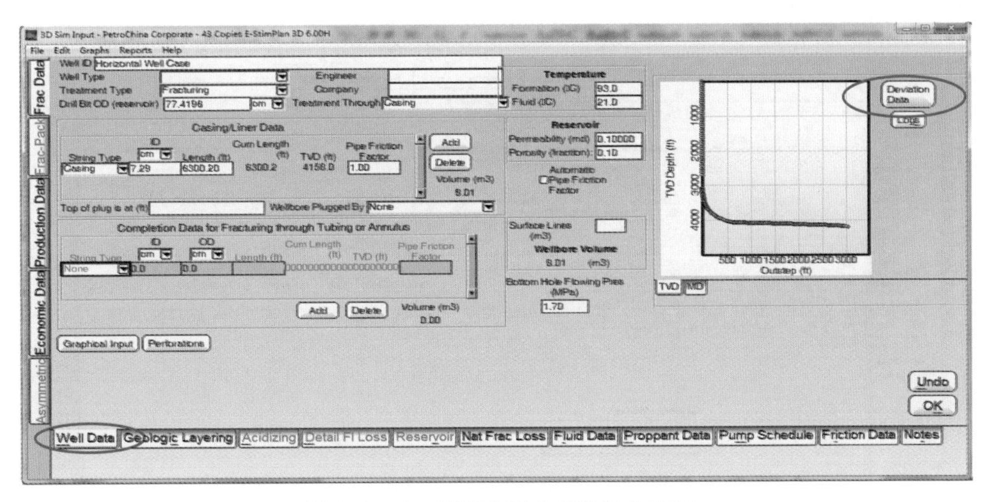

图 5–2–11　压裂井基本信息输入界面

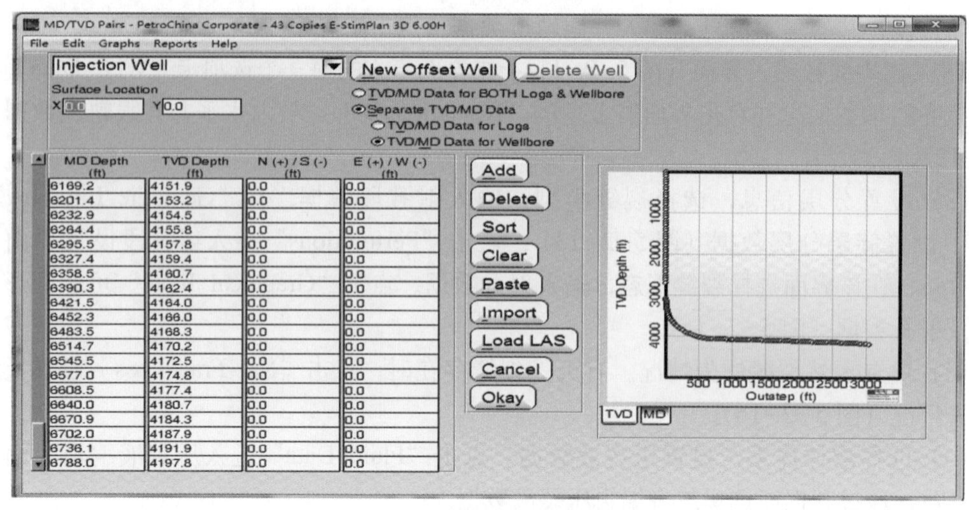

图 5-2-12　井眼轨迹数据导入界面

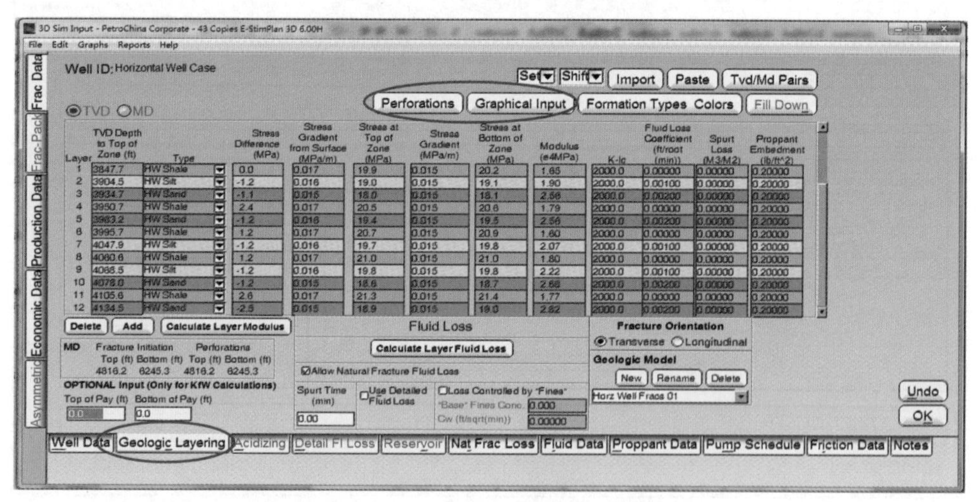

图 5-2-13　地质分层数据设置界面

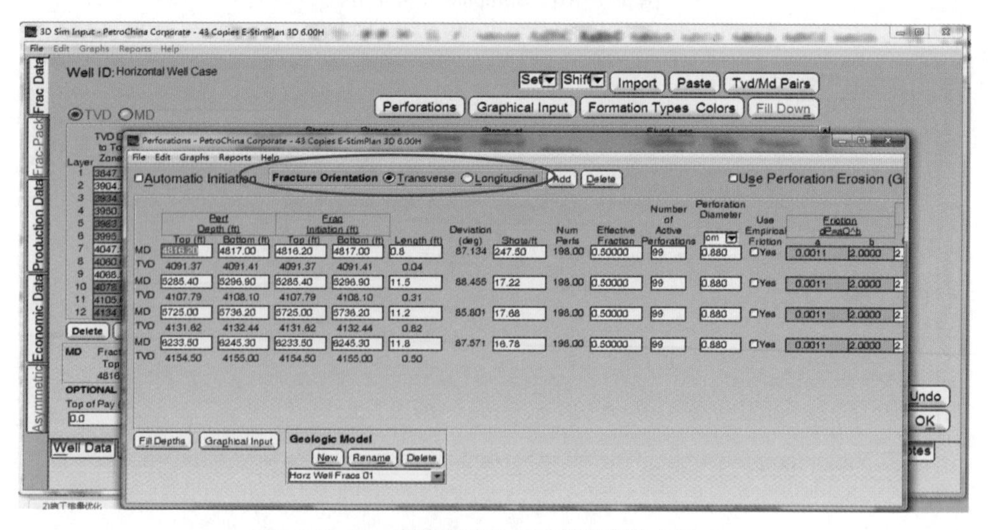

图 5-2-14　裂缝形态选择及射孔段输入界面

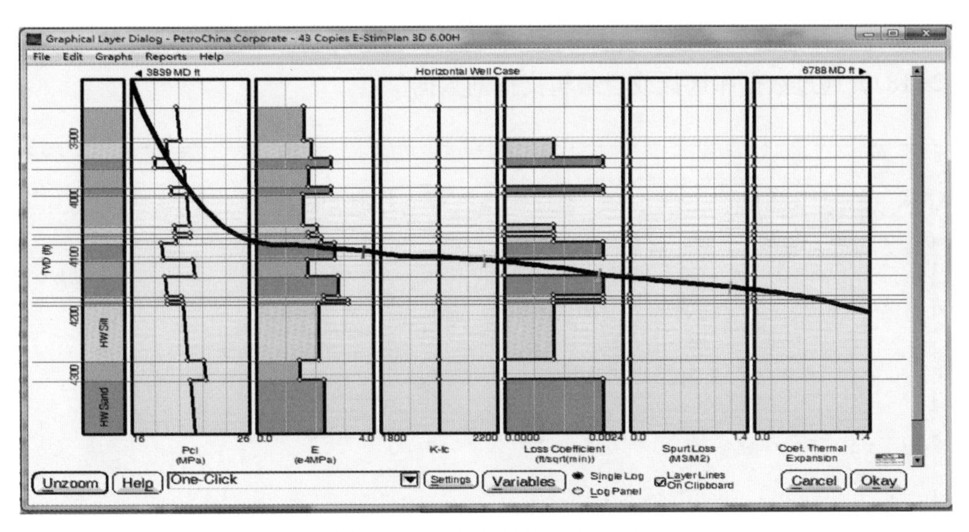

图 5-2-15　地质模型二维显示图

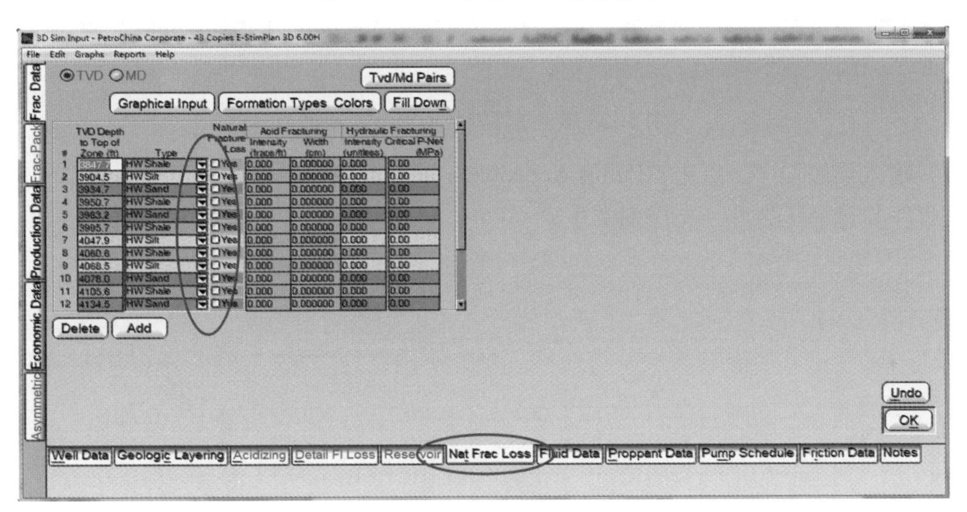

图 5-2-16　天然裂缝设置界面

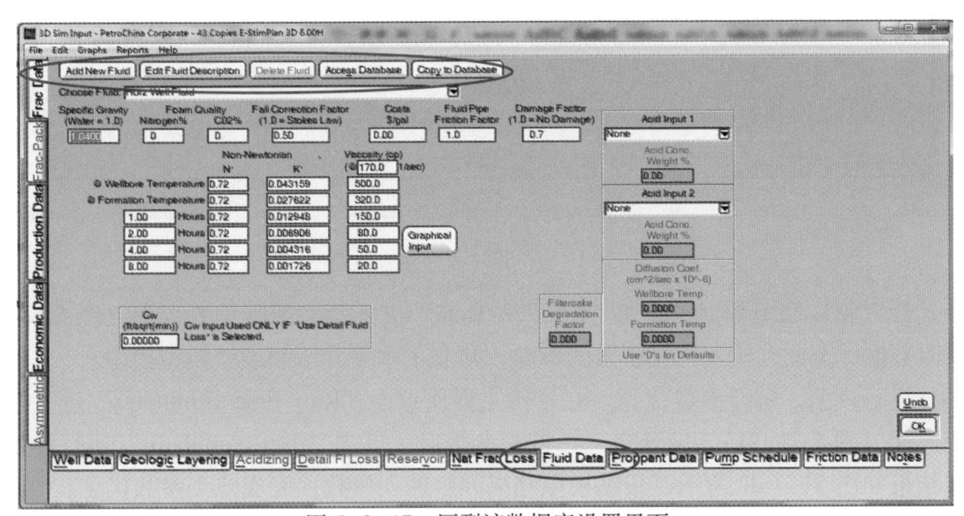

图 5-2-17　压裂液数据库设置界面

（6）选择支撑剂类别，设置支撑剂数据。点击“Proppant Data”进入支撑剂编辑界面（图 5–2–18），通过数据库选择或者编辑支撑剂数据。

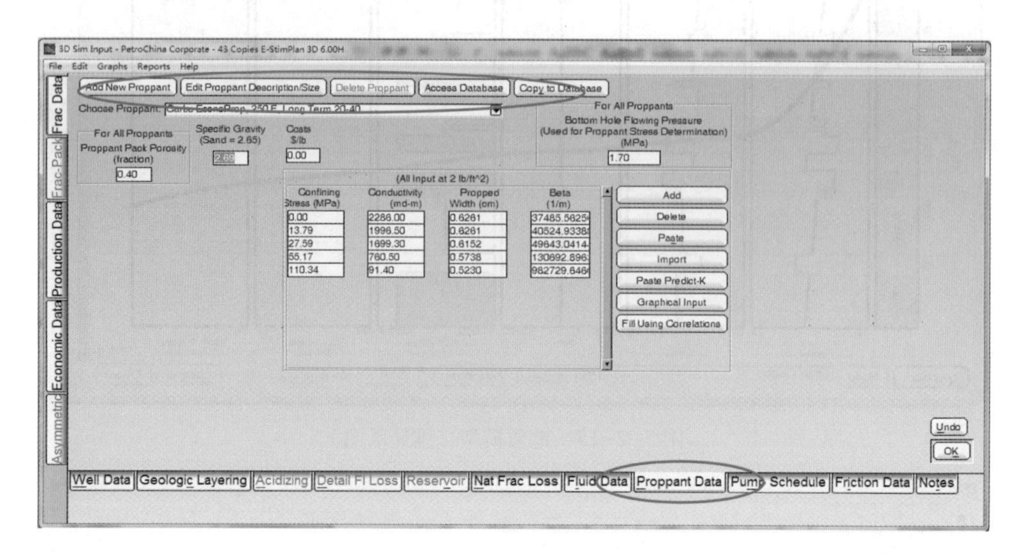

图 5–2–18　支撑剂数据库设置界面

（7）输入泵注程序。点击“Pump Schedule”进入泵注程序输入界面（图 5–2–19），输入泵注程序并选择压裂液、支撑剂类型。

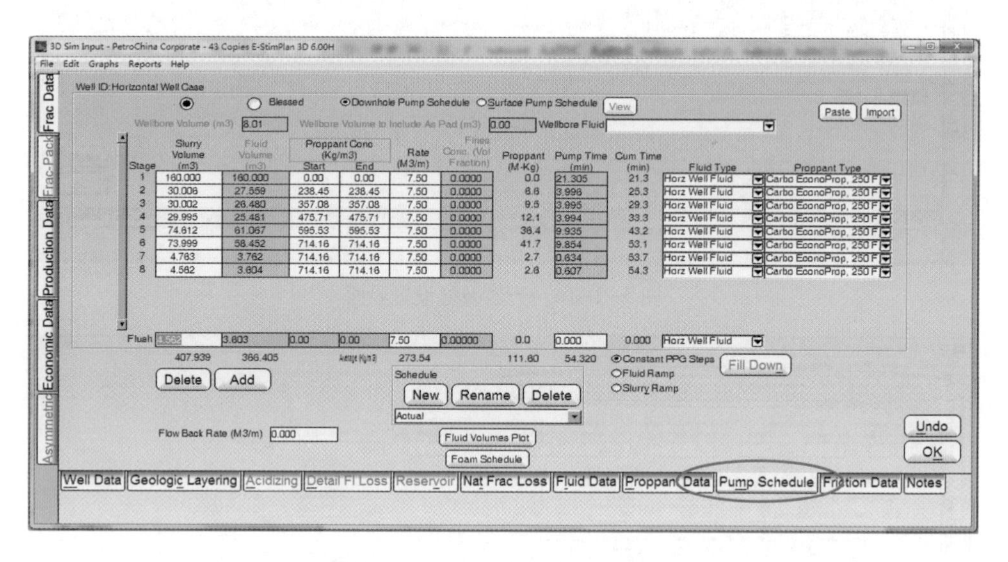

图 5–2–19　泵注程序输入界面

（8）设置管柱摩阻数据。点击“Friction Data”进入管柱摩阻设置界面（图 5–2–20），设置摩阻数据。至此，输入完成所需的参数，建立了水平井压裂裂缝模拟模型。

（9）运行模型，进行参数优化。在软件主界面点击“Run Frac Simulator”进入模型运行控制界面（图 5–2–21），设置完运行控制参数后，点击“Run Simulator”运行模型，裂缝模拟结果如图 5–2–22 所示，根据模拟结果调整输入参数，完成施工参数优化。

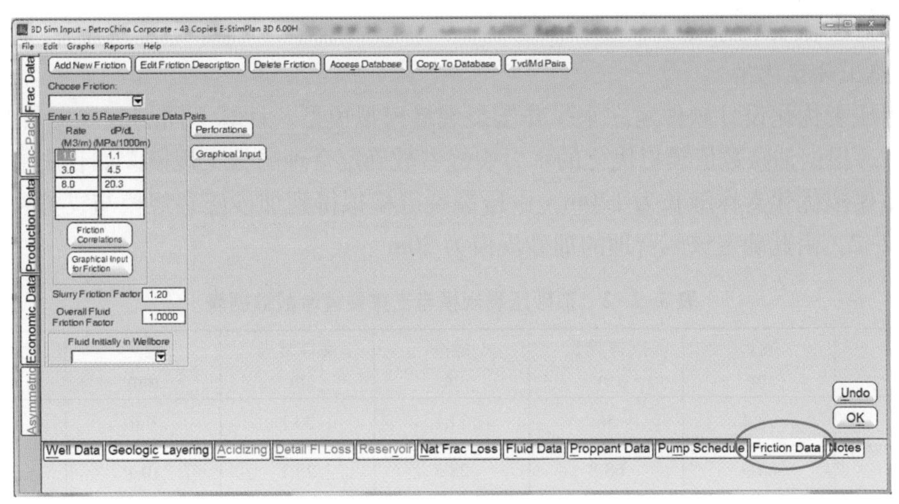

图 5-2-20　管柱摩阻数据输入界面

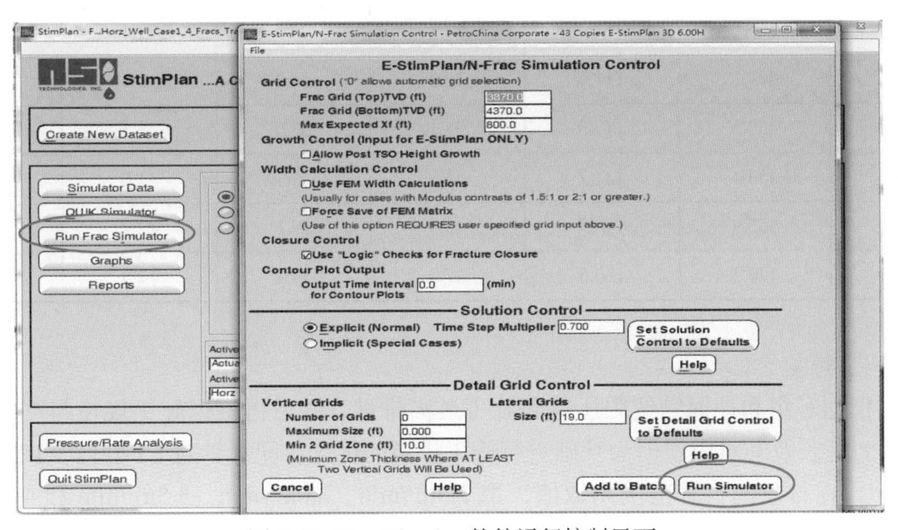

图 5-2-21　Stimplan 软件运行控制界面

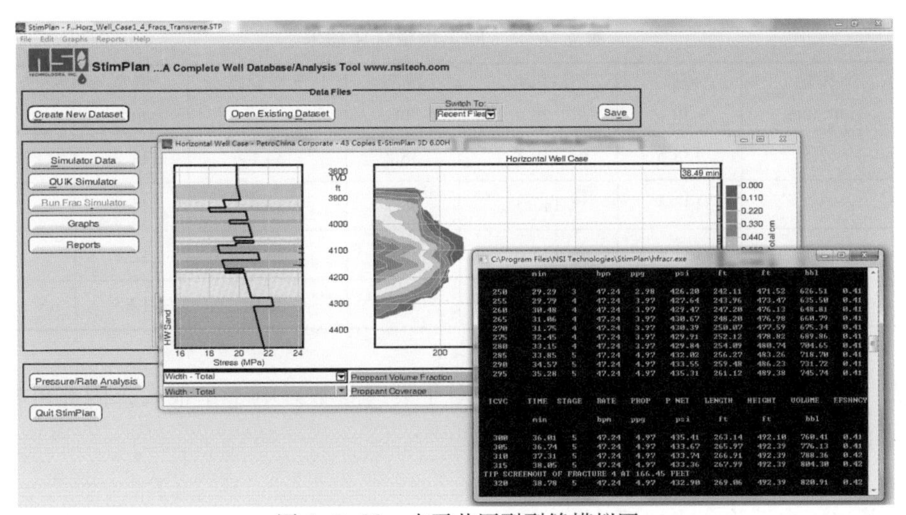

图 5-2-22　水平井压裂裂缝模拟图

2. 施工参数优化方法

1）施工规模优化

应用压裂优化设计软件建立水平井压裂裂缝模拟模型，计算不同加砂规模条件下压裂裂缝尺寸，根据油藏数值模拟优化的水力裂缝参数确定合理的施工规模。如长庆油田 L1 井区，油藏模拟优化支撑缝长为 120m，由压裂裂缝模拟得到加砂压裂规模与支撑裂缝参数，见表 5−2−2，由此确定该区合理的加砂规模为 30m^3。

表 5−2−2　加砂压裂规模与支撑裂缝参数数据表

规模 m^3	缝长 m	支撑缝长 m	缝高 m	支撑缝高 m	缝宽 mm	支撑缝宽 mm
7	73.4	56	27.1	20.7	9.6	1.5
10	84.9	68.3	28.8	23.2	10.1	1.8
15	101.3	85.7	31.7	26.8	10.7	2
20	115.2	99.5	34.3	29.7	11.1	2.2
25	127.1	111.6	36.8	32.3	11.4	2.3
30	133.3	117.3	38.1	33.6	11.5	2.4
35	153.4	131.7	43.1	37	11.6	2.3
40	155.9	140.5	43.4	39.1	12.2	2.6
50	171.2	156.5	47.4	43.4	12.5	2.7

2）施工排量优化

首先根据车组和地面管线限压得到施工最高排量，之后再根据施工规模与支撑缝长关系，以某一缝长及其对应规模为基础进行施工排量的优化。同样针对 L1 井区，120m 缝长、规模 30m^3，在排量的合理范围内取值，取 2.5m^3/min、3.0m^3/min、3.5m^3/min 和 4.0m^3/min，然后考察排量对裂缝参数的影响，设计结果见表 5−2−3。

表 5−2−3　施工排量优化结果

规模 m^3	排量 m^3/min	缝长 m	支撑缝长 m	缝高 m	支撑缝高 m	缝宽 mm	支撑缝宽 mm
30	2.5	135.6	119.3	38.2	34.1	11.2	2.0
	3.0	133.3	117.3	38.1	33.6	11.5	2.1
	3.5	131.4	115.6	38.0	33.2	12.1	2.2
	4.0	129.8	114.2	37.9	33.0	12.5	2.3

从表（5−2−3）可知，本例中排量变化对于裂缝参数影响不是很大，因此可根据现场施工情况定排量为 3m^3/min 左右。

3）施工压力预测

施工井口压力计算公式如下：

$$p_t=p_{破}-p_{静}+p_{摩} \quad (5-2-1)$$

式中　p_t——井口压力，MPa；

$p_{破}$——岩石破裂压力，MPa；

$p_{静}$——静液柱压力，MPa；

$p_{摩}$——摩阻，MPa。

4）前置液百分数优化

与排量优化类似，前置液百分数的优化也是在确定施工规模、排量的情况下考察前置液百分数对裂缝参数的影响，根据支撑缝长与动态缝长之比为80%～90%之间优选前置液百分数。仍以规模30m³、排量3.0m³/min为例进行前置液百分数的优化。根据L1井区低孔隙度、低渗透率的储层条件，前置液百分数的取值为10%、15%、20%、25%和30%几种情况，优化的结果见表5–2–4。由表可知，该例中的前置液百分数应在30%左右。

表5–2–4　前置液百分数优化结果

规模 m^3	排量 m^3/min	前置液百分数 %	缝长 m	支撑缝长 m	动态比 %	缝高 m	支撑缝高 m	缝宽 mm	支撑缝宽 mm
30	3.0	10	124.1	116.1	93.6	36.4	34.0	13.1	2.9
		15	127.8	116.8	91.4	37.2	34.0	12.8	2.7
		20	131.3	117.6	89.6	38.1	34.1	12.7	2.6
		25	134.4	117.7	87.6	38.9	34.1	12.5	2.5
		30	137.4	118.2	86.0	39.7	34.1	12.4	2.4

5）砂液比优化

与前述类似，砂液比的优化也是在确定施工规模、排量的情况下考察砂液比对裂缝参数，主要是对裂缝平均导流能力的影响。然后根据水力裂缝优化得到的最优导流能力决定平均砂液比。

三、压裂液优选

压裂液优选是以压裂工艺设计为基本依据，建立在对储层特征充分认识与分析的基础之上。优选时首先考虑压裂工艺的基本要求，其次最大限度地减少压裂液对储层的伤害，尽可能降低压裂液成本，并易操作。水平井井身结构特殊，施工技术与常规不同。在水平井改造工艺上，压裂液必须考虑其特殊的施工条件，研究适用于水平井技术的低伤害压裂液体系。

1. 水平井压裂对压裂液的基本要求

水平井压裂与直井压裂有所不同，其对压裂液的要求也存在差异，优选水平井压裂液时，必须考虑下述应用条件。

1）储层条件对压裂液的要求

（1）储层岩性对压裂液的要求。储层岩性、黏土矿物种类和含量，决定了储层的孔隙结构及孔隙连通性，在选择压裂液时，对储层造成水敏、碱敏或速敏，必须通过矿物分析和实验进行论证。

（2）地层流体性质对压裂液的要求。压裂液要接触地层水和原油。当地层水矿化度与压裂液不同时，可能与地层不配伍，产生沉淀，对地层造成伤害。了解原油的性质，就可以调整压裂液配方，避免产生油水乳化。

2）施工条件对压裂液的要求

（1）施工时间对液体的要求。水平井实施多段压裂，作业时间较长，压裂液在地层滞留时间也长，破胶后不能快速返排，因此，选择性能好的低伤害压裂液体系非常重要。

（2）施工方式和规模对液体的要求。不同的施工方式和规模，对注入排量、施工时间和携砂能力要求不同，液体成胶时间和冻胶性能要求也不同。保证压裂液体系低摩阻和良好的携砂性能是保证施工的关键。

2. 压裂液优选的基本原则

根据对储层物性资料的分析，结合压裂工艺设计要求以及现场的具体条件，优选压裂液的基本原则为：

（1）适当的耐温耐剪切性能。

合理选择压裂液的黏度对水力压裂施工非常重要，压裂液的黏度过高会造成水力裂缝的垂向延伸加大，并且增加施工摩阻，延长关井破胶的时间，对储层造成较大的伤害。压裂液必须具有合适的黏度，以保证将全部支撑剂带入地层。因此，在井底温度条件下，整个施工过程中，压裂液的表观黏度保持在 100 ～ 200mPa · s 最为理想。

（2）快速彻底破胶。

在保证良好的耐温耐剪切性能的前提下，快速彻底破胶是中低温井压裂液研究的重要内容。储层温度在 60 ～ 80℃时，不可避免地会给压裂液的破胶带来困难，因此，压裂液添加剂及配方的优选中，适当的破胶剂加入方式和用量是研究中的重点。

（3）良好的助排及破乳性能。

尽可能低的表面张力和界面张力还是有助于压裂液的快速、彻底返排的。而为了缩短关井时间，破乳速度应尽可能地快。

（4）货源广、成本低。

在保证压裂液性能的前提下，压裂液优选过程中应以现场现有产品为基础，适当进行改进和调整，以达到高性能、低成本的优化目标。

压裂液类型及其性能是影响压裂成败的诸多因素中最重要的因素之一，对保证形成足够长度和导流能力的裂缝并减少对储层的伤害、最大程度改善增产效果有密切关系。

3. 压裂液优化方法

压裂液系统优化设计程序框图（图 5−2−23）包括了压裂液数据库、压裂工艺设计、智能化专家系统、温度场和剪切速率场计算、现场实施计算等各个部件。

四、支撑剂优选

压裂支撑剂的选择必须基于油藏的就地应力、开采时的井底流压，且与储层相匹配，以及在现有的施工水平下所能达到的砂液比，使裂缝内铺置浓度满足油藏所需要的导流能力。然而不同支撑剂所提供的导流能力不同，一般能提供高导流能力的支撑剂价格比较昂

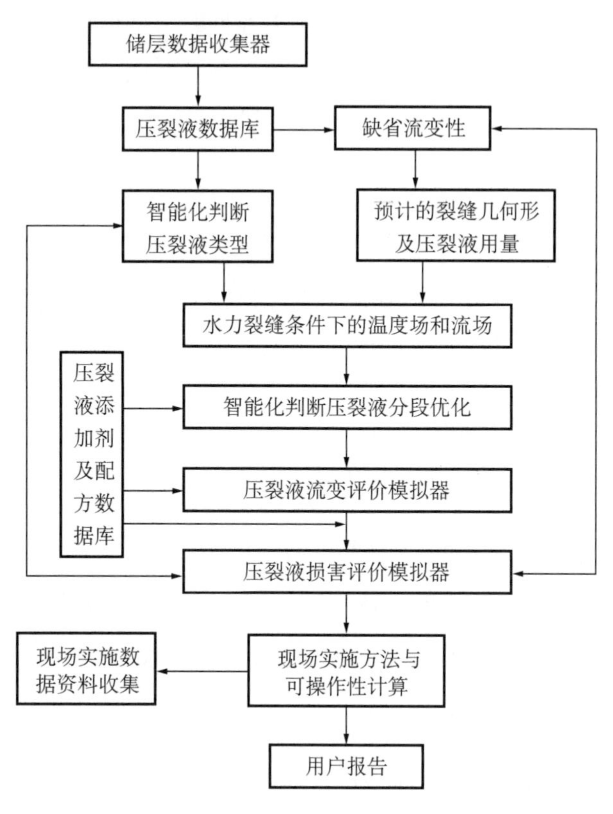

图 5–2–23　压裂液系统优化设计技术框图

贵，如人造陶粒通常是天然石英砂价格的 3 ~ 5 倍。所以经济优化选择的支撑剂，是最终考虑使用的结果。

1. 支撑剂优选原则

支撑剂的优选主要是优化支撑剂渗透率或导流能力以及与此相关的费用和效益。在选择支撑剂时应考虑以下因素：

（1）支撑剂的性质。

压裂设计人员必须掌握不同类型、不同粒径尺寸支撑剂的性质及其适用极限。结合给定的地质条件（闭合应力、岩石强度、温度与压裂目的层物性等），选用现有工程条件（压裂液性质、泵注设备等）能够安全泵送，压后能够获得较高初产与稳产的支撑剂。

（2）支撑剂的经济效益。

支撑剂作为压裂材料之一，在评价压裂经济效益时永远是一项支出费用，应针对储层条件对选用支撑剂进行投入 / 产出分析。若规定了压裂成本的偿还时间，则必须比较各种支撑剂在储层给定的闭合压力下的价格比。如果某一类型中的某一粒径尺寸的支撑剂在规定的成本偿还期内满足偿还要求，则该支撑剂可为候选支撑剂之一。

2. 支撑裂缝承受的闭合压力

支撑剂承受的裂缝闭合压力 p_p 是地层就地应力 S_x 与开采时井底流动压力 p_f 之差，即：

$$p_p=S_x-p_f \tag{5-2-2}$$

随着油井的油、气、水不断产出，在一次采油期时，地层压力将降低，而就地应力也将随之降低。根据 Eaton 公式，有：

$$S_x=\mu\ (p_o-p_s)\ /\ (1-\mu)\ +p_s \tag{5-2-3}$$

式中 μ——泊松比；

p_o——上覆层压力；

p_s——地层压力。

为了保持产量，常降低生产井流动压力，以保持一定的生产压差生产。所以选择支撑剂应从生产的动态预测上来考虑支撑剂承受的压力。

当地层压力 p_s 降至 p_s' 时，使就地应力由 S_x 降至 S_x'，流动压力由 p_f 降至 p_f'，支撑剂承受的地层闭合压力 p_p 变为 p_p'：

$$p_p'=S_x'-p_f' \tag{5-2-4}$$

因此，支撑剂承受地层闭合压力的增量 Δp_p 为：

$$\Delta p_p=p_p'-p_p=(S_x'-p_f')-(S_x-p_f) \tag{5-2-5}$$

假设油井生产时生产压差保持恒定，支撑剂承受地层闭合压力的增量 Δp_p 为：

$$\Delta p_p=\mu\ (p_s-p_s')\ /\ (1-\mu) \tag{5-2-6}$$

上述可作为支撑剂承受裂缝闭合压力的确定方法。

3. 支撑剂导流能力优化

选择与储层相匹配的支撑剂，以现有的施工水平下所能达到的砂液比，使裂缝内铺置浓度达到油藏所需要的导流能力。然而不同支撑剂所提供的导流能力不同，选择不同的支撑剂取得的增产效果也不一样。所以经济优化选择的支撑剂，是最终考虑使用的结果。如最终形成的水力裂缝铺砂浓度均为 5kg/m²，使用不同类型的支撑剂，采用裂缝模拟、油藏模拟和经济模型进行模拟计算，假设泵入支撑剂重量相同条件下，压后某一时间内净收益有很大的区别，选择支撑剂应以最终净收益为目标函数。

支撑剂的优选主要受闭合应力的大小所决定，不同的支撑剂在不同的压力下破碎率差异较大，应全面考虑粒径、破碎率、承压能力、渗透率及成本之间的关系，进行优化选择。

在支撑裂缝中，支撑剂所承受的压力与最小主应力之间有如下的关系：

$$p_p=\sigma_h-p_f \tag{5-2-7}$$

式中 p_p——支撑剂所承受的压力，MPa；

p_f——井底流动压力，MPa；

σ_h——最小水平主应力，MPa。

实际上，在裂缝不同位置处，支撑剂所承受的压力是不一样的，上式只是一个平均的概念。可以看出，在井底流压一定时，最小主应力越大，支撑剂所承受的压力也越大，对支撑剂强度及导流能力等的要求也越高。

第三节 应用实例

本节列举了4个水平井分段压裂应用实例，分别对应于丛书介绍的双封单卡（A井）、套管内滑套封隔器（B井）、裸眼封隔器（C井）和水力喷砂（D井）分段压裂工艺。其中，A井、B井和C井为弹性开采条件下实施分段压裂，方案基于单井优化；D井是在注采井网的条件下实施分段压裂，优化设计要求水力裂缝与井网能够匹配，达到提高单井产量同时避免过早见水的目的。

一、双封单卡分段压裂实例

1. 设计思路

A井位于松辽盆地某鼻状构造上，层位为P油层，岩性主要为一套灰色粉砂岩夹灰、灰绿色泥岩及过渡岩性。该井采用双封单卡分段压裂工艺，在非钻遇段布缝，通过水力裂缝纵向穿透隔层、纵向沟通油层，达到提高井筒控制程度与储量动用程度的目的。

（1）采用封隔器滑套多段多簇压裂工艺，达到充分改造水平井目的；

（2）根据流体渗流速度优化裂缝簇间距和段间距以及裂缝长度等参数；

（3）根据优化的裂缝参数优化施工参数，形成压裂方案；

（4）根据压裂实施情况和实时裂缝监测结果调整设计模型，优化后续泵注程序。

2. 钻完井数据

2007年6月套管固井完井，完钻井深2173.0m，完钻垂深1399.03m，水平段长461m，钻遇砂岩121m，钻遇率低，如图5-3-1和表5-3-1所示。

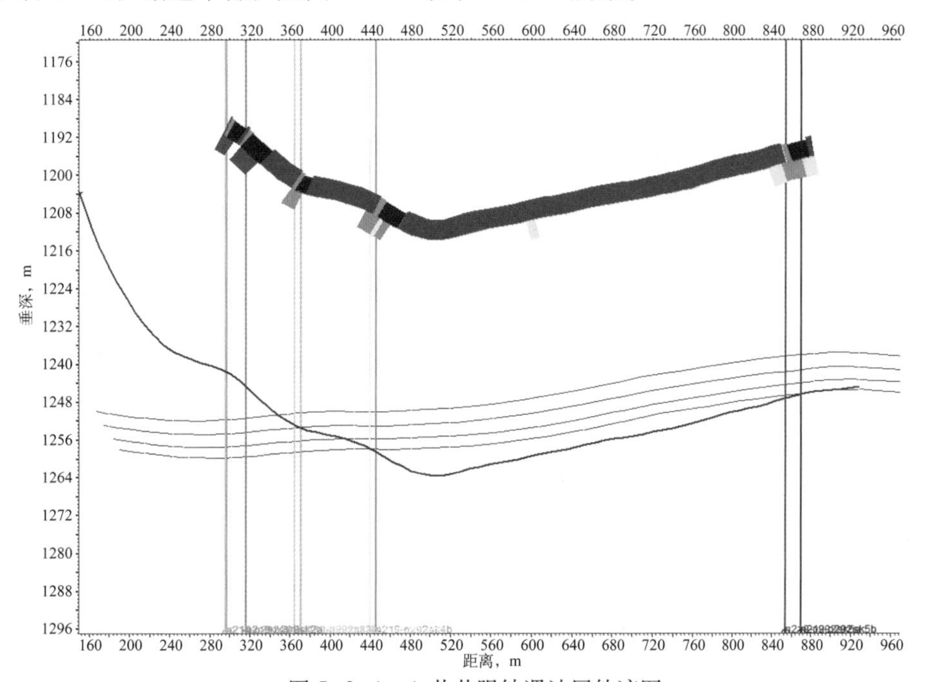

图5-3-1 A井井眼钻遇油层轨迹图

表 5–3–1　A 井钻完井数据表

<table>
<tr><td>完钻井深，m</td><td colspan="2">2173.0</td><td colspan="2">水泥返深，m</td><td colspan="2">392.0</td></tr>
<tr><td>浮箍深度，m</td><td colspan="2">2160.01</td><td colspan="2">油层套管规范，mm</td><td colspan="2">139.7</td></tr>
<tr><td>最大井斜，(°)</td><td colspan="2">93.84</td><td colspan="2">固井质量</td><td colspan="2">—</td></tr>
<tr><td>不同壁厚下深，m</td><td colspan="4">$4.95\xrightarrow{7.72\text{mm}}2170.64$</td><td>水平段长，m</td><td>461</td></tr>
<tr><td>完钻垂深，m</td><td>1399.03</td><td colspan="2">水平位移，m</td><td>929.91</td><td>地层压力，MPa</td><td>19.16</td></tr>
</table>

3. 储层特征

1）沉积微相平面分布特征

三角洲外前缘相沉积，发育大面积席状砂，砂体连片，但局部井间变化快，储层非均质性较强。该区块 P 油层平均地层厚度 38.0m，P1 ～ P4 号层的平均地层厚度为 20.6m，砂体厚度薄，平均单井钻遇砂岩厚度 4.9m，有效厚度 2.1m。

2）储层物性

平均空气渗透率 3.3mD，平均孔隙度 17.1%，为中孔低渗储层。

3）流体性质

地层原油密度 0.7769g/cm^3，地层原油黏度 5.4mPa · s，饱和压力 7.23MPa，原始气油比 36.44m^3/t，体积系数 1.124。

4. 裂缝参数优化

1）裂缝类型

P 油层为砂岩储层，顶面埋藏深度在 1150 ～ 1330m，裂缝类型为垂直缝，有利于裂缝纵向扩展。

2）射孔优化

根据该井钻遇、邻井储层分布情况，预测本井储层剖面，优选了一个泥岩段（2050.0 ～ 2044.0m）进行射孔压裂，分析泥岩段距上层砂岩为 1.6m；为利于裂缝向上延伸，采取三相位向上射孔（垂直向上和水平向上 60°），同时根据岩石力学理论，泥岩段破裂压力高，为降低近井复杂摩阻，采取大孔径射孔。

3）裂缝参数优化

纵向沟通各薄油层：根据钻遇井段、测井数据、物性参数，建立该井全三维压裂地质模型；应用模型优化裂缝高度为 25m，裂缝宽度为 0.6mm 等，如图 5–3–2 所示。

5. 施工参数优化

优化前置液比例为 31.6%，施工排量 3.5m^3/min，加砂程序为 7%—14%—21%—25%—28%，单段加砂 20m^3。A 井压裂施工工序表见表 5–3–2。

6. 工艺设计

根据射孔段深度及射孔段附近套管接箍深度，优选封隔器卡点位置，上封坐封位置 2041m，下封坐封位置 2053m。A 井压裂管柱如图 5–3–3 所示。

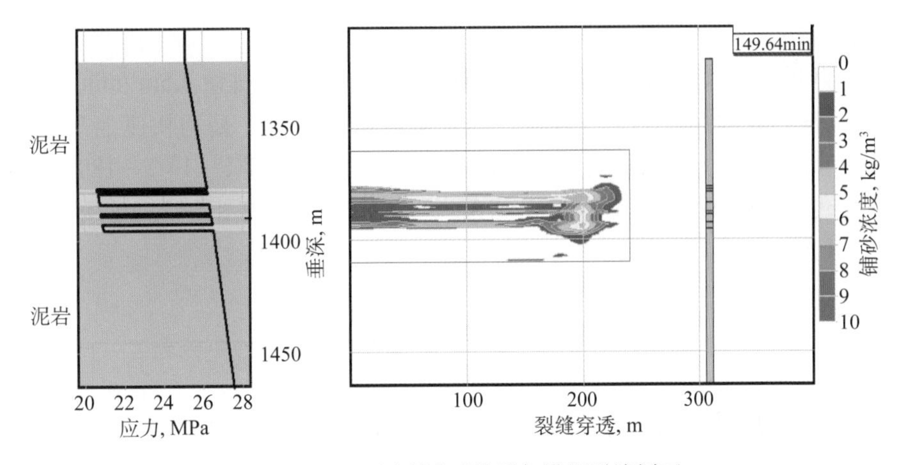

图 5-3-2　压裂地质模型与模拟裂缝剖面

表 5-3-2　A 井压裂施工工序表

步骤	施工时间		工序	排量 m³/min	支撑剂类型	砂比 %	砂浓度 kg/m³	支撑剂用量 m³		压裂液用量 m³	
	阶段	累计						阶段	累计	阶段	累计
1	14′ 17″	14′ 17″	前置液	3.5	—	—	—	—	—	50.00	50.00
2	4′ 27″	18′ 44″	携砂液	3.5	陶粒	7	119	1.05	1.05	15.00	65.00
3	5′ 33″	24′ 17″	携砂液	3.5	陶粒	14	238	2.52	3.57	18.00	83.00
4	7′ 16″	31′ 33″	携砂液	3.5	陶粒	21	357	4.78	8.35	22.75	105.75
5	12′ 3″	43′ 36″	携砂液	3.5	陶粒	25	425	9.25	17.60	37.00	142.75
6	1′ 39″	45′ 15″	携砂液	3.5	陶粒	28	476	1.40	19.00	5.00	147.75
7	1′ 11″	46′ 26″	携砂液	3.5	包裹陶粒	28	476	1.00	20.00	3.57	151.32
8	2′ 14″	48′ 40″	替挤液	3.5	—	—	—	—	—	7.82	159.14
简况	前置液比例 =31.57%					平均砂比 =19.43%					

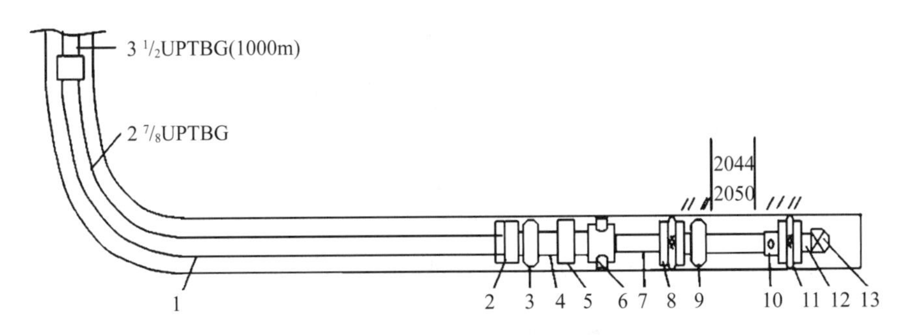

图 5-3-3　A 井压裂管柱示意图

1—2⁷/₈in 外加厚油管；2—φ95mm 安全接头；3—φ116mm 扶正器；4—2⁷/₈in 外加厚油管（10m）；5—压力计；6—水力锚；7—2⁷/₈in 外加厚油管短节（1m）；8—K344-110 封隔器；9—φ116mm 扶正器；10—φ114mm 导压喷砂器；11—K344-110 封隔器；12—2⁷/₈in 外加厚油管短节（1m）；13—导向丝堵

7. 压裂施工

2008 年 6 月进行了现场试验。升降排量测试后起车施工，排量 $3.5m^3/min$，砂比 7%—14%—21%，21% 到井底后压力上升较快，提排量到 $4.0m^3/min$，压力快速上升，停砂、降排量到 $2.6m^3/min$，压力变稳后提排量到 $3.3m^3/min$，继续加砂 7%—14%—18%，按设计加入陶粒 $19m^3$，包裹陶粒 $1m^3$。压后反洗，结束施工，施工曲线如图 5–3–4 所示。

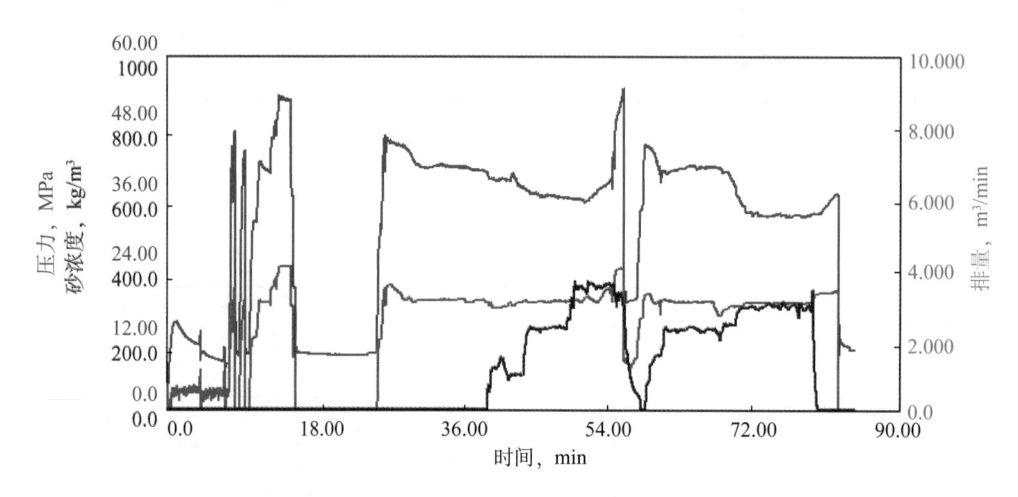

图 5–3–4 A 井（2050.0 ~ 2044.0m）压裂施工曲线

8. 实施效果

本井在泥岩层射孔并压裂，现场按设计规模加入 $20m^3$ 支撑剂，压后单独对该层测试，日增油 $7.8m^3/d$，增产效果明显，说明了裂缝穿透了泥岩隔层，沟通了纵向未钻遇砂岩层，达到了“一缝穿多层”目标。该井产量一直在同区块直井的 4 倍以上，已累计产油 3111t，且继续有效，如图 5–3–5 所示。

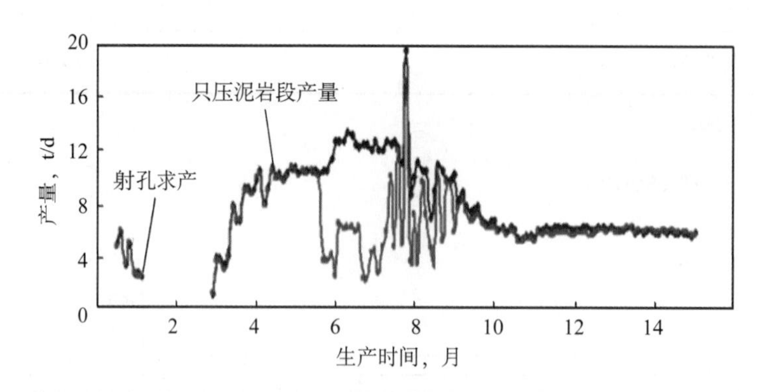

图 5–3–5 A 井泥岩段压裂前后生产动态曲线

二、封隔器滑套多段多簇压裂实例

B 井位于 D 油田的东坡，区块在西部紧邻中央断裂带，压裂段属于 H 油层。该井采用封隔器滑套分段压裂工艺实施多段、多簇压裂。通过多段、多簇压裂改造，达到增加泄油面积，最大限度提高储层动用程度和单井产量，延长压裂有效期的目的。

1. 设计思路

（1）采用封隔器滑套多段多簇压裂工艺，达到充分改造水平井目的；

（2）根据流体渗流速度优化裂缝簇间距和段间距以及裂缝长度等参数；

（3）根据优化的裂缝参数优化施工参数，形成压裂方案；

（4）根据压裂实施情况和实时裂缝监测结果调整设计模型，优化后续泵注程序。

2. 钻完井数据

B 井钻完井数据见表 5–3–3，实钻井眼轨迹见如图 5–3–6 所示。

表 5–3–3　B 井钻井基本数据表

<table>
<tr><td colspan="2">地面海拔，m</td><td>160.95</td><td>补心海拔
m</td><td>166.05</td><td>垂深，m</td><td colspan="2">1558</td><td>最大井斜
（°）</td><td>92.369</td></tr>
<tr><td colspan="2">井深，m</td><td>92.369</td><td>方位角
（°）</td><td>190.756</td><td>井底水平
位移，m</td><td colspan="2">628.218</td><td></td><td></td></tr>
<tr><td rowspan="3">井深
结构</td><td colspan="2">钻头尺寸 × 深度
（mm × m）</td><td>套管
名称</td><td>外径
mm</td><td>壁厚
mm</td><td>钢级</td><td>下入
深度
m</td><td>水泥返深
m</td><td>阻流环深
m</td></tr>
<tr><td colspan="2" rowspan="2">PDC ϕ 393mm ×（5.1 ～ 336）m+PDC ϕ 228.6mm ×（336 ～ 1261）m+PDC ϕ 215.9mm ×（1261 ～ 2284）m</td><td>表层
套管</td><td>273.05</td><td>8.89</td><td></td><td>334.4</td><td></td><td></td></tr>
<tr><td>油层
套管</td><td>139.7</td><td>9.17</td><td>P110</td><td>2283.81</td><td></td><td></td></tr>
</table>

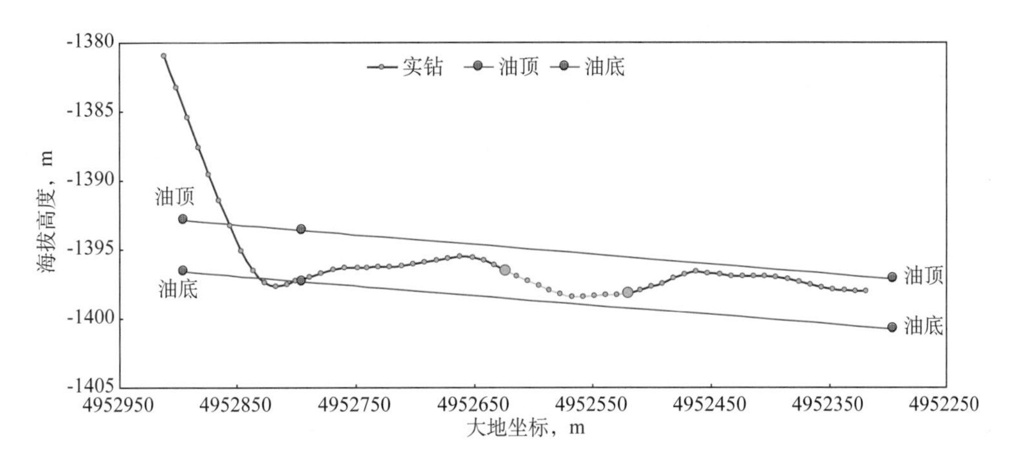

图 5–3–6　B 井实钻轨迹图

3. 储层及流体特征

1）沉积微相平面分布特征

H 油层为席状砂沉积，砂体由大套泥岩包夹，以大面积连片发育形式存在，呈南北向展布，岩性以粉砂岩或细砂岩为主。厚度一般为 2 ～ 3m。

2）储层物性

测井解释储层平均孔隙度为 15.5%、平均渗透率为 11.2mD，物性较好，为中孔低渗储层。

3）流体性质

储层原油密度为0.8748g/cm³，原油黏度为95.3mPa·s（50℃），凝固点为40℃；平均地层水矿化度为12265.8mg/L，水型为$NaHCO_3$型，pH值范围7～9。

4. 裂缝参数优化

1）水力裂缝方位

该井沿井筒方向储层连通性较好，利于裂缝扩展；该地区水力裂缝方位为近东西向，水平井筒方位为南北向，有利于形成近东西向斜交缝或横切缝。

2）裂缝簇间距和段间距优化

该井采用套管内滑套压裂工艺实施多段多簇压裂，根据流体渗透速度优化裂缝簇间距和段间距。

为了实现储层的充分改造，根据目的层测井解释成果（表5−3−4），沿563m水平段设计15段34簇裂缝，分段分簇情况如图5−3−7所示。B井的驱动压差为10MPa，储层渗透率为10～30mD，一年之后流体的渗流距离为25～45m，确定裂缝簇间距为15～25m。不同驱动压差下流体渗流距离与渗透率关系如图5−3−8所示。

由段间距与产量的关系确定B井的段间距为50～60m，单井产量变化率随裂缝段间距变化关系如图5−3−9所示。

表5−3−4 目的层测井解释成果表

顶界深度 m	底界深度 m	深侧向 电阻率 Ω·m	声波时差 μs/m	自然伽马 API	孔隙度 %	渗透率 mD	含油 饱和度 %	泥质含量 %	解释结果
1691.2	1696.6	9.99	289.93	74.49	11.27	0.78	14.01	38.72	干层
1696.6	1698.0	14.13	221.61	60.68	11.64	2.11	42.53	23.39	油水同层
1698.0	1703.6	12.83	315.59	63.18	16.34	4.36	17.55	25.91	干层
1703.6	1715.0	17.84	323.87	54.81	20.59	31.68	49.14	17.90	油水同层
1750.2	1914.0	16.85	235.95	54.48	14.33	6.09	47.72	17.62	油水同层
2054.0	2081.0	23.57	256.65	49.29	14.65	7.01	48.87	13.23	油水同层
2081.0	2132.0	12.96	209.82	61.08	7.70	0.14	11.06	23.79	干层
2132.0	2259.0	9.34	321.63	69.27	16.66	9.28	40.98	29.47	油水同层

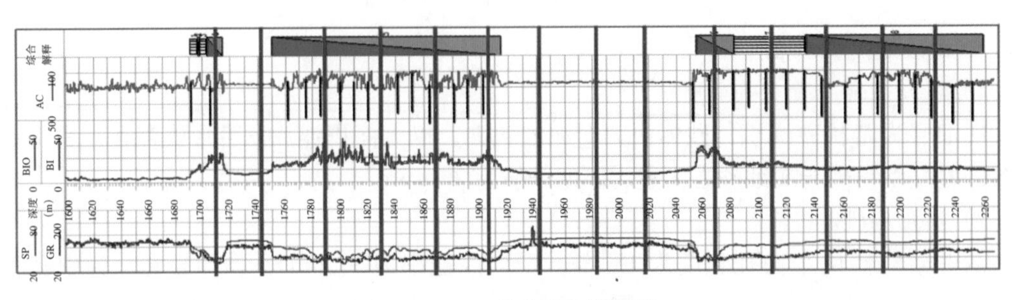

图5−3−7 B井分段分簇情况

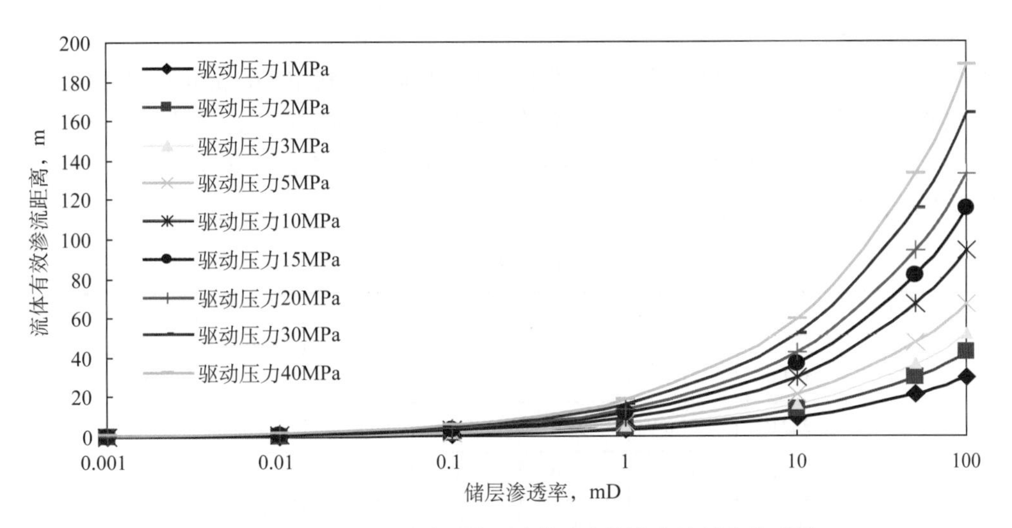

图 5-3-8 不同驱动压差下流体渗流距离与渗透率关系图

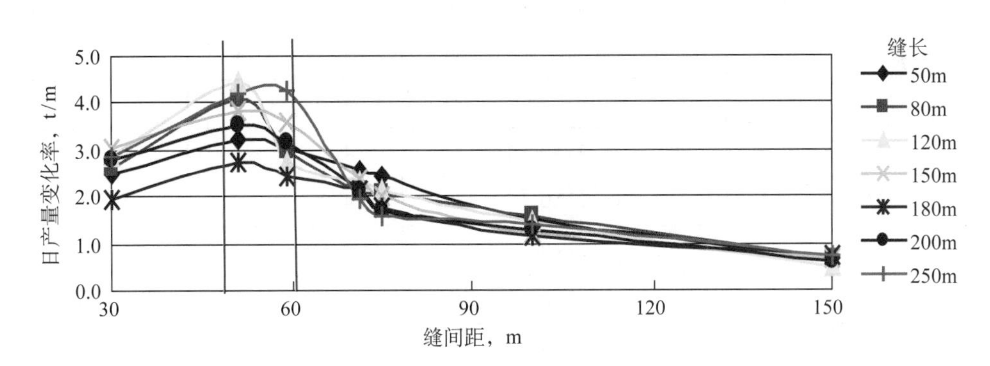

图 5-3-9 单井日产量变化率与裂缝段间距变化关系图

3）裂缝长度优化

建立该井油藏数值模拟模型，对裂缝长度进行优化，根据储层物性、泄油半径、断层等条件，优化 B 井 H 油层合理裂缝半长为 150 ～ 180m。单井产量变化率随裂缝长度变化关系如图 5-3-10 所示。

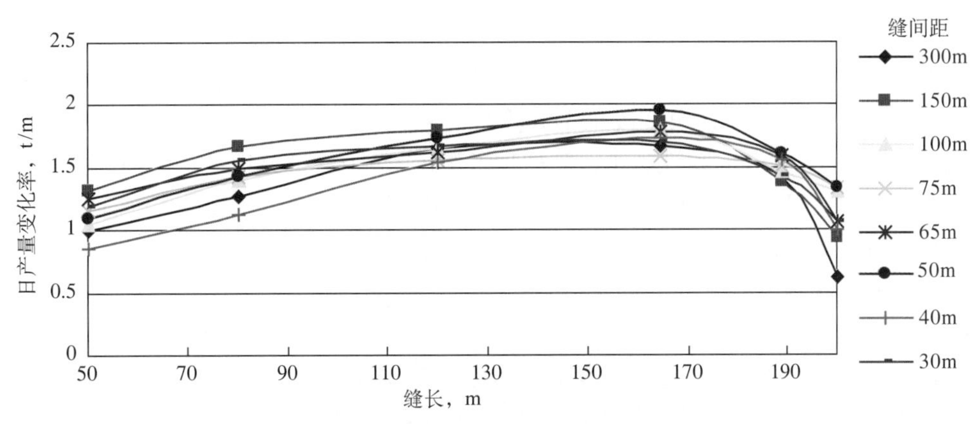

图 5-3-10 B 井日产量变化率与裂缝长度变化关系图

5. 施工参数优化

根据井身结构和储层物性、岩石力学和地应力剖面，利用 FracproPT 软件建立 B 井裂缝模拟模型，确定每个压裂段对应于优化裂缝长度的施工规模。由优化裂缝半长为 150~180m，得到单段加砂规模为 40 ~ 50m³，压裂液总量 4982m³，支撑剂总量 540m³。全井设计施工参数见表 5–3–5。

表 5–3–5 B 井施工参数设计表

压裂段	前置液 m³	携砂液 m³	替置液 m³	总液量 m³	砂量 m³	排量 m³/min	生物酶 kg	柴油 m³	砂比 %
第 1 段	127.0	131.0	21.1	279.0	30	4	6	7.3	23
第 2 段	189.0	232.0	21.0	442.0	50	4	4	10.9	21.5
第 3 段	150.0	175.0	20.9	346.0	40	4	4	8.6	22.9
第 4 段	139.0	160.0	20.8	320.0	35	4	5	8	21.9
第 5 段	127.0	131.0	20.7	279.0	30	4	6	7.3	23
第 6 段	189.0	232.0	20.6	442.0	50	4	6	10.9	21.5
第 7 段	123.0	88.0	20.4	232.0	20	4	4	7.1	22.7
第 8 段	123.0	88.0	20.3	232.0	20	4	5	7.1	22.7
第 9 段	123.0	88.0	20.2	232.0	20	4	6	7.1	22.7
第 10 段	127.0	131.0	20.1	278.0	30	4		7.3	23
第 11 段	150.0	175.0	20.0	345.0	40	4		8.6	22.9
第 12 段	165.0	190.0	19.9	376.0	45	4		9.5	23.6
第 13 段	189.0	232.0	19.8	441.0	50	4		10.9	21.5
第 14 段	123.0	88.0	19.6	231.0	20	4		7.1	22.7
第 15 段	208.0	279.0	19.5	507.0	60	4		12	21.5
合计				4982	540		46	130	

6. 工艺设计

B 井采用套管内滑套分段多簇压裂工艺，根据分压 15 段 34 簇的实施要求，采用 Y441 封隔器组合压裂工艺管柱，第 2 段至第 6 段采用直径 16 ~ 28mm 多孔球座，第 7 段至第 15 段采用直径 31 ~ 55mm 单孔球座，管柱技术指标为耐压差 70MPa、耐温 150℃。工艺管柱一次投送整体式投送入井并丢开上部管柱，实现套管内低摩阻压裂施工。压裂管柱示意图如图 5–3–11 所示。

7. 压裂材料优选

1）压裂液优选

针对 H 油层储层特点，选择羟丙基胶体系，调整体系中防膨剂（有机、KCL）的浓度，适应储层流体矿化度，达到储层配伍性，抑制黏土膨胀，降低储层伤害，根据该井目的层温度为 53.82℃，优选压裂液配方体系如下：

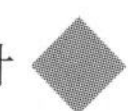

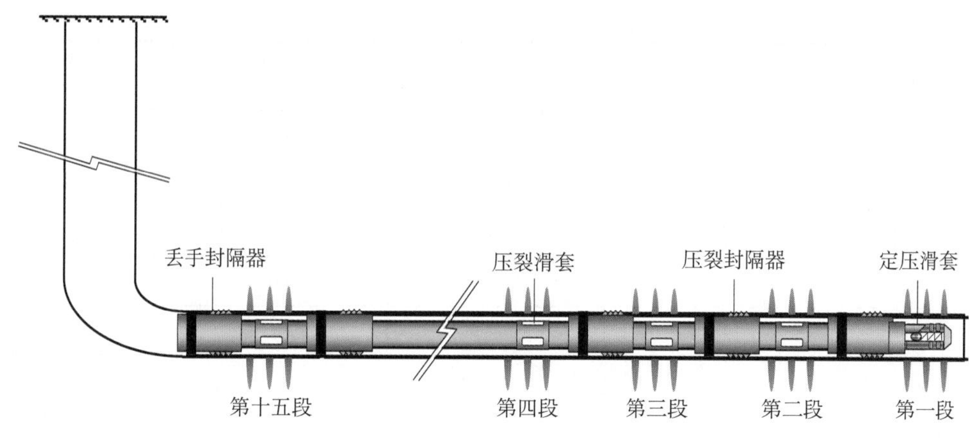

图 5-3-11　一次投送丢手式套内滑套压裂管柱示意图

基液：0.4% 羟丙基瓜尔胶 GRT-11+1.5% 氯化钾 KCl+0.05% 三乙醇胺 +0.5% 乳化剂 OP-10+5% 柴油。

交联液：3.75% 硼砂 +2.5% 纯碱 +0.05% 过硫酸铵 +15% 破乳剂 NGR-003+10% 有机防膨剂 JH-002+10% 助排剂 ZA-6。

交联比：50：1。

2）支撑剂优选

该井闭合压力为 28MPa，考虑长期裂缝导流能力，支撑剂选用粒径 30~50 目和 20~40 目 52MPa 陶粒。

8. 压裂施工

2012 年 3 月，对 B 井成功实施套管内 15 段压裂改造，共加砂 563m³、压裂液 4850m³，平均砂比 30%。压裂施工参数见表 5-3-6，压裂施工曲线如图 5-3-12 所示。

表 5-3-6　B 井压裂施工参数表

压裂段	液量 m^3	施工压力 MPa	砂量 m^3	砂比 %
第 1 段	294	39~49	30	27.52
第 2 段	460	32~37	50	25.38
第 3 段	363	30~33	40	27.21
第 4 段	336	30~34	35	25.83
第 5 段	295	32~40	30	27.27
第 6 段	386	30~37	33	24.11
第 7 段	310	25~43	30	23.26
第 8 段	267	25~41	30	34.88
第 9 段	265	23~38	30	35.71
第 10 段	269	21~33	30	35.71
第 11 段	297	19~23	40	39.22

续表

压裂段	液量 m^3	施工压力 MPa	砂量 m^3	砂比 %
第 12 段	308	20~29	45	40.00
第 13 段	338	18~28	50	36.76
第 14 段	230	15~40	30	33.33
第 15 段	432	14~19	60	41.96
合计	4850		563	

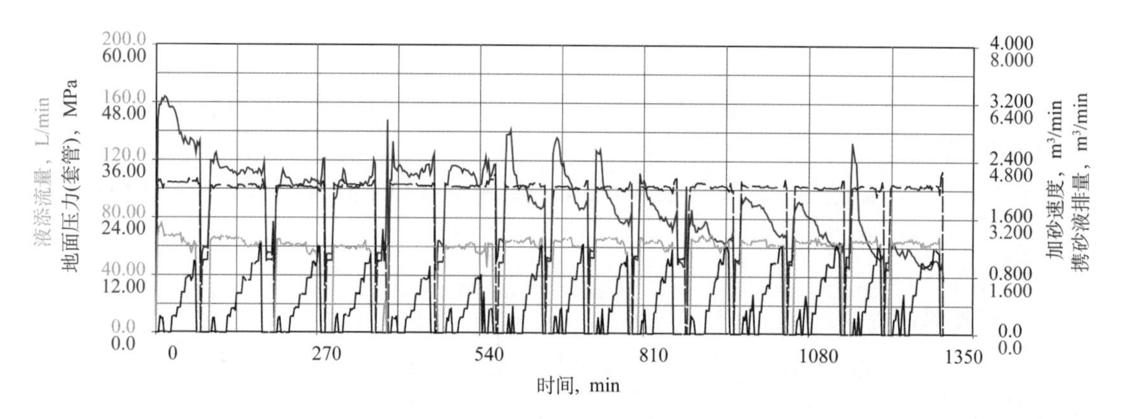

图 5-3-12　B 井压裂施工曲线图

该井施工过程如下：第 1 段压裂完成后，依次投钢球打开封隔器滑套进行后续压裂段施工，其中第 2 段至第 6 段采用三孔球座，每段投入 3 个球，第 7 段至第 15 段为单孔球座，每段投入 1 个球；钢球级差为 3mm，第 2 段至第 6 段钢球直径 20 ~ 32mm，第 7 段至第 15 段钢球直径 35 ~ 59mm，钢球以 2 m^3/min 排量投送。图 5-3-13、图 5-3-14 所示分别为 B 井三孔球座和单孔球座压裂滑套打开过程图。

9. 实施效果

该井压裂后求产，日产液 25m^3，日产油 8 ~ 10t。

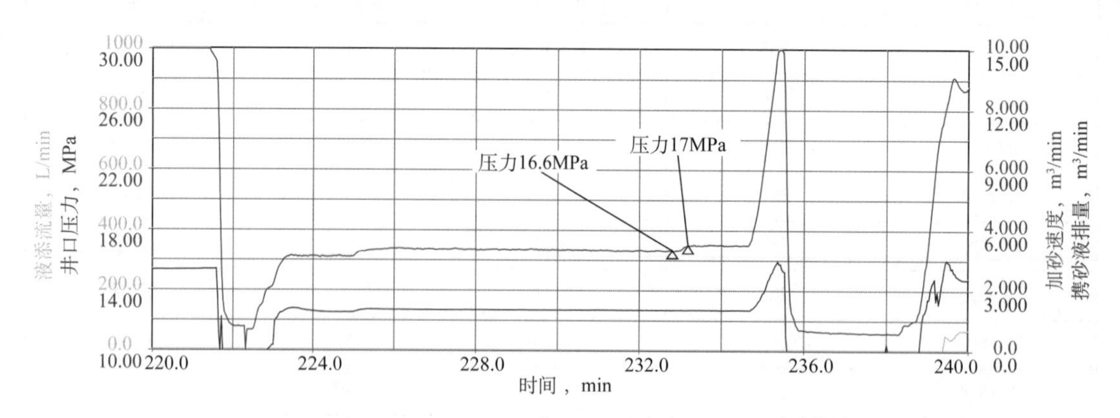

图 5-3-13　B 井第 3 段压裂滑套打开过程图（三孔球座）

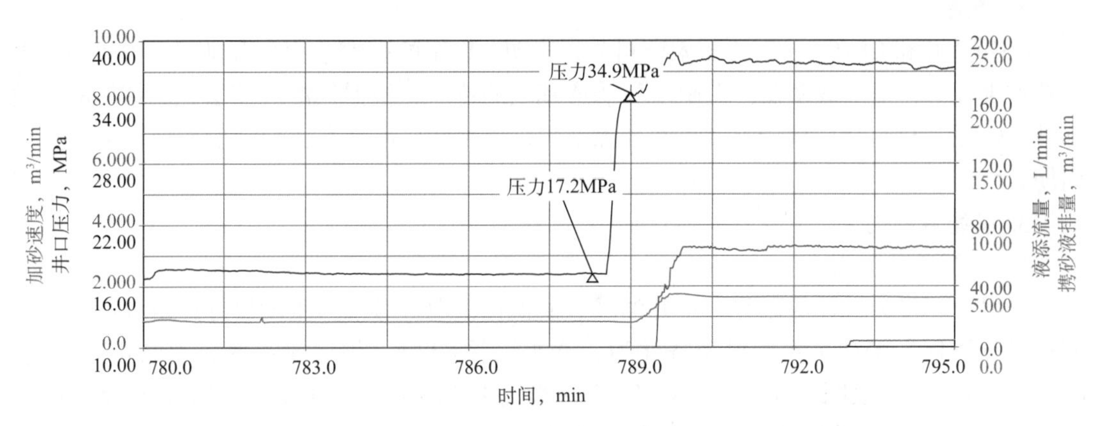

图 5-3-14 B 井第 9 段压裂滑套打开过程图（单孔球座）

三、裸眼封隔器分段压裂实例

C 气田 D 组储层具有埋藏深、温度高、物性差、地应力高的特点，采用水平井和常规的直井压裂开发难以达到稳产目的。C 井是针对 C 气田 D3 砂组致密砂岩气藏而部署的第一口采用多段压裂开发先导性试验的水平井，目的是通过裸眼封隔器分段压裂工艺技术进行多段压裂改造，最大限度增加水平井筒与地层的接触面积，提高储层动用程度，提高单井产量，以寻求其经济有效开发模式。

1. 设计原则

压裂设计原则是通过多段造长缝，使水平井筒与地层接触面积最大化，使水平井段得到最有效的利用，从而最大限度提高单井产能。

2. 地质特征

1）气藏类型

气藏类型为构造控制下的岩性低孔、特低渗气藏，边底水不发育。

2）构造特征

C 气田自下而上发育上侏罗统 H 组，下白垩统 S 组、Y 组、D 组、Q 组及以上地层。D 组顶面 T_3 地震反射层构造圈闭显示，C 气田主体构造圈闭类型为断鼻或断背斜，长轴方向为近南北走向。

3）沉积微相平面分布特征

D3 砂层组沉积期工区的南部发育两条由南东向北西展布近于平行的分支河道，该分支河道的东南部发育有决口扇；另外一条发育于西南部，规模相对较小。两分支河道在长深 102 井附近汇合，在中西部形成大范围的分支河道沉积，随后分支河道又再次分叉，在中部形成分支河道的交汇叠合区。D3 沉积期分支河道的沉积规模水流所控制的范围较大。

4）储层物性

根据 CS1-1 等 4 口井 14 块样品岩心分析资料统计，C 气田 D 组气藏岩心分析孔隙度一般为 2.7% ~ 6.6%，平均为 5.2%；渗透率为 0.04 ~ 0.242mD，平均为 0.174mD，因此 D 组储层整体上属于低孔、特低渗储层。

5）孔隙结构

CS1–2 井和 CS103 井岩心压汞资料分析表明，D 组的孔隙结构具有排驱压力较高、平均孔喉半径小、退汞效率低、孔隙度和渗透率低的特点。根据低渗透储层孔隙结构的分类标准，C 气田 D 组储层属于Ⅱ、Ⅲ类孔隙结构，该类储层应具有比较低的生产能力和稳产周期。

3. 裂缝参数优化

1）压裂段数优化

以累计产量为目标函数建立单井油藏数值模拟模型，考察一年期累计产量及产量增加速率随压裂段数变化关系。模拟条件为：水平段长 837m，储层渗透率分别取 0.05mD 和 0.2mD。模拟结果表明，渗透率为 0.05mD 时最优裂缝段数为 10 段，渗透率为 0.2mD 时最优裂缝段数为 8 段，如图 5–3–15 和图 5–3–16 所示。

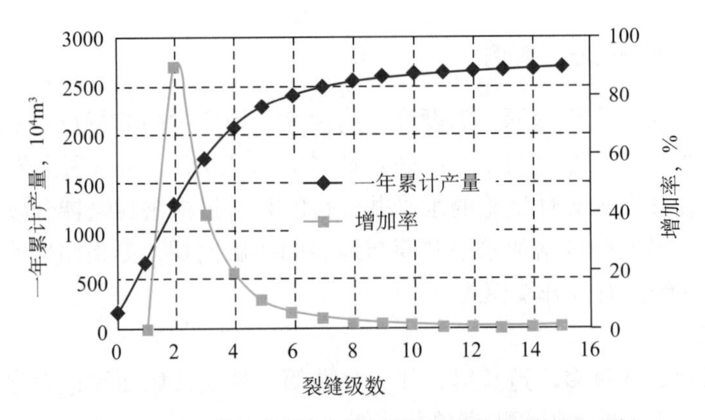

图 5–3–15　累计产量与压裂段数关系曲线（0.05mD）

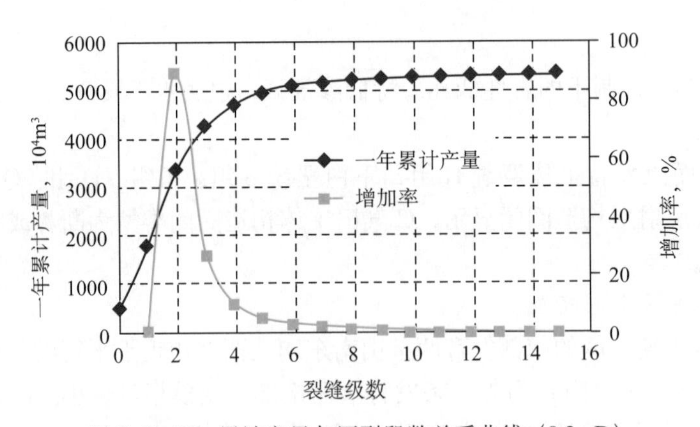

图 5–3–16　累计产量与压裂段数关系曲线（0.2mD）

2）裂缝长度优化

以累计产量为目标函数建立单井油藏数值模拟模型，考察一年期累计产量及产量增加速率随水力裂缝长度变化关系。模拟条件同压裂段数优化。模拟结果表明，渗透率为 0.05mD 时最优裂缝半长为 250m，渗透率为 0.2mD 时最优裂缝半长为 200m，如图 5–3–17 和图 5–3–18 所示。

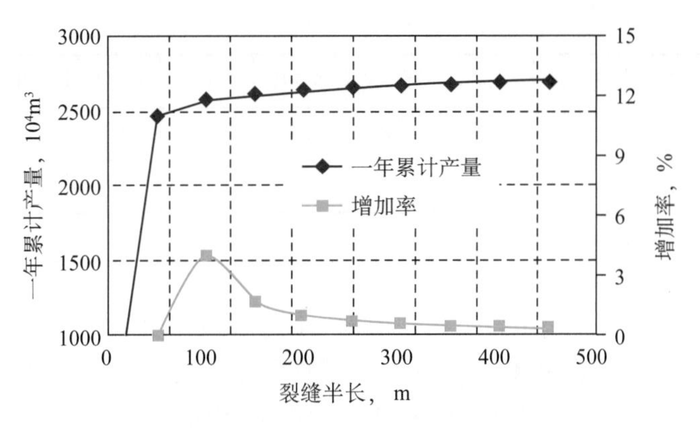

图 5–3–17　累计产量与裂缝半长关系曲线（0.05mD）

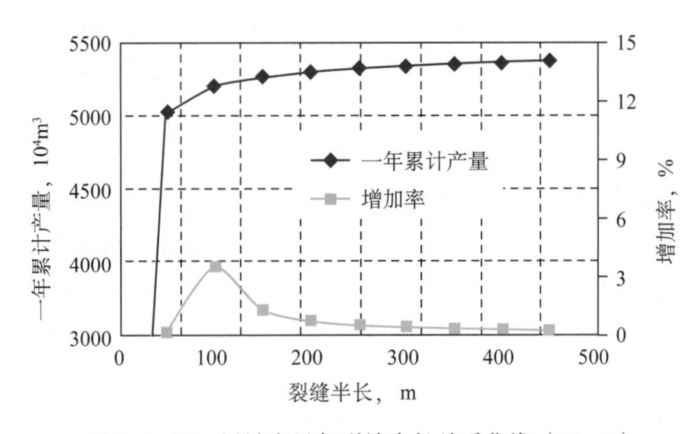

图 5–3–18　累计产量与裂缝半长关系曲线（0.2mD）

4. 施工参数优化

根据井身结构和储层物性、岩石力学和地应力剖面建立裂缝模拟模型，确定每个压裂段对应于优化裂缝长度的施工规模。由优化裂缝半长为 200 ～ 250m，得到加砂规模为 70 ～ 100m^3，压裂液总量 4668m^3，支撑剂总量 750m^3。每段施工参数见表 5–3–7。

表 5–3–7　C 井压裂施工参数设计表

项目		第 1 段	第 2 段	第 3 段	第 4 段	第 5 段	第 6 段	第 7 段	第 8 段	第 9 段	第 10 段
前置液，m^3		168	168	168	168	168	168	168	171	171	216
携砂液，m^3		246	246	246	246	246	246	246	255	255	324
液量，m^3		456.7	455.8	454.5	453.5	451.3	450.5	449.1	460.3	458.6	578.1
砂量	t	107	107	107	107	107	107	107	111	111	139
	m^3	72.3	72.3	72.3	72.3	72.3	72.3	72.3	75.0	75.0	93.9
平均砂比，%		29.4	29.4	29.4	29.4	29.4	29.4	29.4	29.4	29.4	29.0
缝长，m		210	210	210	210	210	210	210	215	215	225
缝高，m		71	71	71	71	71	71	71	71	71	70

续表

项目	第1段	第2段	第3段	第4段	第5段	第6段	第7段	第8段	第9段	第10段
缝宽，m	1.8	1.8	1.8	1.8	1.8	1.8	1.8	1.8	1.9	1.9
导流能力，mD·m	121	121	121	121	121	121	121	135	135	161

5. 工艺设计

C井采用裸眼封隔器分段压裂工艺，依据C1构造D组气藏已改造井施工数据，预测该井最大井底施工压力为110MPa，要求井下工具耐压差级别达到73MPa以上，因此，确定该井压裂管柱及工具指标达到耐压差82MPa、耐温150℃。

1）尾管悬挂封隔器坐封位置确定

尾管悬挂封隔器位置由最大井斜、固井质量、套管接箍、压裂时压裂管柱受力及尾管密封胶筒的位移等几个因素决定，综合考虑上述因素，确定尾管悬挂封隔器的坐封位置为3001.48m。

2）裸眼封隔器及压裂端口位置确定

水平井裸眼封隔器位置的确定需要综合考虑地质上储层改造需求、井眼轨迹、井径等因素，确定压裂封隔器及压裂端口位置的原则为：(1) 压裂端口放置于物性、气测显示好、应力低的储层段；(2) 裸眼封隔器要求放置在裸眼井径为$8^1/_2$～$8^7/_8$in范围的井段。C井多级压裂封隔器及压裂端口位置见表5-3-8，压裂工具及位置示意图如图5-3-19所示。

表5-3-8　C井多级压裂封隔器及压裂端口位置表

项目	底封位置		顶封位置		两封间距 m	喷砂口位置 m
	深度，m	井径，in	深度，m	井径，in		
底部循环端口	4532.12	—	—	—	—	—
第1段	4496.51	8.9	4491.25	8.73	65.8	4515
第2段	4491.25	8.73	4412.73	8.32	78.52	4463.42
第3段	4412.73	8.32	4334.98	8.32	77.75	4396.10
第4段	4334.98	8.32	4256.72	8.69	78.26	4296.73
第5段	4256.72	8.69	4132.76	8.75	123.96	4217.73
第6段	4132.76	8.75	4000.76	8.75	132	4028.68
第7段	4000.76	8.75	3900.15	8.58	100.61	3951.37
第8段	3900.15	8.58	3799.06	8.38	101.06	3838.99
第9段	3799.06	8.38	3709.26	8.69	89.8	3771.39
第10段	3709.26	8.69	3553.06	8.39	156.2	3625.83
尾管悬挂封隔器	3001.48	—	—	—	—	—

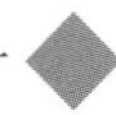

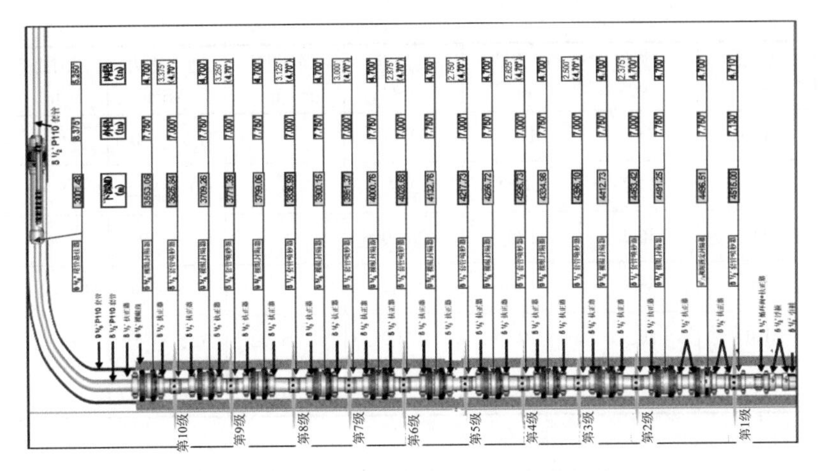

图 5–3–19　C 井完井压裂工具及位置示意图

6. 压裂材料优选

1）压裂液优选

通过多次利用水源井配制压裂液进行试验，最终形成如下配方：

基液：0.9%Slurry GelJ877+2.0% 氯化钾 +0.2% 助排剂 F108+0.1% 黏土稳定剂 L055+0.02% 防泡剂 D047+0.006% 杀菌剂 M275。

交联液：7% 交联剂 L010+15.2% 苛性钠 M012 +21% 延迟剂 J480。

交联比：100 ： 1。

破胶剂：0.012% ～ 0.06% 破胶剂 J569 + 0.024% ～ 0.06% 破胶剂 J218。

2）支撑剂优选

C 气田 D 组致密砂岩气藏砂泥岩交互现象严重，储层闭合应力高，井筒附近裂缝形态复杂，常规陶粒裂缝内携砂液流动阻力大，易造成砂堵。为保证大规模压裂成功实施，要求支撑剂在高闭合应力下具有较低的破碎率，保持较高的导流能力，具有较低的密度以利于携砂。因此，经筛选确定低破碎率的 105MPa 、30 ～ 50 目低密度孚盛砂作为压裂支撑剂。

7. 压裂施工

2010 年 9 月，三天内对 C 井进行了裸眼封隔器 10 段大规模压裂施工，共计加入支撑剂 838m³，注入压裂液 4610m³（包括测试液 190m³、推球液 31m³），平均施工砂比 34.4%，单段最大加砂量 116m³，其中有三段加入支撑剂超过 100m³，施工参数见表 5–3–9。

表 5–3–9　C 井 10 段压裂施工参数表

压裂段	砂量 m³	砂比 %	前置液 m³	携砂液 m³	排量 m³/min	施工压力 MPa	测试液 m³	推球液 m³
第 1 段	90	33.7	202	267	5	30.5 ～ 41	110	—
第 2 段	30	28.9	175	103.8	5	33 ～ 47.7	—	—
第 3 段	76	34.2	150.3	222.5	5	31.7 ～ 40	—	60
第 4 段	76.6	32.1	160	239	5	31.5 ～ 39.8	—	70

续表

压裂段	砂量 m^3	砂比 %	前置液 m^3	携砂液 m^3	排量 m^3/min	施工压力 MPa	测试液 m^3	推球液 m^3
第 5 段	83.4	35.2	160	237	5	31.5 ~ 40.8	—	60
第 6 段	74.3	34.2	141.2	217	5	30 ~ 39.5	—	
第 7 段	90	36.2	175	248.9	5	30 ~ 39.6	—	60
第 8 段	101	35.8	150	282.4	5	30.8 ~ 40	40	—
第 9 段	101	36.3	197	277.9	5	32.5 ~ 41	—	60
第 10 段	116	37.5	195	309.4	5	28.6 ~ 38.7	40	—

裸眼封隔器分段压裂施工过程为：一段压裂施工结束后，通过远程液压控制操作台控制投球阀门的开关进行投球，堵球投送到位打开压裂滑套，进行下一段压裂，依次类推进行后续各段投球压裂。以第二段压裂为例说明投球和压裂施工过程。

1）投球步骤

压裂施工开始前，打开投球器上液压控制旋塞阀，投入相应尺寸陶瓷球，关闭上旋塞阀，此时投球器下旋塞阀处于关闭状态。待上一段压裂施工顶替阶段顶替液还剩 5m³ 至顶替液量时，降排量至 3m³/min，启动投球泵注系统，控制泵注压力略大于井口施工压力 3 ~ 5MPa 至球体进入压裂井筒直至球落座。在判断球体已进入压裂井筒的同时，通过远程操作台关闭下旋塞阀，停止投球泵注系统，等待下一段压裂施工。图 5-3-20 所示为该井泵注投球施工曲线。

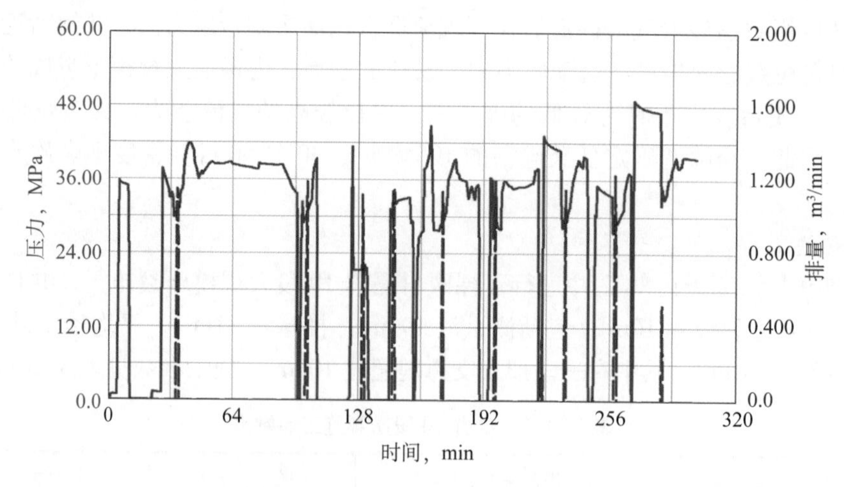

图 5-3-20　C 井泵注投球施工曲线

2）主压裂施工

在第一段压裂顶替液剩 5m³ 时，投球并以 2m³/min 排量推球，井口压力上升至 42MPa 时堵球推送到位，当压力由 42MPa 降至 36MPa 时，第二段压裂滑套打开，开始进行第二段压裂施工。图 5-3-21 所示为第一、第二段压裂施工曲线。

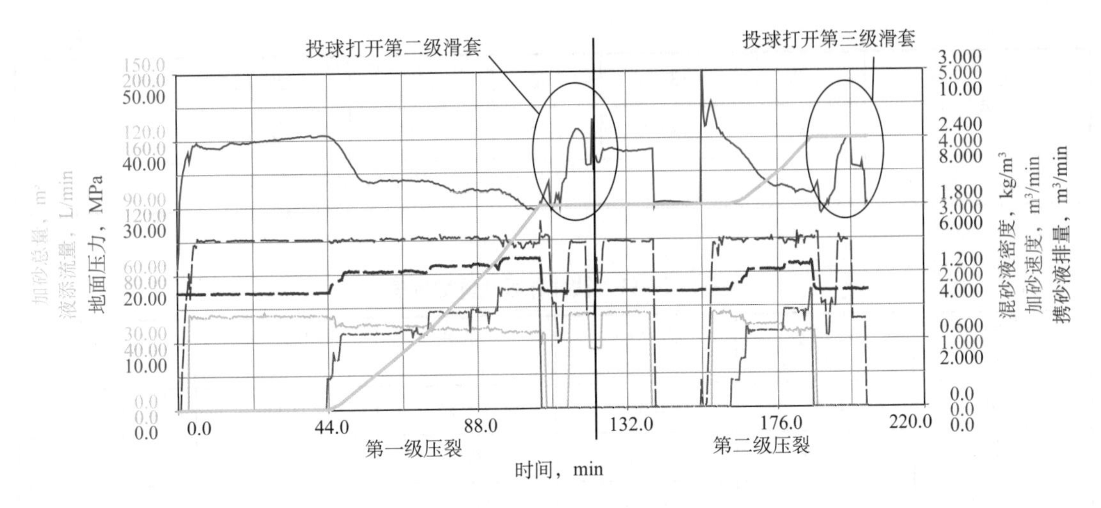

图 5-3-21　第一、第二段压裂施工曲线图

8. 实施效果

C 井多段压裂施工后，应用 ϕ6mm 油嘴放喷，井口压力稳定在 26.7MPa，日排液 72m³，日产气 14.38×10⁴m³，计算无阻流量 50×10⁴m³，取得了先导性试验成功。

四、水力喷砂分段压裂实例

D 井为 C 油层的一口采油水平井，设计井深 3355.10m，水平段长 617.54m，采用七点法注采井网开发，周围有 6 口直井进行超前注水。该井采用水力喷砂拖动压裂工艺实施分段改造。

1. 设计原则

该井在注采井网条件下实施分段压裂，要求裂缝位置布置合理、加砂规模适度，以达到井网条件下分段压裂提高单井产量，避免过早见水的目的。

2. 钻完井数据

D 井钻完井数据见表 5-3-10，井眼轨迹数据见表 5-3-11。

表 5-3-10　钻井基本数据表

完井日期	2009.08.17	完钻层位		C	完钻井深，m	3397.00
套补距，m	4.80	水泥塞面，m		3347.0	完井方法	套管固井
造斜点，m	2387.00	入窗点，m		2779.23	方位，(°)	332.3
靶前距，m	217.53	水平段长，m		617.54	井底位移，m	835.47
套管	规格，in	外径，mm	壁厚，mm	钢级	下入深度，m	水泥返深，m
表层套管	$9^5/_8$	244.5	8.94	J55	326.00	地面
油层套管	$5^1/_2$	139.70	7.72	FFN80	931.03	地面
	$5^1/_2$	139.70	7.72	FFJ55	1467.74	

续表

油层套管	$5^{1}/_{2}$	139.70	7.72	J55	2834.75	地面
	$5^{1}/_{2}$	139.70	7.72	N80	3396.8	
短套管位置，m	2721.01 ~ 2723.05					

表 5-3-11　钻井井眼轨迹数据表

斜深 m	垂深 m	井斜角 （°）	方位角 （°）	全角变化率 （°）/30m	靶前位移 m
0.00	0.00	0.00	348.93	0.00	0.00
2780.68	2636.97	84.68	332.20	3.06	218.94
2790.29	2637.77	85.83	332.50	3.71	228.52
2828.42	2639.18	87.98	332.20	4.73	266.62
2838.00	2639.57	87.36	332.00	2.04	276.19
3049.33	2641.09	87.89	331.30	4.04	487.20
3059.07	2641.41	88.29	331.80	1.97	496.93
3107.29	2642.20	89.96	331.40	1.75	545.11
3116.92	2642.17	90.40	332.30	3.12	554.74
3126.62	2642.09	90.53	332.30	0.40	564.44
3165.20	2641.67	89.60	331.20	6.05	603.01
3174.72	2641.77	89.21	331.30	1.27	612.52
3213.20	2641.81	90.48	333.10	1.77	651.00
3222.61	2641.71	90.75	332.20	3.00	660.40
3261.18	2641.27	90.92	332.30	2.57	698.97
3270.69	2641.17	90.26	332.60	2.29	708.48
3347.54	2641.16	89.96	332.20	0.96	785.31
3357.06	2641.20	89.60	331.90	1.48	794.82

3. 储层特征

1）储层物性

C 储层物性差，区块岩心分析平均孔隙度 9.35%、平均渗透率 0.56mD，该井测井解释平均孔隙度 10.0%、平均渗透率 0.74mD。

2）孔隙结构

储层岩性为细—中粒岩屑长石砂岩，碎屑成分占 82.7%，其中石英含量 33.6%，长石含量 27.5%，各类岩屑含量 18.7%；填隙物成分占 17.6%，主要为高岭石、铁方解石和硅质。

岩石结构成熟度低，磨圆度为次棱角状，颗粒支撑，线性接触，胶结类型为薄膜—孔隙式胶结。

4. 裂缝参数优化

与单井优化不同，该井是在注采井网条件下实施分段压裂，在优化裂缝参数时需特别注意使裂缝位置、裂缝长度能够跟井网匹配，以避免油井过早见水。根据实际油水井位置和该井储层及流体参数，建立了D井注水开采条件下油藏数值模拟模型，如图5−3−22所示。

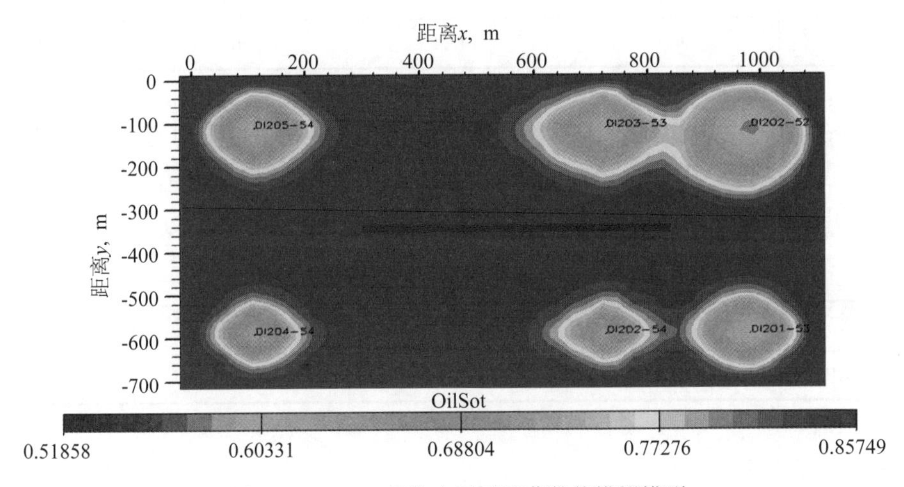

图5−3−22　D井注水开采油藏数值模拟模型

根据三年开采期内产量及含水率模拟结果，优化裂缝条数为8条，裂缝布置如图5−3−23所示，其中，远离注水井的裂缝（裂缝编号为②、③、④）长度最长，为120m，其次裂缝（裂缝编号为①、⑤、⑧）长度为100m，靠近注水井的裂缝（裂缝编号为⑥、⑦）长度最短，为30～40m。

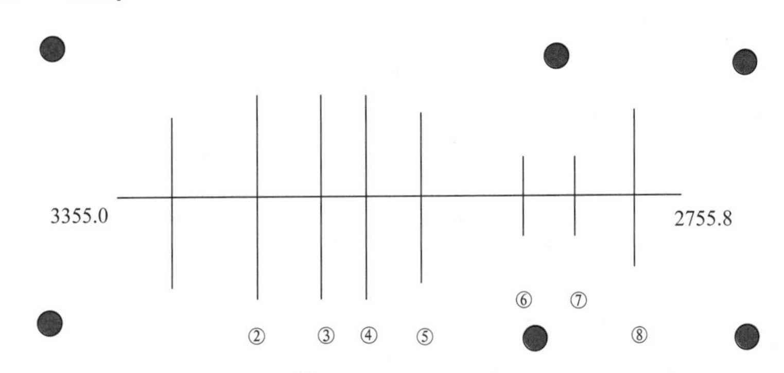

图5−3−23　D井实际压裂设计裂缝位置和裂缝长度示意图

5. 施工参数优化

该井采用水力喷砂分段压裂工艺，油管和环空同时注入，需分别优化油管和环空排量及用液量。

1）施工排量优化

（1）油管排量。压裂液摩阻按清水摩阻的30%考虑，应用射流软件计算喷嘴数为6

只条件下油管压力与排量以及射流速度的关系，得到 1.0 ~ 2.5m³/min 排量下油管压力为 20.3 ~ 66.5MPa，射流速度为 98.3 ~ 245.7m³/min，综合考虑射流速度、套管强度、喷射工具抗压强度、压裂井口等因素，确定油管施工排量为 1.6 ~ 2.0m³/min，井口压力为 32.0 ~ 50.0MPa。不同排量下油管井口压力预测数据见表 5–3–12。

表 5–3–12　不同排量下的油管井口压力预测

排量，m³/min	1.0	1.5	2.0	2.5
油管压力，MPa	20.3	31.9	45.9	66.5
射流速度，m/s	98.3	147.4	196.6	245.7

（2）环空排量。由裂缝延伸梯度 0.014MPa/m 计算得到环空压力与环空排量关系，见表 5–3–13。在环空排量 0.5~2.0m³/min 下，环空压力为 10.6~13.9MPa，综合考虑环空排量与油管排量的匹配和环空压力的控制，确定环空排量为 0.6~0.8m³/min。

表 5–3–13　不同排量下的环空压力预测

环空排量，m³/min	0.5	1.0	1.5	2.0
环空压力，MPa	10.6	11.3	12.3	13.9

2）施工压力预测

依据上述计算结果，油管排量 1.6 ~ 2.0m³/min，预计油管施工压力为 32.0 ~ 50.0MPa。环空压力控制在 10.0 ~ 12.0MPa。

3）压裂规模与用液量

根据 D 井井身结构、储层物性、岩石力学和地应力剖面建立裂缝模拟模型，确定每个压裂段对应于优化裂缝长度的施工规模。确定材料总用量：压裂液 1790.3m³、石英砂 40m³、陶粒 182m³。压裂施工设计参数见表 5–3–14。

表 5–3–14　D 井水力喷砂压裂施工参数设计表

名称	第 1 段	第 2 段	第 3 段	第 4 段	第 5 段	第 6 段	第 7 段	第 8 段
喷嘴数量，只	6	6	6	6	6	6	6	6
支撑剂量，m³	25.0	30.0	30.0	30.0	25.0	7	10	25.0
注入管柱直径，mm	73.0	73.0	73.0	73.0	73.0	73.0	73.0	73.0
环空排量，m³/min	0.6 ~ 0.8	0.6 ~ 0.8	0.6 ~ 0.8	0.6 ~ 0.8	0.6 ~ 0.8	0.6 ~ 0.8	0.6 ~ 0.8	0.6 ~ 0.8
油管排量，m³/min	1.8	1.8	1.8	1.8	1.8	1.6	1.6	1.8
油管砂液比，%	34.9	35.6	35.6	35.6	34.5	30	30	34.2
平均砂液比，%	23.4	21.6	21.6	21.6	23.4	19.8	19.7	23.7
替井液，m³	3.0	3.0	3.0	3.0	3.0	3.0	3.0	3.0
射孔液，m³	79.6	78.6	78.1	77.6	77.1	76.6	75.6	73.6

续表

名称	第1段	第2段	第3段	第4段	第5段	第6段	第7段	第8段
前置液，m^3	34.7	43.3	43.3	43.3	34.7	7.2	10.1	28.9
携砂液，m^3	106.9	138.7	138.7	138.7	106.9	35.4	50.7	105.4
顶替液，m^3	14.4	14.0	13.9	13.9	13.3	12.7	12.2	12.3

6. 工艺设计

该井通过上提管柱水力喷砂实现分段压裂，喷射位置的确定应利于裂缝延伸，同时在考虑管柱伸长量的情况下避开套管接箍位置以保护套管。根据该井测井资料和油藏数值模拟结果确定了8段裂缝的喷射点位置，见表5–3–15。

表5–3–15 D井设计喷射点位置数据表

段数	设计喷射点位置，m	套管接箍位置，m
1	3298.0	3297.27，3307.55
2	3228.0	3224.67，3234.79
3	3166.0	3163.51，3173.63
4	3116.0	3112.75，3122.97
5	3056.0	3050.17，3060.79
6	2986.0	2978.49，2988.61
7	2890.0	2885.47，2896.26
8	2827.0	2824.40，2834.75

7. 压裂材料优选

1）压裂液优选

依据D井地层温度和水力喷砂压裂油管注入交联冻胶、环空注入压裂液基液的特点，优选压裂液配方体系如下：

基液：0.40%CJ2–6+0.5%CF–5D+0.5%COP–1+0.10%CJSJ–2+0.06–0.08%CJ–3。

交联液：50%JL–2+4.0%APS。

交联比：100 ：（0.6 ~ 0.8）(最佳交联比现场测小样确定)。

破胶剂：过硫酸铵，每段按设计要求尾追。

2）支撑剂优选

水力喷砂压裂分段压裂是水力喷砂射孔与加砂压裂联作的过程，为提高喷砂射孔效果，喷砂射孔阶段选用20/40目石英砂，加砂压裂阶段选用20/40目低密度陶粒。

8. 压裂施工

2009年11月，对D井进行了水力喷砂压裂施工，分压8段，共计加入支撑剂182.0m^3，注入压裂液1764.2m^3（含替井液24.0m^3、射孔液616.8m^3），平均施工砂比

23.4%，施工参数见表 5−3−16。

表 5−3−16　D 井水力喷砂压裂施工参数表

压裂段	砂量 m^3	砂比 %	前置液 m^3	携砂液 m^3	油管排量 m^3/min	环空排量 m^3/min	油管压力 MPa	环空压力 MPa
第 1 段	25.0	25.0	34.1	100.1	1.6	0.6−0.8	32.9−51.3	19.4−27.7
第 2 段	30.0	23.1	41.3	129.9	1.6	0.6	31.8−41.3	17.6−26.9
第 3 段	30.0	23.2	44.0	129.4	2.0−2.2	0.6	29.2−34.8	15.4−23.7
第 4 段	30.0	23.2	43.0	129.1	2.0	0.6	30.0−36.3	14.3−21.8
第 5 段	25.0	24.5	25.0	102.2	1.7	0.6	30.3−39.5	13.9−19.2
第 6 段	7.0	20.8	9.0	33.6	1.8	0.6	25.8−30.3	13.1−13.7
第 7 段	10.0	19.6	11.0	51.1	1.7	0.6	29.1−29.8	14.5−15.3
第 8 段	25.0	24.8	33.0	100.9	1.8	0.6	23.5−29.0	15.8−16.6
合计								

该井水力喷砂压裂施工过程如下：利用含有石英砂的高速射流完成喷砂射孔后，油管和环空同时注液完成加砂压裂，上提管柱到下一压裂位置，重复喷砂射孔、加砂压裂联作过程，完成全部压裂段施工。其中，第 3 段和第 5 段施工结束后分别取出管柱更换了喷砂器。图 5−3−24 所示为该井第 1 段压裂施工曲线。

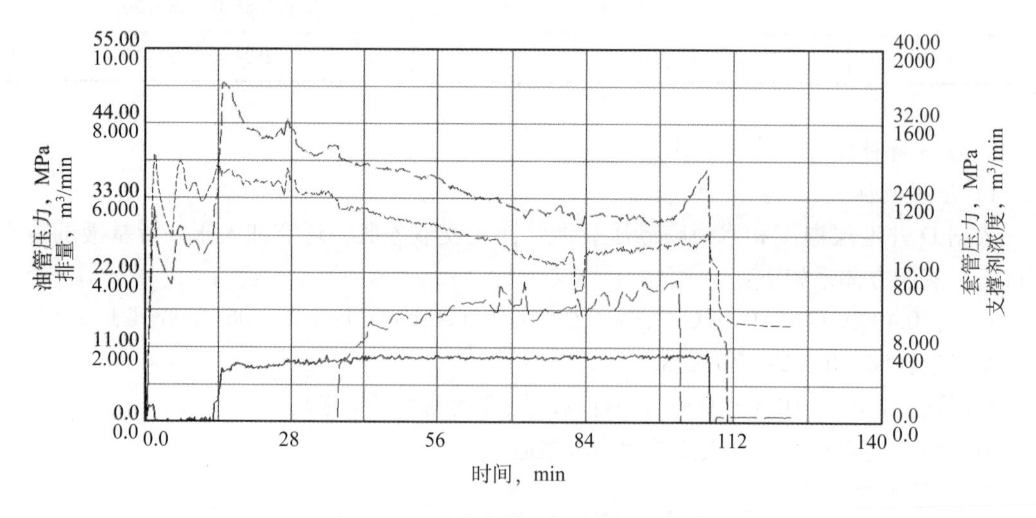

图 5−3−24　D 井第一段压裂施工曲线

9. *实施效果*

D 井分段压裂施工后，投产半年后该井产量和含水率稳定（图 5−3−25），日产油稳定在 9.3t/d 左右，含水率较低只有 3% 左右，起到了水平井压裂增产同时控制含水率快速上升的作用，实现了注采井网条件下水力裂缝优化目标。

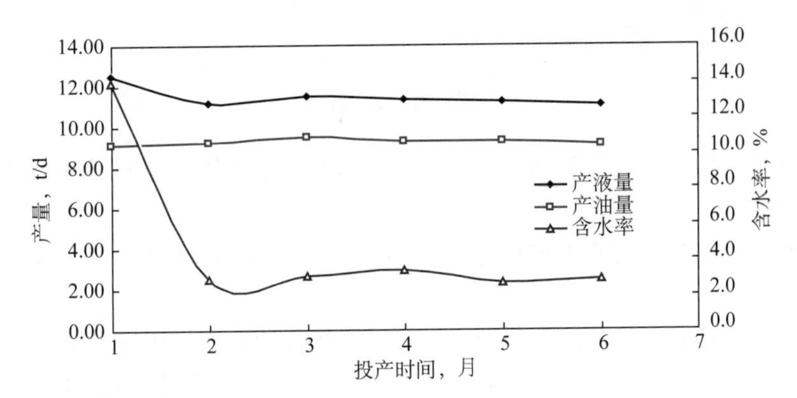

图 5–3–25　D 井压裂后产量及含水曲线

参 考 文 献

[1] 班恩 A，马克西莫夫 B A，等．岩石性质对地下液体渗流的影响．北京：石油工业出版社，1981.

[2] 程林松．水平井五点井网的研究及对比．大庆石油地质与开发，1994，13（4）：27–31.

[3] 丁云宏，等．水平井注采井网水力裂缝参数优化研究 // 中国石油天然气股份有限公司勘探与生产分公司．水平井分段改造技术论文集．北京：石油工业出版社，2010.

[4] 丁云宏，胥云，陈作．水平井分段压裂工艺技术现状及展望 // 中国石油天然气股份有限公司勘探与生产分公司．中国石油天然气股份有限公司 2007 年压裂酸化技术论文集．北京：石油工业出版社，2007.

[5] 范子菲．水平井油藏工程方法研究．北京航空航天大学博士后研究工作报告，1996.

[6] 葛家理，刘月田，姚约东．现代油藏渗流力学原理（下册）．北京：石油工业出版社，2003.

[7] 黄冬梅，杨正明，郝明强，等．微裂缝性特低渗透油藏产量递减方程及其应用．油气地质与采收率，2008，15（1）：90–91.

[8] 计秉玉．产量递减方程的渗流理论基础．石油学报，1995，16（3）：86–91.

[9] 科恩 G A，科恩 T M. 数学手册．周民强，等译．北京：工人出版社，1987.

[10] 孔祥言．高等渗流力学．合肥：中国科学技术大学出版社，1999.

[11] 李培．整体水平井井网渗流理论研究．中国石油勘探开发研究院硕士论文，1997.

[12] 李彦兴，韩令春，董平川，等．低渗透油藏水平井经济极限研究．石油学报，2009，30（2）：242–246.

[13] 李志明，张金珠．地应力与油气勘探开发．北京：石油工业出版社，1997.

[14] 刘慈群，杨玠．垂直裂缝井的压力动态分析方法．试采技术，1989（10）：22–26.

[15] 米卡尔 J 埃克诺米．油藏增产措施．北京：石油工业出版社，2002.

[16] 彭彩珍，李治平，贾闽惠．低渗透油藏毛管压力曲线特征分析及应用．西南石油学院学报，2002，24（2）：21–24.

[17] 秦同洛，李璗，陈元千．实用油藏工程方法．北京：石油工业出版社，1989.

[18] 曲德斌．水平井开发理论模型研究．大庆石油地质与开发，1993，12（4）：27–31.

[19] 曲占庆，张琪，吴志民，等．水平井压裂产能电模拟实验研究．油气地质与采收率，2006，13（3）：53–55.

[20] 宋付权．低渗透油藏中试井分析和两相渗流理论研究．中国科学院博士论文，1999.

[21] 万仁溥．采油工程手册．北京：石油工业出版社，2000.

[22] 王晓泉，张守良，吴奇，等．水平井分段压裂多段裂缝产能影响因素分析．石油钻采工艺，2009，31（1）：73–76.

[23] 王欣，等．水平井压裂一次采油期水力裂缝优化图版研究 // 中国石油天然气股份有限公司勘探与生产分公司．水平井分段改造技术论文集．北京：石油工业出版社，2010.

[24] 王欣，段瑶瑶，鄢雪梅．水平井注采井网及裂缝系统优化研究．北京：石油工业出版社，2008.

[25] 吴奇，张守良，王晓泉．水平井分段改造技术及发展方向 // 中国石油天然气股份有限公司勘探与生产分公司．水平井分段改造技术论文集．北京：石油工业出版社，2010.

[26] 薛定谔 A E. 多孔介质中的渗流物理．北京：石油工业出版社，1982.

[27] 于国栋．水平井产能分析理论与方法研究．中国地质大学（北京）博士论文，2006.

[28] 张学文．低渗透率砂岩油藏井网部署与压裂工艺综合管理技术研究．中国石油勘探开发研究院博士论文，1998.

[29] 张英芝，杨铁军，王文昌．特低渗透油藏开发技术研究．北京：石油工业出版社，2004.

[30] 郑伟．三塘湖盆地西山窑油藏水平井压裂水力裂缝优化研究．中国石油勘探开发研究院硕士论文，2007.

[31] 中国石油勘探与生产公司．水平井压裂酸化改造技术．北京：石油工业出版社，2011.

[32] Joshi S D. 水平井工艺技术．班景昌，等译．北京：石油工业出版社，1998.

[33] Abass H H，Saeed Hedayati，Meadows D L. Nonplanar fracture propagation from a horizontal wellbore：experimental study. SPE 24823，1996.

[34] Arsen L L，Hegre T M. Pressure–transient behavior of hrizontal wells with finite–conductivity vertical fractures. SPE 22076，1991.

[35] Crosby D G，Yang Z，Rahman S S. Transversely fractured horizontal wells：a technical appraisal of gas production in Australia. SPE 50093，1998.

[36] Deimbacher F X，Economides M J，Jensen O K. Generalized performance of hydraulic fractures with complex geometry intersecting horizontal wells. SPE 25505，1993.

[37] ELLis P D. Application of hydraulic fractures in openhole horizontal wells. SPE 65464，2000.

[38] Guo G，Evans R D. Inflow performance and production forecasting of horizontal wells with multiple hydraulic fractures in low permeability gas reservoirs. SPE 26169，1993.

[39] Guo Genliang，Evans R D. Pressure–transient Behavior and inflow performance of horizontal wells intersecting discrete fractures. SPE 26446，1993.

[40] Home R N，Temeng K O. Relative productiveties an pressure transient modeling of horizontal wells with multiple fractures. SPE 29891，1995.

[41] Joshi S D. Augmentation of well productivity using slant and horizontal wells. SPE

15375，1986.

[42] Liu Yue wu，Liu Ci quan. New analysis method for the vertical fracture well.SPE 30005，1995.

[43] McDaniel B W，Willett R M. Stimulation techniques for low−permeability reservoirs with horizontal completions that do not have cemented casing. SPE 75688，2002.

[44] Morris Muskat. Physical principles of oil production. Boston：McGraw−Hill Book Co.，1937：656−657.

[45] Ozkan E，Baghavan R. New solution for well test analysis problems：Part I — Analytical considerations. SPE 18615，1991.

[46] Rabaa W El. Experimental study of hydraulic fracture geometry initiated from horizontal wells. SPE 19720，1989.

[47] Roberts B E，van Engen H，van Kruysdijk C P J W. Productivity of multiply fractured horizontal wells in tight gas reservoirs. SPE 23113，1991.

[48] Soliman M Y，Boonen P. Review of fractured horizontal wells technology. SPE 36289，1997.

[49] Soliman M Y，Loyd East，David Adams.Geomechanics aspects of multiple fracturing of horizontal and vertical wells. SPE 86992，2004

[50] Zerzar A，Tiab D，Bettam Y. Interpretation of multiple hydraulically fractured horizontal wells. SPE 88707，2004.

[51] Zerzar Aissa，Youcef Bettam. Interpretation of multiple hydraulically fractured horizontal wells in closed systems. SPE 84888，2003.